引领的勇气

转化自我
创造改变

[澳] 布莱恩·斯坦福尔德 Brian Stanfield 著

游慧颖 译

First published 2001 by The Canadian Institute of Cultural Affairs, Toronto, Ontario, Canada,

Copyright © 2010, 2013 by The Canadian Institute of Cultural Affairs

版权所有，翻印必究。

北京市版权局著作权合同登记号：图字 01-2023-4404 号

图书在版编目（CIP）数据

引领的勇气：转化自我，创造改变 /（澳）布莱恩·斯坦福尔德（R. Brian Stanfield）著；游慧颖译 . -- 北京：华夏出版社有限公司，2024.6

书名原文：The Courage to Lead: Transform Self, Transform Society

ISBN 978-7-5222-0631-8

Ⅰ.①引… Ⅱ.①布… ②游… Ⅲ.①成功心理—通俗读物 Ⅳ.① B848.4-49

中国国家版本馆 CIP 数据核字（2024）第 019035 号

引领的勇气：转化自我，创造改变

作　　者	［澳］布莱恩·斯坦福尔德	译　　者	游慧颖
装帧设计	赵萌萌	责任印制	刘　洋
营销编辑	张雨杉	版权统筹	曾方圆
责任编辑	朱　悦　陈志姣		

出版发行	华夏出版社有限公司
经　　销	新华书店
印　　刷	三河市少明印务有限公司
装　　订	三河市少明印务有限公司
版　　次	2024 年 6 月北京第 1 版　2024 年 6 月北京第 1 次印刷
开　　本	710×1000　1/16 开
印　　张	21
字　　数	290 千字
定　　价	79.80 元

华夏出版社有限公司　网址：www.hxph.com.cn　电话：（010）64663331（转）
地址：北京市东直门外香河园北里 4 号　邮编：100028
若发现本版图书有印装质量问题，请与我社营销中心联系调换。

目 录

译者序 _1
领导力指南针 _5
导　言 _7

第一部分　与生活的关系

第一章　每日的关注 _24
第二章　清醒看待生活 _44
第三章　持续的肯定 _66

第二部分　与世界的关系

第四章　全面的视角　_ 96

第五章　对历史的参与　_ 123

第六章　广泛性责任　_ 148

第三部分　与社会的关系

第七章　社会先锋　_ 172

第八章　社会转换方式　_ 197

第九章　符号性存在　_ 218

第四部分　与自我的关系

第十章　自我意识反思　_ 242

第十一章　每日生活的意义　_ 266

第十二章　深远的使命　_ 288

后　记　_ 313
附录　ICA 加拿大介绍　_ 317

译者序

当你翻开这本书的时候,你就开启了一段与自己生命的对话。

领导力不是别人赋予你的职务,也不是后天一定要习得的。领导力是当一个人对自己生命中发生的事进行积极的反思后,不断地将所得内化成自己的一部分而发展起来的。你拥有的最大财富就是你的生命经历,你从出生到现在所经历的所有事情都是生命送给你的礼物,而你成为今天的样子就是因为这些经历,它们让你成了独特的自己。这本书就是一个指南针,带领你看到真实的自己、真实的生活、真实的世界,然后,从你所在之处开始引领!

本书的英文版第一版出版于 2000 年,第二版出版于 2012 年,现在的翻译版本是第二版。作为文化事业促进会①成员之一,作者布莱恩·斯坦福尔德(Brain Stanfield)受协会的委托写了这本书。当时协会正准备把很多年轻人送往世界比较贫穷的国家,帮助当地社区的发展。这些年轻人不知道自己将面对什么,充满了疑惑和担心。为了帮助他们

---

① 文化事业促进会(Institute of Cultural Affairs,简称 ICA),以引导技术发源地和 ToP 参与的技术而闻名。更多关于 ICA 的介绍请见本书最后的附录。——译者注

用自己的力量去面对未知的种种挑战，协会萌发了将多年来推动社会积极转变的底层哲学用一本书的形式表现出来的想法。斯坦福尔德接受了这个委托。

据斯坦福尔德的夫人珍妮特·斯坦福尔德（Jeanette Stainfield）回忆，他是一个个矮、既严肃又有趣的人。他多年从教，因为个子矮，有时为了能够到黑板的上部，他需要爬到桌子上。他也是一个喜欢深度思考的人。他具有一种把事情从表面到底部看穿的能力。他是哪怕说一句话也可以吸引你注意力、让你念念不忘的人。在写这本书的过程中，斯坦福尔德每天凌晨3:00起床整理书稿，去发现各种各样的故事。他为这本书倾注了大量的心血。

2000年书籍第一版出版后，加拿大文化事业促进会（以下简称ICA加拿大）开始以读书会的形式让这本书发挥更大的影响力。到现在为止，读书会已经持续开展了二十多年，帮助世界上很多处于迷失和困惑的人找到了生命的锚点。2023年，中文版在北美市场出版后，我们已在中国组织了两次线上读书会。2024年开始，书籍中国读书会项目在本书出版后将正式开启。我们会开始持续地培养新的带领者。

2016年，我在一堂培训课上看到了这本书。当时我刚到加拿大不久，对于38岁裸辞、背着父母和丈夫的质疑来到异国他乡的我来说，当时是生命中发生重大改变的时刻。培训之后，我参加了读书会，得益于这本书，我在那个困难时刻看清了自己的使命（为什么活着）。弄清这个"为什么"帮助我面对之后所有的选择。

从那时开始到现在，我完成了ToP参与的技术的学习，拿到了国际引导师协会和文化事业促进会的引导师认证，作为ToP参与的技术培训师在加拿大和中国讲授课程，成为文化事业促进会的引导师认证官，现在作为加拿大ICA联创①唯一的一名中国籍高级咨询师，负责中国ToP参与的技术的推广、ToP引导师梯队的培养和读书会项目的推进。

从那时开始到现在，我与自己和解，与家人和解，持续地在每一天

---

① ICA加拿大成立的商业组织。——译者注

反思自己，活出勇气。因为我的改变，我收获了幸福的生活。

所有这些改变，都发生在我遇到这本书之后。很多改变，也发生在参加了读书会的伙伴身上。他们说，在这个过程中，他们会被书中和伙伴分享的一些观点和故事所打动。最重要的是，这本书让我有机会回顾一些自己的故事和经历，看到自己的力量那部分很珍贵；我最大的收获是，坦然地面对当下的一切，一边照顾好自己，一边满足来自周遭的需求，用不着"倾尽全力"，但也务必"无愧于心"。留有余地，给自己留一些照顾自己的余地，留一些可以呼吸、可以延伸的空间。写到这里，我想到了有一次带领者志君分享的过年回家给他自己留的那一天时光，我也想到了要支持我先生给他自己留一点属于他自己的时光。我超级喜欢本书导言里面对立场的描述：所有的都是好的，我是当下的存在，过去是被接纳的，未来是敞开的。这些分享让我看到了这本书的价值。我用了5年时间翻译这本书，更愿意用50年的时间把这本书的影响力带给更多的人。

作者斯坦福尔德老先生已经过世，他的夫人珍妮特现在负责与书籍相关的出版和培训项目。在此感谢珍妮特和邓肯·福尔摩斯老师（Ducan Holmes）对我翻译工作的大力支持，也非常感谢为译本提出宝贵意见的加拿大及亚洲的资深引导师们。

最后需要声明的是，我并不是英语专业科班出身，翻译时尽可能采取直译的方式，以期体现原著的思想和风格，但译文中难免会出现错误和不足之处，恳请行家里手不吝赐教。

相较于市面上的领导力书籍，这本书没有对理论的阐述，更多的是各种各样真实的生命故事。读者在阅读时会从故事里看到自己。我们相信，每个人都是自己生命和社会的领导者。本书对于领导力的定义是独特的、充满生命力的，是一种人性的力量。

享受你的阅读和成长吧！

游慧颖于加拿大
2024年1月9日

所有的这 12 个立场都阐述了真诚对待生命的维度

关注"我是谁",请阅读第 1、2、3 和 10 章

了解"我来做什么",请阅读第 4、5、6、7、8 章和第 12 章

探索"我怎么做到",请阅读第 1、3、9 和 11 章

领导力指南针

领导力指南针展示了《引领的勇气》一书的结构。指南针涵盖了领导力的四个最基本的关系：与生活的关系、与世界的关系、与社会的关系和与自我的关系。每个关系里都给读者提出了一个问题。

与生活的关系：我每天生活的意义在哪里？
与世界的关系：我基于什么做决定？
与社会的关系：在社会、工作、社区和家庭的变迁中，我希望扮演什么角色？
与自我的关系：我怎样从自身的经历中学习，并且相信我的内在智慧？

每个关系都会通过三个方面来阐述。这十二个关系组成了书中的十二章。

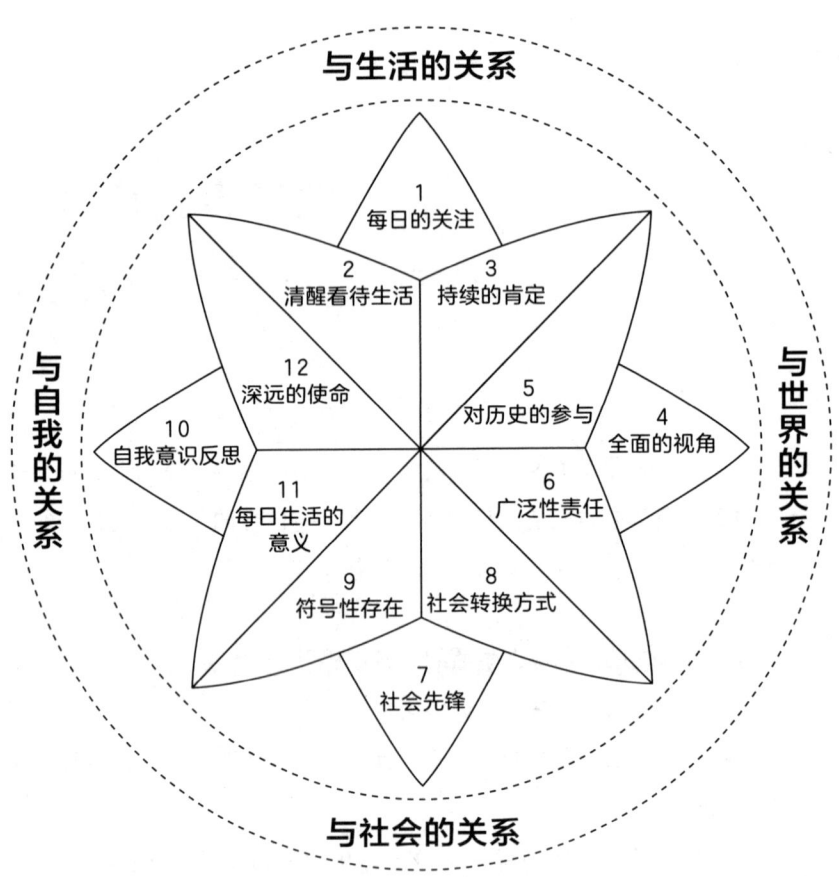

导　言

　　我只能做到最好，否则就是在辜负上帝。如果我被赋予了这样的天赋和智慧，那么我必须去使用它们！

　　——玛雅·安吉罗（Maya Angelou）

　　一阵微风带来了时代的新的方向。
　　如果只有我能让微风靠近我，那就带我走吧，
　　就让微风来带我走！

　　——大卫·赫伯特·劳伦斯（D. H. Lawrence）

　　领导力是现在的热门词汇。我们的媒体在频繁地曝光那些失败的领导行为：贪婪、愚蠢和腐败。社会上有如此多失败的领导者，以至于有时我们忘记了，在我们的社区和国家内还存在着一些有影响力的领导者，我们可以依靠他们。当然，我们也看到领导的风格在发生明显的变化，权威型的领导者曾经是令人感到舒适的，而现在的社会则越来越多

地出现了对领导者参与度、协作性和引导能力的要求。

在《引领的勇气》里，所有人都被认为可以去承担领导者的角色。无论是否有一个明确的领导职位，我们都可以在我们的生命和社会中成为领导者。这本书聚焦于发展我们的内在智慧，让我们成为有影响力的人。那么有哪些内在驱动力和心理模型可以帮助我们改变自己、改变社会呢？

当我们提到学习时，我们经常会想到从他人、书籍、电视、网络那里，以及从生活中发生的事情中收集信息，这是在用我们的感官从外部世界汲取信息，属于学习的第一个维度。学习的第二个维度是反思我们从外部世界和内部世界探索到的东西。第三个维度就是从我们所说的内在世界学习。内在世界指的是我们的决定、智慧、梦想、价值和信仰出现的地方。

《引领的勇气》描述了12个立场或者说12个产生改变的内部驱动力。我们将通过定义、形象、格言、例子、个人经历、哲学和练习来探讨这些领域。书里每一章都会帮助我们深刻反省自己的价值观和信仰。

最关键的问题是：我们怎么才能有影响力地发挥我们的内在智慧？

《引领的勇气》的核心是我们的生命经历和我们对这些经历的持续反思。生活提升我们领导力的方式是给我们不同的经历。这些经历会引出关于人类生命及其意义的基本问题。这12个驱动力中包含了3个所有人在生命的不同阶段都会遇到的问题：我是谁？我来做什么？我怎么做到？

为什么会有对生命的疑问？

真诚的领导者总是对生命提出问题。他们会面对生活给他们的考验而给出自己的答案。当然，也有一些人还没有听说过或主动回答过关于生命的疑问。这些人的生命中会有一些缺憾，缺少一部分自信，他们也会更容易感到困惑。愿意与生活中的不同处境进行对话是真诚领导力的一部分。

我在澳大利亚长大。我的父母在经济大萧条中承受了巨大的损失。1936年，我们卖掉了悉尼的家传旅馆，搬到了新南威尔士州海边的一个小镇上。他们租了一个水边的小旅馆。在那里，我开始了我舒适的生活：每天游泳、冲浪和骑自行车。在学校放假的日子里，家里的朋友会来旅馆小住，他们会带我去河边钓鱼。生活看起来美好极了。四年级的一天，当时我们刚考完期末考试，在教室里闲聊。艾玛纽埃尔女士让我们做一个剪贴簿来打发时间。我记得我的第一页做得很蠢，放了一整页的牙膏广告。当时刚刚发生了日本偷袭珍珠港的事件，所以我的第二页放了美国海军战列舰的经典战役介绍。另外五页我贴满了关于第二次世界大战历史的内容。

从那之后不久，两个完全不同的世界——我无忧无虑的生活和战争——之间就产生了联系。我记得当时我正躺在我家旅馆旁边的海滩上发呆，一艘快艇开过来。它就停在离我修建的沙堡仅仅几英尺①的地方，有5个人从快艇中被抬了出来，他们身上到处都是黄油，严重烧伤。原来，一艘黄油运输船在离岸边几英里②的地方被日本潜艇发射的鱼雷击中了，这些人是幸存者。他们被暂时安顿在我家旅馆的大堂里，等待救护车的到达。

这几个被严重烧伤的人的样子给我留下了战争很残酷的印象。这个印象是纪录片和战争电影无法带来的。事后我开始希望知道如何统一这两个世界——战争和我无忧无虑的生活。

第二天，父亲把我从床上拉起来："我们现在去拿一些黄油。"我很奇怪，黄油一直是定量配给的，我们能从哪里搞到黄油呢？我们的卡车沿着南边的沙滩开过去，父亲告诉我那艘黄油运输船正停在海边清洗，一箱箱的黄油遍地都是。我们加入了沙滩上争抢黄油的队伍。我们把黄

---

① 1英尺=0.305米。

② 1英里=1.609公里。

油箱叠放进卡车里,拉了好几趟,回到旅馆后把它们储存在冰箱里。以前客人们一直称赞餐厅的布置,但在整个战争期间餐桌上到处都摆满了黄油。最让我纠结的问题是——一艘船被击中了,我们反而得到了黄油!灾难和痛苦到来的方式是如此奇特。

镇子里所有的年轻人都去参军了,旅馆找不到年轻男人来帮忙。我的自由时代结束了。

10岁时,我变成了父亲的左右手,主要负责搬运,从9加仑[①]的小桶到十八加仑的大桶;还包括每天早上清洗酒吧,跟我父亲一起在后花园的菜地里干活。我就这样加入了工人阶级的队伍。

我的脑海里出现了一个问题:生命就是这样的吗,将经历极度痛苦和不可预知的神秘,就像过山车一样?之后的30年,我都在纠结这个问题。生命中怎么会充满了这些完全相反的事情?哪一部分的生命是真实的呢,是那些自由自在的幸福日子,还是战争带来的辛苦日子和痛苦感受?在10岁出头的年纪,我就成熟到去思考这个问题。这是一种奇怪的感觉。但我想是生命带来了这些问题,而且我深深地感受到了它们。

当然,还有其他困扰,比如我和父亲总是闹别扭,主题永远是我能够拥有多少自由时间。我想要更多,但因为有这么多工作要做,父亲总是给我很少。有时候我会偷偷跑出去跟"肯尼帮"(我们这么称呼自己)玩,去那个有飞机坠毁的海湾玩,去骑马或者只是对着学校里的孩子扔石头。在玩的过程中,我还是不停地问自己:多大比例的工作量对我来说才是公平的呢?

长大以后,我希望通过宗教来解决我的生命疑问,但事实上,这些孩提时代的问题让我更迷惑了。我钻研了道德理论、禁欲理论、教会历史、圣徒传记,我知道了所有的重要词汇,唯一的问题是我还是不知道如何将它们运用到每天的生活中去。在经过专业培训后,我在一所天主教学校教授宗教课程。我注意到孩子们在我谈论"圣餐的变体""神人

[①] 1加仑(英)=4.546升。

合一""荣福直观"时表现出来的无聊。过了一段时间，我仍然无法对这些理论进行合理的解释，更别提把它们运用到日常生活中了。对此，我感到非常绝望。我们开始谈论一些实际问题和社会问题，比如如何找到一份工作、约会或安乐死等等。即使这样，我们仍然没办法将理论上的重要词汇与实际生活联系起来。

我开始通过参加各种会议来寻找线索。我参加了一些学会的会议。这些学会研究的是罗马天主教理论的重要人物托马斯·阿奎那（Thomas Aquinas）。人们在这些会议上谈到，索伦·克尔恺郭尔（Soren Kierkegaard）研究出了一套与以前完全不同的理论，该理论可以应用于生活。索伦·克尔恺郭尔是19世纪丹麦的哲学家、神学家，被视为存在主义之父。他认为信仰是摆脱绝望的唯一方式。当时我还没有足够的知识去真正理解这个理论。但是克尔恺郭尔的信徒知道，无论对托马斯·阿奎那的研究多么有价值，它还是一个绝对抽象的理论，无法与实际生活联系起来。

很奇怪，我们会得到各种各样的关于新设备的使用指南。但是当我们来到这个世界，面对如此复杂的生活时，我们却没有得到一本叫作"如何做人"的指南。我们买车、电脑、冰箱或者智能手表时都会得到一本操作指南，但没有人在我们出生时对我们自己或者我们的父母给予指导。虽然在生活中我们会遇到《圣经》《古兰经》、八正道（佛学词）或者其他书籍及理论，但如果没有一个知道怎么去运用这些伟大书籍和理论的好老师加以指导，这些书籍和理论通常是难以理解的。

然而，每个人都需要对生命是什么有一个宏观的认识。每个人都需要一张可以浏览生命波折和生存技能的精美地图。就像心理学家威廉·詹姆斯（William James）说过的，新生儿看到的世界是"极度模糊、叽叽喳喳的混沌世界"。在识字受教育之后，我们看到的世界仍然是"混乱和变化的"，或者像西班牙作家奥特嘉·伊·加塞特（Ortega y Gasset）曾经说过的，"生命纯粹是作为问题来到我们面前的"。这不仅仅是午餐时点一份牛排或者沙拉的问题；不仅仅是每天面对的工作和家庭的问题，或者如何面对配偶、面对孩子的问题；不仅仅是类似要不要离婚、要不要收养孩子的问题。纯粹的问题是：为什么我来到这里？我是谁？我在生命里要完成什么？我在这个世界的存在方式应该是什么？这些问题从来没有离开过任何一个人的生命。

我开始像着了魔一样地阅读，但还是没有发现任何可以联系到实际生活的理论。第二次梵蒂冈大公会议看起来会最终回答我的问题，但实际上除了有限的几个胜利外，保守势力最终胜出了。第二次梵蒂冈大公会议的光芒熄灭了。我们依然无法联系到真正的生活。最后，我无奈地离开了宗教界，加入了和平行动，开始写一些关于天主教会滥用职权、人工避孕、偏激的保守势力等的报道。我感受到了越来越深的失望。

有一天，我接到一个叫卡罗·皮尔斯（Carol Pierce）的女士从悉尼某个学院打来的电话，她邀请我参加一门课程。我说我没钱。半个小时以后她又打来电话，我又拒绝了。又半个小时过去，同一个人打来了同样的电话。我对自己说："这是一个不接受'不'的女人。"我没办法再拒绝她了。卡罗和她的丈夫乔·皮尔斯（Joe Pierce）教授一门课程。课程里谈论到21世纪的生活会是什么样子、存在什么样的可能性。这个课程在我身上达到了它的目的，在30年后，课程内容成了本书的第二、三、六、七章的基础。

实际上，这门课程并没有解决我的任何疑问，从某些方面来说反而向我提出了更多的问题。但这些问题启发了我从另外的角度探索生命，让我知道了如何对这些事情进行命名和解决。

正像你刚才读到的，你可能会像我之前做过的一样反思你的生命。在你的生命中，什么时候浮现出了对生命的提问？这些问题在生命的时光中不断浮现，但答案并没有明显地存在于某处。现在，这些问题更早地出现在了人们的生活中，例如当那些取得学士甚至硕士学位的年轻人找不到相应的工作的时候。

所以，我们的年轻人、中年人和老年人都应该面对这生命的三个基本问题：

1. 我是谁？（人类是什么？作为玛丽、威卡斯或者文森特，我是谁？我究竟是什么人？）

当生命的海浪选择了我，将我被冲到海滩上时，一个问题浮现了：我是谁？我会很高兴地接受实际生活带来的那些高潮和低潮吗？我会因为被冲到沙滩上而放弃在生命里冲浪吗？生命经历是让我更强大还是更弱小？我热爱生命还是憎恨生命？然后还有一个大问题：当我濒临死亡的时候，我会怎么回想我的一生？

2. 我来做什么？为什么我会出生？为什么我活在这个世界上？我的生命是关于什么的？我的使命是什么？我想在这个昼夜不停轮转的生命中做些什么？我怎么才能为这个世界和社会带来一些改变？

对我们大多数人来说，在我们结束学业、参加毕业典礼时，我们的脑海中会浮现这些问题。我们会突然意识到我们生命中的下一年看起来会像一个巨大的深渊。每个人都会以自己的方式面对生命呈现给我们的景象。如果我的生命是有目的的，它完全依赖于我的创造，那么我怎么去面对我剩余的生命呢？

3. 我该怎样活着？我怎么去生活？作为人，我该怎么生活？我怎么发挥我最大的作用？我怎么从内心深处与其他人产生联系？我怎么能做到在任何境况下都不迷失自己？

经历沧桑时，我情绪低落；生活美好时，我激情飞扬。我在经历别人经历过的一切。当我直面生命疑问时，我就获得了机会去与生命建立稳定的关系。我可以创建对我来说有意义的真实的领导风格。

我们活着的时候都会纠缠于生命中的这些疑问。这并不容易。事实上，就像我们将在第二章中读到的，当我们需要面对其中任何一个问题的时候，我们的反应通常是逃避。

领导力和逃避

这本书试图将两个概念联系起来。首先，确实存在着一种彻底的可以充分度过的人生。其次，我们可以消除那些对生命问题的逃避。我们可以从我们的家里、厨房旁边的桌子上、喝咖啡的时候、等水凉的时候——从任何地方、任何时候开始，作为社会创新者去解决问题。我们无须设置路障和进行暴力革命。我们在任何需要我们的地方发起小小的改变就是解决逃避的办法。

每个人都会在生命中经历一些时刻。在这些时刻，我们感觉到自己绝对需要改变。就像我们被生活邀请参加一场盛大的婚宴。我们内心的某一部分在说："是的，我想参加！"就像我们午夜梦回时会突然感受到一种呼唤——去开始一段冒险，去为我们的社区做些事，从激烈的竞争中挤出一个周末的时间，放弃那个咄咄逼人的市场交易员的职位，或者去中美洲一个小镇上工作一年看看会发生些什么。但是我们常常对这些可能性漠然以对，我们会找各种借口，就像一首古老的福音歌中所唱的：

> 我不能来参加婚礼，我不能来参加婚礼。
> 我娶了妻子，我买了一头牛。
> 完成我的承诺费用昂贵，
> 请原谅我，我不能来参加婚礼。

这本书的着力点在于人们并没有意识到自己行动的力量。是的，人们会时不时地经历一下对自由的渴望，渴望为自己做决定和对自己的人生负责。人们还会经受强大的驱动力去做点什么，尝试点什么。问题是人们总是对这些漠然视之。这本书在挑战这些人，让他们听到内心寻找生命意义的声音。它鼓励人们从麻木中醒来，无论身在何处，就从这里开始有力的行动。

有一部很棒的老电影，名字叫《欢乐梅姑》(*Auntie Mame*)，其中有一幕是女主角邀请一些宾客来家里参加宴会。当梅姑走下旋转楼梯时，她看到客人们百无聊赖地站在那里，无所事事。梅姑停下来看着他们，被突如其来的情绪打动，她大声对着客人们说："生命是一场饕餮大餐，但你们这些可怜虫已经快饿死了！"

我们所有人在某些时刻都有类似的经历。就像我们被生命邀请去参加宴会，但无所事事和逃避让我们得了精神上的厌食症。这是一种未来被别人控制的感觉。理查德·克里菲尔德（Richard Critchfield）写过一本关于1980年代早期乡村的书，书里写道：

> 当今世界最大的区别不在于富裕和贫困、饱读诗书和文盲、健康和营养不良，最大的区别是有些人认为命运由自己创造，有些人仍然相信自己的命运由外部力量所决定。

这种逃避在我们面对社会问题时表现得更为明显：当我们看到有些人把垃圾倒在空地上或者将有毒化学物倾倒入小溪中时，我们说"应该有些人出来管管这些事了"；当我们看到邻居因为身体原因出不了门时，我们说"她的亲戚应该帮帮她"；当我们看到一个地方每个月都会发生车祸时，我们说"他们应该在这里安个红绿灯"。

我们的逃避表现在我们总是认为别人应该负起责任：政府、亲属或者社区的其他人。有很多现象并不是大问题，可是不知为什么，我们就是没有想要主动干预或做点什么，哪怕是很小的事。难怪当谈到全球性的大问题时我们都避之不及，这些问题包括经济下滑、气候变化、教育质量下降、健康医疗系统的不公平、青年黑帮，以及人们的生活没有意义。

当我们由于经历的事情而慌乱、急促和不堪重负时，我们都是在面临生命中的极点。在这些时刻，我们应该对自己说的是："我需要停下来，站在一边去想想我的生命中发生了什么，然后决定怎么去面对这个复杂的情况。"但是，现实情况并不是这样。我们害怕停下来思考会让事情变得更糟。如果我们离开办公室或停止工作几天，我们会觉得天要塌下来。就这样，在急需反思的时刻我们逃避了，什么都没有做，而同时，我们的压力又在持续上升。又或者我们到达了工作历程中的某一特定时刻，比如每天工作14个小时、让家人和孩子自己照顾自己、工作变成了生活的全部，等等。人们希望自己保持全速前进，我们也非常珍惜已取得的声誉。我们知道自己面临得重病的风险，但我们还是拼命工作。生命被我们赶着前进。我们太忙了，注意不到看清生命和醒悟时刻的来临。工作变成了我们生命的意义。我们忘记了本来想通过工作为这个社会做些什么。

我们都可以注意到自己生命中的这些时刻。我们知道它们是什么和什么时候会发生。我们要对自己的生命负责。我们可以在当下承担责任、解决问题。

我们的资源：生命经历

当翻阅这本书时，你也许会问书里的内容都是从哪里来的。文化事业促进会（ICA）在引导领域做出了巨大的贡献。这本书很大程度上有赖于对其理论底层的基本理解。以前，这些理解的绝大部分是通过讲故事和开讲座的形式传播的。这本书将这些口头智慧变成了书面的形式。我说出的是五十多年来所有曾经工作过和现在仍然在加拿大文化事业促进会工作的人们和义工的心声，他们在某些方面承担了社会先锋的责任。

你可能会对书中的一些概念感到陌生，其中的某些部分对你来说理解起来甚至可能有点困难，有些学术类的语言也可能会让你厌烦。但这本书的内容来源于人们的生活经历，来源于世界范围内人们在城市或乡村的工作经历，涵盖各个年龄段的人、不同文化和社会的各个行业。不同经历的几千人的加入给了这本书特定的真实性。除了跟踪记录，ICA加拿大还在人们处于社会变动不同阶段时的表现和人类精神的深度探索方面进行了相应的持续调查。

这本书的核心是生命经历和与生命的持续对话。我和我的同事都相信，生命通过给我们不同的经历来提出生命的基本问题，继而增长我们的领导力。正常来说，生命问题会在我们能够找到答案之前很早就浮现出来。当你阅读这本书时，请问你自己一个问题：这本书是在谈论你自己的生命经历吗？

这本书写给谁？

1. 写这本书原本是为了满足那些参加过 ICA 加拿大分部的培训或咨询的人的好奇心，让他们感受更深层次的东西。很多课程的学员感受到在"ToP 参与的技术"（ToP® 技术）背后有着更深刻的内涵。他们缠着导师把这层窗帘拉开。这本书是写给他们看的。

2. 在过去的 10 年里，这本书的应用越来越广泛。人们阅读、学习和思考这本书，并把它作为床头读物。这本书适合充分思考生命的处在社会结构中任何一个层次的人，对于年轻人、老年人、保健人员、老师、母亲、父亲、执行总裁、艺术家和专业技术人员都适用，对于那些社会企业家、社区发展工作者和社会变革的代表同样适用。这本书对于那些希望从自己的生命经历中有所收获的人也适用。

这本书紧紧地将人生的所知、所行和所在联系在一起。它试图呈现一幅人们充分参与生命、表现出有勇气的领导力的景象。它谈论到我们如何去关注我们的家庭和邻居，如何去关注我们自己和世界。它专注于我们如何找到生命的意义；专注于我们如何登上历史的舞台，决定在我们的位置上去承担责任。它召唤所有人去关心社会。

立场是什么？

这本书通过 12 个立场或者叫驱动力来阐述这些基本理解。立场因位置而来，字典将立场解释为所处的地位，特别是在特定运动中一个人所站的地方，比如篮球中的防守位置、板球中的连击位置、摔跤手和弓箭手所占据的位置等。这些位置是很容易识别的。但什么是社会先锋、社会企业家和变革代言人的生命立场呢？虽然具体实施行动时涉及手脚的位置，但立场不仅仅是指手和脚放在哪里。立场显示了对生命的特定看法。它代表了我们对怎样度过生命的有意识的选择。

当我们谈到立场的时候，我们不是指社会位置——我们能够做的比我们处在外在的位置上做的多得多。我们指的不是一味地通过展现魅力或者戏剧性的展示来博得赞赏。我们指的是深层的内在的对生命的信仰通过外在表现出来。例如，关注的立场来源于相信这是领导者必须做到的。关心别人要多于关心自己，并且这种关心要通过言语、姿态和行动表现出来。立场包括了一种对生命方向的基本决定和对一个人的精神的关注。立场是我们生命的内在姿态的外在体现。

这本书讨论了12个这样的立场：3个是关于我们与生活的整体关系的；3个是关于我们与世界的关系的，这是我们做出各种决定的大背景；3个是关于我们与社会的关系和我们在变革进程中选择去扮演的角色的；3个是关于我们与自我的关系的，这是为了成为更加有影响力的领导者，我们作为人类去发展和深化我们内在智慧的方式。

怎么使用这本书？

没有任何人要求你必须从头读起和一直读完。你可以尝试任何方式。这里有一些选择：

☆ 所有这12个立场都阐述了真诚对待生命的维度。你可能想阅读这四个方面的介绍，然后决定哪一个是你非常想了解的，接下来可以细读你关注的部分。

☆ 关注"我是谁",请阅读第一、二、三、十章。

☆ 了解"我来做什么",请阅读第四、五、六、七、八、十二章。

☆ 探索"我怎么做到",请阅读第一、三、九、十一章。

☆ 你可以快速浏览整本书,然后深度阅读每一章。读完每一章后,你可以完成《练习手册》中对应的每章的练习或者回答相应的反思性问题。

☆ 如果你是那种不了解整个来龙去脉就不去看内容的读者,你可以先阅读附录。

这本书紧紧地将人生的所知、所行和所在联系在一起。它试图呈现一幅人们充分参与生命、表现出有勇气的领导力的景象。

第一部分

与生活的关系

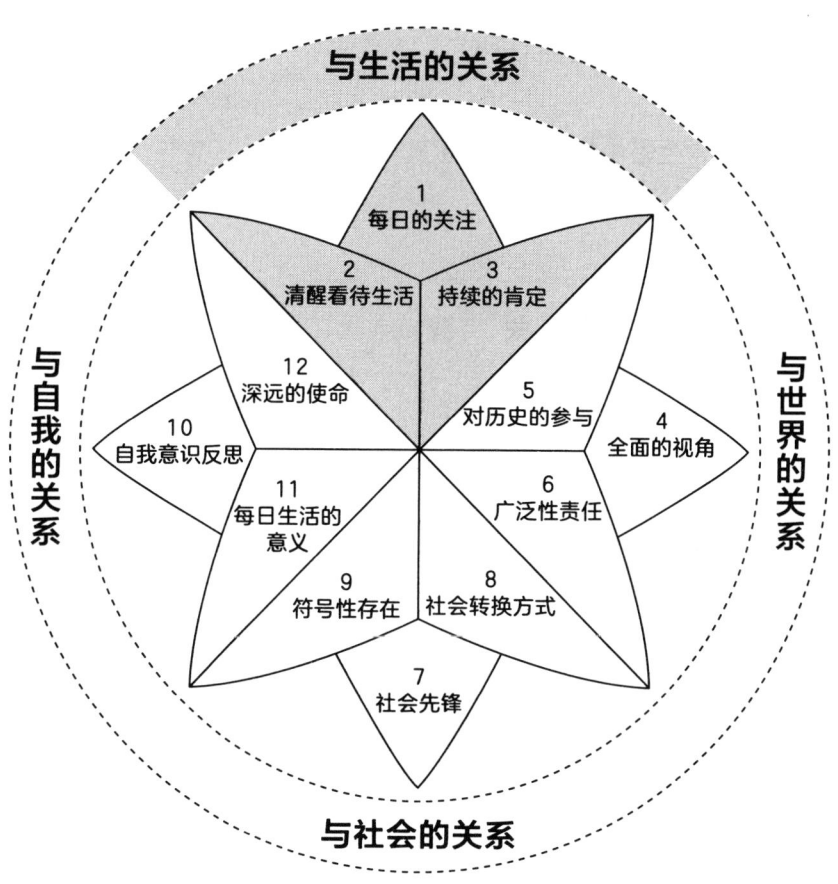

如何在日常生活中找到生命的意义?
我是谁?

与 生 活 的 关 系

如何在日常生活中找到生命的意义？

每天的生活总会给我们带来一些问题：我应该怎么对待我遇到的人？对于每天读到的新闻，我应该有什么反应？今天的会议上发生了什么？为什么我如此愤怒？有些时候，我们很难找到时间反思一下每天都发生了什么。我们总是忙于前进和完成待办事项清单上的下一项，没有时间把头浮出水面呼吸。这么做带来的问题是我们会错过学习的机会，也会错过那些更容易完成待办事项的办法。

探索生命意义的需求是人类所有需求中最深刻的一个，比对金钱、性、地位和权力的需求都更加深刻。至少它是以下三章的前提。它们说明了意义只能在遇到生命中的不同境况时才找得到，而这些境况并不是我们可以选择的。

生命给我们带来各种不同的经历，有时会让我们感觉毫无希望，有时会让我们感觉潜力无限。我们是否可以对这些经历都表示衷心感谢，而不是总想着翻过下一座山就会有更好的事情发生？

如何让我们的关注赋予生命意义？很简单——每日的关注。没有这种清醒的生活态度，我们会像婴儿一样糊里糊涂。这种态度需要一种渴望，渴望探索日常生活所带来的自我反思。这种态度需要一种意识，意识到我们能够主宰自己的生命，但不能控制它。我们将经历对自己的持续肯定，将对生命所带来的喜悦和悲伤都说"是的"。

"每日的关注""清醒看待生活"和"持续的肯定"这三章分享了我们与生活的关系，这种关系可以让我们释放内在的领导力，继而给我们自己和社会带来改变。

第一章
每日的关注

关 注 无 处 不 在

你们要给予，就会被赐予，
这仍然是生命的真理。
但给予生活不是一件容易的事。
它不是处理一些愚蠢的事，
或者让生活蚕食你，
它意味着从没有意义之处点燃生命的火焰，
甚至只是让一块洗过的手帕整洁如新。
——大卫·赫伯特·劳伦斯

是关注赋予生命意义。

——鲁道夫·布尔特曼（Rudolph Bultmann）

我不在乎，
你在何处生活或拥有几多财富。
我想知道，
在一个悲哀绝望、满身疲倦与伤痛入骨的夜晚后，
你是否能依旧起身，为生尽责，哺育儿女。

——奥丽亚·山地·梦想家（Oriah Mountain Dreamer）

关注是必然的

关注是必然的。它的不同表现形式随处可见：我们有对工作的关注、对社区和组织的结构性关注，还有符号性关注和对别人遭遇的关注。同时，我们必须意识到，关注是有成本的。当一个领导者开始培养他的内部智慧时，一个很好的起点就是充分意识到他所关注的事。

我还记得，少年时曾很多次逃避对生活的关注。在我脑海中，生活就应该是有趣的，应该用我的时间做我想做的事：游泳、骑车和看漫画书。当我渐渐长大时，需要关注的事情成倍增长。我不得不发挥自己的小聪明去找时间做我想做的事。再大点，我终于意识到关注就是生活，生活就是关注。所以，我空出足够的时间来照顾好自己，继而去照顾他人。

有一段时间，我曾经认为，只有特定的人群需要表达他们的关注：母亲、护士、精神顾问、医生和社会工作者。后来，我改变了看法。我注意到每个人都表现出了关注：父母的关注、孩子的关注（即使很多时候他们假装他们没有任何关注）、出租车司机的关注和乞讨者的关注。愤世嫉俗者有关注，抱怨者有关注，那些享受着照顾的人也有关注。甚

至人们在说他们不关心任何事的时候也是在表达关注。"我不关心"就像"我不能停止关心"一样，本身就是关注的一种表达方式。当我们走在街道的另一边以免被人撞到时，我们在关注；当新闻令我们沮丧因而关掉电视时，我们在关注。拒绝关注就是在死去。关注触碰到了我们人性的深处。

人们倾向于认为每个人生活中接收到的关怀是理所应当的：父母给了我们生命；亲属或收养家庭给了我们各种关心；朋友和周围的支持鼓励着我们，纠正我们的方向，为我们取得的成就而欢呼；公交车、电车和地铁司机把我们从一个地方送到另一个地方；天气预报让我们决定穿什么；交通督导员保证我们的孩子安全通过路口；还有家庭医生、公园管理员、那些筑路工人、给我们专业指导的导师等让我们生活顺遂。有时候，我们抱怨我们支付了太多费用和税（税还会更高），但我们经常会忘了，正是因为我们付出了，才得到了每日基本的关注。

关注有两种方式：我们去关注和被关注。身体和心理能量是我们赖以生存的，就像有些人的生活依赖于我们的付出。每一天，人们都在消耗自己的生命能量和其他人的生命能量。

如果我们停下来去反思，我们就会意识到我们对周围的每一件事付出了多少关注。就像有一天我沿着一条小河旁边的自行车道骑车时，看到一个年轻男子满身泥水地站在河中间，正在努力地想把某些人丢在河里的超市购物车弄出来。我过去帮他一起弄。他对我说："真希望我别操这么多心！"我告诉他我万分理解。从这幕场景中简直可以得出一部很好的电影的名字——"过于操心的男人"。

每天我骑车3公里上下班。甚至在这条我无比熟悉的路上，我也意识到我关注了很多东西。第一个红绿灯前有辆车停在人行道上了，这给司机自己和过路的行人造成了很大的危险。路的另外一边有一家新超市开张了，我想知道这家新超市的陈列会不会比旧的那家强点儿。我希望道路两边多种些树，从这里到铁路地下通道那里都需要有更好的绿化。在大路的那边又在建一家新超市，嗯……300码远的地方有三家超市了，是不是太多了？而这时我才走完三分之一的路程。

每日关注是我们真实的生活

我们意识到我们每天需要付出大量的关注：准备孩子的午餐，做早餐，穿着得体地去办公室，倾听一些同事的顾虑，带儿子去看医生，给朋友买生日礼物，给花园浇水，去取干洗好的衣服，准备晚餐要吃的蔬菜，检查邮件，列出明天的待办事项，看看周末需要买什么生活用品，最后帮助儿子完成家庭作业。

工作中，人们不停地列出他们需要完成的事项，把没做完的放在第二天的待办事项清单里。正常来说，这个清单会被丢掉或删除，永远会有新的清单出现。不管我们怎么处理我们的关注，关注永远是数量众多、无处不在、永无止境的。有人会想，如果没有这些要操心的事，生活该多么自在啊。但是，就像德国心理学家鲁道夫·布尔特曼提醒的，"是关注赋予了生命意义"，每天的关注就是我们真实的生活。

我们大多数人都会在几种不同的身份之间转换，相应地，我们的关注点也会发生变化。在家的时候，我们需要保持居住环境的清洁、整齐，保证家居用品得到良好的维护；为人父母时，我们需要处理好与孩子、学校、老师、教练、牙医等人的关系，同时我们更要时刻关注什么样的着装以及生活用品才是最适合孩子的；在公司的时候，我们需要应对一切与工作相关的事务；要尽到一个公民的责任时，我们需要关注自己的投票权、知情权，并积极参与各种社区活动和志愿活动。以上种种关注点无时无刻不在消耗着我们的精力。有时候，我们会感觉自己掉进了一个满是食人鱼的大坑，被无休止地拉扯、撕咬着。当一天结束的时候，我们会觉得筋疲力尽，不再有任何精力去关注其他事情。这个时候问题来了：我们已经关注了生活中的这么多方面，但该如何关注我们自身呢？

我生命中的大部分时间都生活在院校或公寓里，在那里，我的生活环境是由别人负责维护的。七年前，我买了一栋联排别墅，每件事都要自己做了，这包括大量的工作，需要考虑自行车、汽车、植物、栅栏、空调、炉子、灯具、电脑、天花板、锅炉。除此之外，我还得考虑我是否要把更多的钱花在绿色能源上。我体会到了由此而来的烦恼。

在《力量的类型》（*Kinds of Power*）一书中，詹姆斯·希尔曼（James Hillman）呼吁提升维修业和服务业的形象。他说，物体会有要求受到关注的特性。只有当我们对一个物体小心呵护，就像它有灵魂时，物体才会成为主体，而不仅仅是一个简单的东西。当被忽视时，它们就会显示出越来越多的毒性。希尔曼谈到的这种关注不仅仅是关心这个东西是否有用，更是关注它内在的价值。他进而谈到，或许只有当我们对待事物好像它们有生命时，高质量的关注才会出现。

很多人觉得修理和清扫都属于繁重的工作——是从真正的生活里分离出来的。它们浪费了我们的宝贵时间，我们本来可以用这些时间会见朋友、写一本书或者看一周的比赛。但其实这些工作的意义远远超过了维修保养本身，它们是我们生命的一部分。如果我们把这些维修保养工作当作礼物而不是琐事来看待，对我们来说意味着什么呢？就像参与我们房子的维护就是生命送给我们的一个礼物？（当然，这种态度或许也会提醒我们自问，我们到底需要多少物质上的东西。）

关注我们的工作

那些在商务飞行中总是担忧的人说他们担忧的不是机长，而是地勤人员——机械师和修理工：这些人仔细地完成他们的工作了吗？就像汽车销售员告诉我们的，周一完工的汽车通常质量很差。因为从理论上来说，经过一个周末的放松，人们对高质量工作的关注度会下降。现代生活的高速度让人们把着重点更多地放在效率上。很多人认为高效地完成工作比小心地做好一件事更重要。

小心谨慎地完成一件事会给我们带来挑战。挑战之处在于它对时间有如此多的需求。我们一周需要完成的事情的数量是惊人的，而且其中的很多任务跟我们的实际工作无关。如果我们不小心对待，我们会发现自己是在为了完成每件事而奔跑，除了"真正的"工作。

甚至那些优秀的工作者——管家、执行者、工厂工人、文员、经理们——也会为精神懒惰而感到羞愧。是的，我们完成了工作，我们完成了被要求完成的事项，没有人可以用任何懒惰的理性标准来指责我们。但问题在于，我们只是在可以接受这个程度上完成了我们的工作——缺少了真正的质量，而这并不是因为我们没有时间或能力去完成。我们确实是在拒绝思考，或者并不想将我们的工作推向卓越的境地——那种可以令我们自己骄傲的境地。

生活是如此复杂，就像我们炉子上的四个炉头同时在煮东西：电话在响，门铃在响，我们还需要时间来考虑明天早上要做的演讲。在这压倒一切的复杂性中，我们从一个炉头跑到另一个炉头，从门口跑到电话旁。这时候，其实我们需要的是学会说"不"，对炉头一说"不"、对炉头二说"不"、对炉头三说"不"和对炉头四说"不"，然后我们才可以对我们内心响起的门铃声说"是"了。那四个炉头就让它们先等着吧！由着电话铃去响，答录机会应付的。我们可以走到门前做好迎接新机会的准备。

记得有一段时间我诸事缠身，每天都像一只无头鸡一样盲目地跑来跑去。有一天，我的一个朋友对我说："布莱恩，你听说过有个办法是在某件事情上画个括号吗？然后你就可以集中精力在这一件事情上了。"我尝试了，这种方法很有用。因为每件事情都有一个合适的完成时间，当我们被多项任务所困扰，而每项任务都需要我们集中精力的时候，我们就需要括号。这种方法并不意味着你不会再处理其他事，而是你现在暂时不会管它们。也就是你把一些事放在下周三的日程表上，到时候再解决它们。如果你不能集中精力，那就无法完成好任何一项任务。

现在，我们可以借鉴很多人的智慧来管理时间，这些方法告诉我们要像一个人一样去工作，而不是像兔子或者奴隶。比如史蒂芬·柯维和大卫·艾伦提出了一个观点，就是要在与任务紧密相关的紧急事项和与一个人的愿景相关的重要事项之间找到平衡点。最紧急的事不总是最需要你关注的事，现在最需要你关注的事有可能两年以后才会发生。

令人惊讶的是，许多看似无害的事情会长成怪兽。当我们开始一项简单任务后，它就开始长出无穷无尽的枝枝蔓蔓。不久以后，我们的精力会达到极限，被无数细小的事情扼杀。3年前，我换成了每周工作4天，我的妻子还是一周工作5天。所以，有一天，我很大度地说："现在既然我有额外的休息时间了，干吗不由我来做厨房那些做饭和清洁的事呢？"她当然同意了。我原本觉得这些事也就是走3分钟到超市买点食物带回来分类储藏的事。唉唉唉！在做了两年这样的事情后，我真的要向承担这项工作的人鞠躬致敬（其中大部分是女人），她们居然毫不费力地把这件事做了几个世纪！

其实在我做了几次食品购买工作后，我就意识到事情并不是把它们从货架上拿下来那么简单。有很多问题你需要考虑：你想要有机食品吗？你想买这家公司的冷冻豌豆吗？它可是把墨西哥农民从他们的土地上赶走了啊！我们忠诚于特定品牌是因为它们的质量好或者我们有足够的积分来换，所以我们需要花很长的时间来做出选择。每个周五的早晨，当我妻子动身去工作时，我会很高兴地说："今天早上我去买食物！"然后当买回来食物准备分类储藏时，我就会有1/3的时间卡在冰柜处，1/3的时间卡在储藏室处，1/3的时间卡在冰箱处。我妻子告诉过我，这些食物中哪些需要放在大冰柜里，哪些需要放到冰箱的冷冻室里，哪些需要重新冷冻，哪些需要放在储藏室，可我全忘了。我对自己说："我的天哪，我都65岁了，怎么连这些都记不住呢？"

好吧，结果就是，在我的每个购物日，我都会早点起床来列个购物清单，计划一张我要去的商店的地图。有些是超市，有些是农贸市场。我需要清理冰箱和储藏室，把可回收的瓶子、罐子和塑料袋拿出来。然后我需要再检查一遍购物清单，确保品牌正确、考虑到了本地当季的食物。三年之后，我真的变成专家了。在我的生命里，这是一个巨大的进步。但实际上，我到现在还是惊讶于厨房体系的复杂性。无论环境如何，在世界各地的厨房里，人们都投入了巨大的精力。

同样的情况发生在我们被要求帮个忙的时候。有可能一件事刚开始看起来很简单，但当我们联系到责任感的时候，事情的复杂性就开始呈现出来。事情的每一步都需要越来越多的时间。我们就像钓到鲨鱼的渔夫，钩子在鲨鱼嘴里，我们被拽出船外，沉入深深的海底。这些简单的事情带我们进入我们的内心深处，去检验我们的价值观。我们意识到了我们关注的成本。

结构性关注

结构性关注的力量对我来说是一种启示。我曾经总是把关注与心理学相联系，某种程度上还联系到各种情商培训。但我参加的一个 ICA 课程彻底打破了这种错觉。乔·皮尔斯（专家级讲师）对我们大声说道："穷人不在乎你的同情，他们需要的是结构性公正：有一个晚上可以睡觉的地方、一个可以治病的医疗中心、一个可以让他们找到工作的教育体系。他们需要的是结构性关注。"这段话对我秉持的自由主义是一个真正的打击，它让我看清了对其他人的每日关注首先应该是结构性的。比如，一个政府不需要拉着每个人的手来显示对每个人的同情和关心。它显示关心的方式应该是建立和维护一个良好的社会结构，这个结构可以让每个人都知道他们应该知道的事，去做他们应该去做的事，去成为他们应该成为的人。所以，政府建立了图书馆系统和信息服务系统。它建立了交通、教育、法律、健康和社会服务。它支持艺术以便文化和艺术活动可以培育人们的感官和精神审美。它修建了公园以便人们可以在那里放松和感受自然。它设立了紧急事件反应体系和防卫体系来保证社会的安全和和平。它认真对待我们的地球的健康，并且帮我们过渡到一个可以持续发展的社会。

所以，无论在家里、工作场合，还是在我们隶属的组织里，对每个人来说，最基本和最有影响力的关注方式是结构性关注。我们可以简单地去选择一个需要关注的结构，然后去做点事。当然，我们同时要保证不妨碍其他人的行动。这里有一个结构性关注的例子：某一个老板在结束一次加勒比假期后走进办公室。这时他突然觉得整个办公室看起来好像一个太平间，只有白墙，没有任何的色彩和装饰。于是，他制定了一个计划。他就这个计划与经理们进行讨论并且加入了其他同事的意见。然后他们一起行动，重新创造了一个温馨、鼓舞人心、充满乐趣的工作环境。这就是一种结构性关注，对每个人都是适用的。

分配结构也能提供结构性关注。当一个家庭共同制订做饭人员安排时，它关注的是用公平的方式来提供家庭成员所需的营养。通常，会由家里的一个人来做所有的饭，可能是母亲，或者任意指定一个家庭成员来负责准备下一顿饭——"好的，我做了周一的晚餐，下一顿该轮到别人了"。也可能有的家庭不用这么随意指定的方式，而是全家人坐在一起讨论饭菜的准备和制订整个月的早餐晚餐负责人的计划。然后呢？计划被贴在储藏室门上，然后就没有然后了。

最好的做法应该是整个家庭对分配结构来负责，而且计划应该是有弹性的。如果有人某一天没有办法按计划行事，他应该找人来代替。这样，家里的年轻人就会知道他们确实需要承担结构性责任，但仍然有自由空间，而不是每天每分钟被告知他该做什么。下面是一个给家里的成人和大一点的孩子安排的饭菜准备表。

· 马丁家的饭菜准备表 ·

七月：　周一3号　周二4号　周三5号　周四6号　周五7号　周六8号　周日9号

| 早餐 | 约翰 | 琼 | 妈妈 | 爸爸 | 约翰 | 琼 | 爸爸 |
| 晚餐 | 妈妈 | 爸爸 | 琼 | 约翰 | 妈妈 | 爸爸 | 琼 |

在这周，爸爸和琼有四顿饭要准备，但下一周他们只需要准备三顿饭，而妈妈和约翰需要准备四顿饭。同样的分配结构可用于洗衣服、割草、扔垃圾。计划可以每一年变一次。

给办公室例会买点零食是一种结构性关注的行为。保持工作环境和家里的安全和整洁对每个人来说也都是结构性关注。准备一顿美食，就像清理洗手间一样，都是结构性关注。结构性关注指的就是建立和维护一种日常的对每个人关注的结构，它是关注的实用诠释，不需要任何口头的关怀。经济学家黑兹尔·亨德森（Hazel Henderson）把这种形式的关怀表达叫作"爱的经济"（the love economy）。这是一种免费的庞大的家庭和社会服务体系，这种体系完成了爱和关怀的使命。这种非正式经济包括洗衣服、购买食物、准备每日三餐、洗碗、换尿布、吸尘和清洁、照顾孩子、关心祖父祖母和孙子孙女，等等。没有这种"爱的经济"，世界将陷入混乱和瓦解。

对个人的仪式性关注

仪式和结构一样客观存在着。每天早上遇到你的同事说"早上好"是一种仪式，哪怕昨天你们俩刚发生过争执。这些仪式保证了文明的车轮得到很好的润滑。我们可以说："我希望你一切都好。昨天我可能说了一些让你不愉快的话或者在某种程度上无心伤害了你，或者你也对我做了同样的事，但我们仍然是同事，而且昨天的事就让它过去吧！"而表达同样意思的另外一个简单的形式就是说"早上好"。

在一个团队或部门里，可能会有人想收集所有人的生日数据，以免有人的生日没有被庆祝。下面有一个很好的例子告诉我们，在生日会上用哪种形式的交谈可以让生日过得更有意义。

庆 祝

庆祝是一种仪式性关注。我们都有过生日庆祝会。步入一场生日庆祝会，我们庆祝的是一个人生命的神秘、深刻、伟大以及他在历史上创造的奇迹。在一个传统的有着蜡烛和蛋糕的生日庆祝会上，我们再增加简单的几个问题就可以倍增庆祝会的意义了。比如：

- ☆ 你在庆祝哪一个生日？（可选）
- ☆ 过去的一年中发生了哪些重要的事？
- ☆ 对下一年有什么期望吗？
- ☆ 我们对这个人的祝福和期望有哪些？

在计划一场个人的庆祝会之前，要征得当事人的同意——特别是第一次。对话可以设计得很短，五分钟足够了，不过时间长一点的话会更有趣。如果由你来引领谈话，你要准备好分享一段祝愿以免冷场。

一个工作场所可能会有半年和一年的庆祝活动。这是庆祝前一段日子取得的成就和每个人为组织做出的贡献的时刻。这样的活动如果提前计划或者设计一个基本流程就可以变成一种关注仪式。

夫妇可能会在一起庆祝结婚周年或者某些有意义的时刻。这是他们回顾一起度过的时光的机会。我认识的一些夫妇会把他们的庆祝和一种责任感的仪式联系在一起。在这个仪式中，他们会被问一些问题，比如：在过去的这些年里你是否忠于你的伴侣？如果还有其他人在场，会有人分别对这对夫妇提问。这种关于责任的问题会涵盖作为一对情侣生活的方方面面，所以他们不会简单地回答"是"或"不是"，而是混合了"忠于"和"不忠于"。

这些回答往往伴随了原谅。询问者往往需要有类似以下的回复："尽管在有些事上当事人不负责任，但这场婚姻仍然是充满希望而且前景广阔的。"原谅的仪式宣布了无论什么样的过去都被接受了，未来充满了希望。非正式的原谅仪式适合于回应生活中出现的种种事情。

有很多机会可以运用仪式。有人退休时，你除了传统的演讲之外可以组织一个铭记仪式，感谢和庆祝退休者对公司、工作、同事的贡献以及对退休者未来的祝愿。赢得一场重要的比赛，拿到一个大订单，摆脱一些不好的生活习惯——这些都为庆祝提供了机会。

还有一种最普遍的关注性仪式是送贺卡。贺卡店有不同种类的设计精美的卡片，卡片网站还增加了动画的选择。特别为某个人写张卡片送出去不是个繁重工作，重要的是让它变成首要事件。花时间选择一种方式对我们的亲戚朋友和同事给予关注，会对他们产生实在的影响。

对团队的符号性关注

符号性关注给常规的活动和会议带来了深刻的含义。当你给予精心的关注，团队会感到被尊重。普通的生活会因为这些准备而活跃起来。这些准备可以赋予活动超越本身的意义。比如家庭的一次感恩节聚会，你可以用餐馆的形式精心布置餐桌，用合适的颜色来布置桌子，把表达感恩意义的图片挂在墙上，让餐桌变成一个令人记忆深刻的地方。

符号性关注也可以为一个团队或者社区聚会赋予意义。我知道引导师和会议组织者都会至少提前一个小时去检查房间。通常，他们会重新布置房间来向参与者说明他们来到了一个"有重要事情发生"的地方。他们会用视觉艺术模块来表达当天会议的要点，以便与会者集中注意力，让他们有强烈的意愿去得到与主题相关的结果，而不是谈论不相关的事。在休息时间，这些引导师会重新调整布置，再回来的时候，参与者会看到不同的主题呈现。有时，他们还会在休息时间放音乐，创造出一个在工作间隙放松心情的环境。

准时到会也是一种符号性关注。曾经有一个日本的咨询师朋友和一家日本大公司的七个高层管理者约好在某天早上的 10:30 见面。他提前到了，因为他要布置房间，摆放桌椅、投影仪，做一个艺术性的布置，还有准备好水。10:25，还只有他一个人在那里，他开始担心了，不停地看表。10:27，其他人还是没有到来。他开始想是不是自己记错时间了。但是到了 10:29，七个人走进了会议室，坐在了椅子上，整理好文件，然后看着这个咨询师，那时正好是 10:30。日本人在这方面的表现有目共睹，但这个咨询师当时完全被他们的风格所震撼了。

还有一次，我和我的父亲坐在车里等一个熟人出现。我们一直等着，等了很久。过了一会儿，父亲转过来对我说："这个人迟到了，他并没有认真对待生活。"然后我们就离开了。有些人可以做到绝对准时，就像另外一些人把迟到作为他们的风格一样。引导师认为在这一点上爱迟到者像在走钢丝。引导师告诉我，如果比预计时间晚很多才开始活动是不尊重那些准时的人，而准时开始又不尊重那些马上到的人。在这种情况下，与那些已经到达的人讨论何时开始可能是个解决问题的办法。

对其他人的关注

看起来似乎对与我们关系不紧密的人表达关注会相对容易一些。可如果我们把自己放在工作和家庭中的普通一天里，站在旁观者的角度看一看，我们就可以看到这些人也在消耗着我们的能量。

消耗能量的原因在于，在与其他人相处时，我们不仅仅要保持最基本的礼貌，还需要真正的尊重。更有甚者，我们可以问问自己：我们如何让我们的关注呈现在我们遇到的每个人面前？或者用一个更好的问题来问自己：在日常工作中，当我们急着赶一个工作的时候，我们怎么做才能尊重每一个进入我们办公室的同事？我们可以把他们当作打扰者、不受欢迎的人或者机器人。我们整个的状态可能在告诉她："你看不到你打扰我了吗？我在做很重要的事。"或者，即使工作很紧急，你也可以抽出20秒钟对她说:"你好,琼,我很愿意跟你聊聊,但我必须在中午前完成这件事。我们一起吃午饭好吗?"

在电影《尽善尽美》(As Good As It Gets)中,杰克·尼克尔森(Jack Nicholson)扮演的梅尔文是一个非常成功的作家,在写他的第62本书。同时他也是一个洁癖强迫症患者。很明显的表现是,他有一段时间只关心自己,甚至他的门都有五把锁。不过生命有自己的方式来对待锁上的门。当他的邻居被抢劫和袭击后,邻居请求他帮忙遛狗。当然,首先他拒绝了,说他不能被任何事情打扰。但在他拒绝后发生了一些事导致他答应了这个请求。这只狗曾因为在门厅里撒尿被他丢进了垃圾桶,但后来变成了他们每天一起散步。这个小小的关心的举动以一种奇怪的方式解放了他。之后他主动帮忙送一个女招待的儿子去了急救处。他决定把受伤骨折的邻居带回自己家照顾。当一个小小的叮当声在一个人的防守处打开了一条缝的时候,关注就会钻进去。它会像一种外星力量一样持续影响着人,让他关注的力量越来越强。

如果想把大卫·赫伯特·劳伦斯所说的"生命的质量"放在我们与其他人建立的联系里,我们需要做什么呢?

有个护士讲过她的故事:

> 在我上护士学校的第二年,教授让我们做一个测验。我前面都做得很顺,直到我看到一道题:打扫学校的清洁阿姨叫什么?这是个玩笑吗?我倒是看到过那个阿姨几次,但我怎么会知道她叫什么呢?最后那道题我空着交卷了。下课前,一个同学问教授那道题是否会算到总分里。"当然了!"教授说,"在我们的职业生涯里,我们会遇到很多很多人。所有人都是重要的。他们值得你的注意和关注,甚至只是一个微笑或者'你好'。"
>
> 我绝不会忘记那堂课。我也知道了她的名字是多萝西。

我们回应他人的不同能量级别创造了不同的世界。即使我们很忙,我们依然可以花时间和努力像对待一个人一样去对待他人,转过身,面对他，承认他。一边盯着屏幕打着字一边给出一个标准答案并不能给别人以高能量，即使有时候这是你能给到的最好的方式。与人沟通时，我们回应对方的能量级别取决于我们把他们当成人还是宠物来对待。

我们可以试着把宽恕作为关注别人的基本形式。每个人都随身携带着一些内疚，宽恕可以让这个内疚清单停止变长。如果一个同事突然撞到我并说"对不起"，我可以生气地看着他，什么都不说；也可以生气地看着他，粗鲁地说"下次看着点儿路"；又或者我可以说"没事没事"。在工作场所、家里、社区和街道上，到处都需要这种道歉和原谅。

有时候，恻隐之心也是需要的。有一次，我在超市收银处排队，那个收银员看起来很痛苦。排队的人都很安静。突然，一个人从另外一个收银台挤过来问她："你的丈夫怎么样了？"她立刻回应了一个难过的微笑，说丈夫的癌症变严重了，现在正在重症治疗室。那个人给了她一个拥抱，聊了一会儿后离开了。之后，队伍里的每个人在买单时都对她表达了同情。她深深地被感动了。原始的人道主义的出现打动了所有人。

拉里·沃德是一个给许多大公司和小企业做过咨询的咨询师。他解释了他如何决定一家企业需要什么类型的关注：

> 我对一些客户使用一种非常特别的练习。我会早点到，用5分钟的时间慢慢走进公司。当你这样做的时候，各种主意会令人惊讶地浮现出来。我曾经带着一个医药公司的整个管理团队安静地在公司里走了一遍。回到会议室后，我们写下了所有我们注意到的。那家公司在做医疗设备，也就是你在医院和医生办公室里看到的治疗仪。当时，公司所有墙上没有一张人的图片，一张都没有。墙上的照片都是关于医疗设备的。而今天，他们的公司充满了艺术氛围，有很多病人和客人的告别仪式，还有那些手术成功的病人感谢公司高质量的产品和服务的感谢信。现在，当公司员工工作时，他们可以与用户和病人产生联系，这些人使用了他们研发的技术，而他们因为以这种方式为这些人的生命做出贡献而感到骄傲。当然，管理

团队成员在走那一圈时也发现了其他可以改进的事，那些事情都有了不同程度的改变。当时，我在走一圈时发现的是那里的员工与他们的产品没有从心而发的联系。现在公司变得如此不同！那里有着能量、激动、骄傲和心与心的联系。

关注的成本

有时候，特别关心别人的人不允许其他人来关心自己。这些人有可能患了卡罗尔·皮尔逊（Carol Pearson）所说的受难烈士综合征。在这种处境下，人们会觉得他们总是在给予而没有得到足够的回报。通常，"烈士们"在接受方面有困难，有可能是因为他们接受的观念是"施比受更有福"，或者他们害怕让别人承担他们的责任。

但是，如果我们既想关注好自己的任务，也想关心其他人，我们一定要学会照顾好自己。因为关注是有成本的。它有可能会使我们非常疲惫。照顾好自己不等同于放纵自己。它是通过停下来休息，特别是反思自己的生活，来照顾我们自己的身心和精神。最近有很多书籍聚焦于那些牺牲太多去关心别人的人。毫无疑问，其中的一些人确实过度关心别人，给自己留的时间太少。关心是需要付出的。人们持续要求我们除了满足家庭和工作的正常需求之外额外付出时间和精力。比如地球那边的人现在就要一张我们的全家合影；隔壁邻居外出时想让我们照看他们的孩子；我们的俱乐部或者教堂想让我们在下次蛋糕义卖活动中做义工；住在坎卢普斯的亲戚想让我们去参加他们结婚25周年的庆祝活动；我们的工作需要我们加班加点。许多心存善意的人常常试图对所有的需求都用"是"来回应。他们想满足所有的期望。

这时，很重要的是要问自己"在这种情况下，什么是真正的关心"。关心的回应并不是对每个需求都说"是"，而是认真思考后的回应。我知道一家公司有一个特别项目基金，一个叫作林恩的、优秀的、关心人的女士管理着这笔基金。当人们有一个点子需要一笔启动资金的时候，他们会向林恩解释他们的项目和需要的资金数目。林恩总是会仔细倾听并有目的地提出很多问题。有些情况下，她会说"是"；有些情况下，她也会说"不"。但因为她是如此亲切、善解人意，以及尊重每一个人和每一项请求，所以那些申请人即使被拒绝也会感觉像得到了一百万。因为事实上，除了结果是"不"，他们确实经历了一种肯定。林恩体现了对他人的深切关怀。

阿尔贝·加缪（Albert Camus）有一篇文章在某种程度上复原了西绪福斯的神话。当我们刚刚完成一项需要关注的工作，又必须马上开始另一项工作的时候，我们就会出现这样的感觉。加缪用文字重现了一个故事：上帝惩罚西绪福斯。这个惩罚是让他无限循环地将石头推向山顶。当他到达山顶后，石头会由于自身的重量重新滚落山底。出于某种原因，上帝觉得这种无用的劳动是一种最严重的惩罚。加缪描述了西绪福斯劳动的场面：

> （西绪福斯）用整个身体全力以赴地推起沉重的大石，滚动，前行，第一百次把它推上那个陡坡。他脸庞绷紧，胸膛紧紧抵着石头，灰尘满肩，双脚揳地，用伸开的双臂和沾满泥土的大手来一次全新的开始。经过长时间的努力，他终于到达了终点。然后，西绪福斯目视着那块石头快速滚落回低处的世界，在那里，他将又一次把石头推向顶峰。西绪福斯是一个荒诞的英雄。他和这种荒诞是同一个世界的两个儿子，他们永不分离……西绪福斯有他自己的命运。他的石头就是他的一切。就像一个人一旦说了"是"，他的努力就会永无休止。西绪福斯很好地证明了这一点。那块石头的每一个原子、那座山的每一块薄片都形成了他的世界。通向更高处的奋斗感充满他的心胸。人们必须想象一下西绪福斯的快乐。

最后一句话是一个真正的启发。我们的关注其实就是每一天都把石头推到山顶再看着它滚回来的事。第二天我们再推一次。

关注的勇气是《引领的勇气》的基础。1950年代，达格·哈马舍尔德（Dag Hammarskjöld）担任联合国秘书长。他关注着全世界，其中有很多是像刚果这样的艰难之地，他就是在那里死于一场空难的。他写下了当面对需要关注的人群时深深的疲惫：

> 疲惫而孤独，
> 如此疲惫，
> 心在作痛……
> 就是现在，
> 然而，你不能退让。

就在这种由于关心别人而带来的深深疲惫的浇灌下，人的转变发生了，一个新奇的生活开始了。

领导力挑战

当我们感到疲惫或急于解决一个大问题时，还要去释放我们的关注确实是一个领导力挑战。我们发现，关注可以使生命具有创造力的能量，可以使领导者充分活在当下，自信地将手里的任务授予别人。

另外一个领导力挑战是让关注在我们做决定时呈现出来。在我们为家庭和社会建立系统和结构的时候体现出我们的关注。

现在，我们再次确认一下章节中所谈到的关注的方式，关注是抚育性的、符号性的、结构性的和关系性的。我们现在知道关注无处不在。如果我们敢于投入和参与，机会就会呈现。下一章我们会讨论由于关注生活而带来的深刻的问题。

○ **练习**

☆ 释放你自己的关注 ☆

想要发现我们的首要关注，看看我们把时间用在了哪里是一个有效的办法。

1　　　2　　　　3　　　　4　　　　5

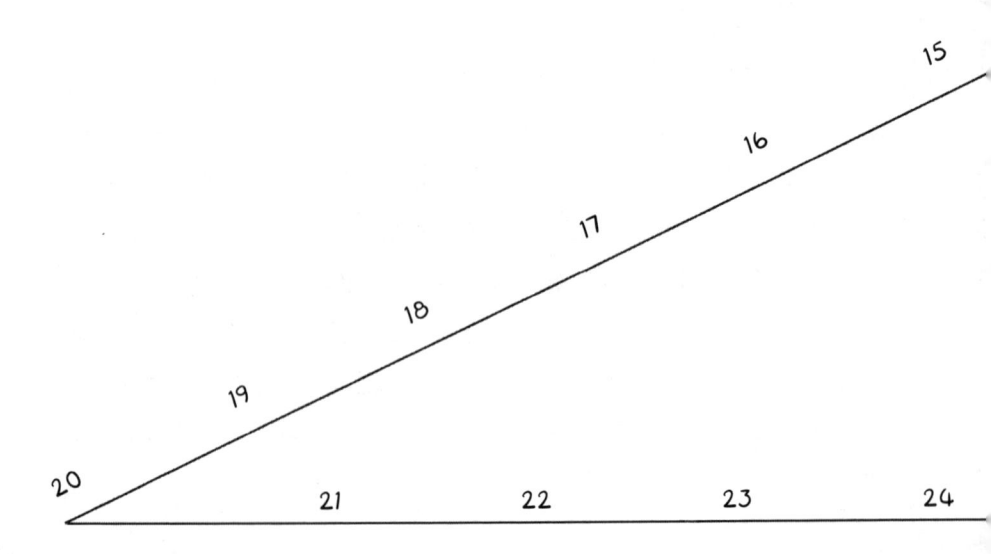

15
16
17
18
19
20　　　21　　　22　　　23　　　24

创建一个昨天的时间线，从 24 个小时之前。

1. 在每小时下面记录你都做了什么。反思时间线，昨天你关注了哪些事？有多少时间用在了家庭、工作、社区、自己和朋友身上？

2. 第二天或者下一周，你计划把时间用在哪里？再想一下你的家庭、工作、社区、自己和朋友。

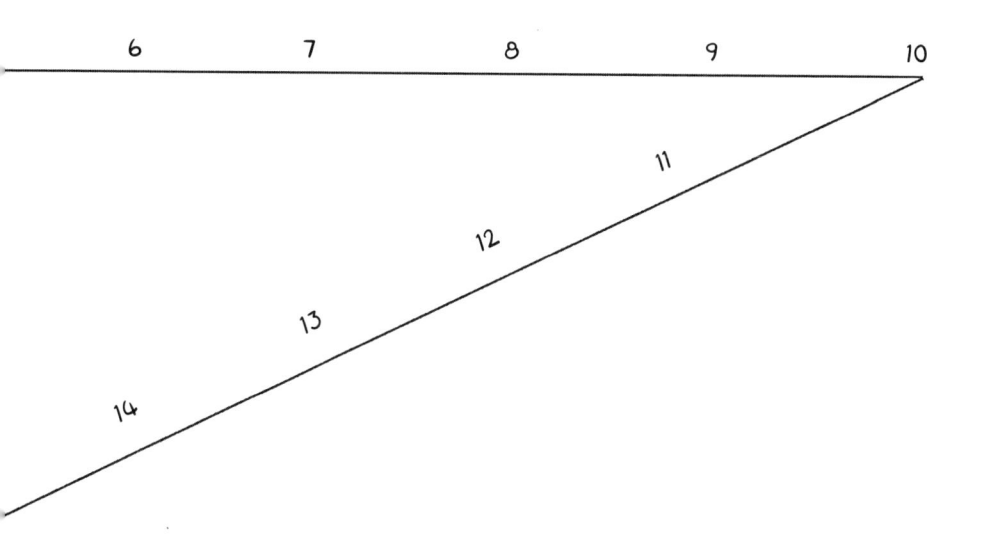

6　　　7　　　8　　　9　　　10

11

12

13

14

3. 为了能完成你的计划，你需要做哪些改变？
4. 如果你完成了这个计划，你的生活会有什么改变吗？

第二章
清醒看待生活

看 清 生 活

当生命看起来如此具有挑战性时，找到我们更深层力量的机会来了。

——约瑟夫·坎贝尔（Joseph Campbell）

放手不意味着我们不关心，放手不意味着我们停止。

放手意味着我们不再试着去勉强结果的出现和要求别人行动；

意味着我们放弃对抗事情本来的样子，暂时的；

意味着我们不再试着完成不可能完成的任务——控制我们所不能控制的。

——梅洛迪·贝蒂（Melody Beattie）

生活给了很多我们不想要的东西

乔·皮尔斯是一个乡村发展咨询师，经常往返于西非的不同项目之间。有一段时间，当地的飞机经常在飞行中发生不可控的情况。在一次飞往阿比让的过程上，DC-8 航班穿过高度不稳定的气流时，持续地上下颠簸几百英尺。到了拉哥斯地区上空，飞机的引擎燃起大火，紧接着，机长用急剧下降的方式灭掉了火。整杯热咖啡因此泼在乔的裤子和他正在写的报告上。糟糕的是飞机上还没有午餐供应，因为餐盒被落在停机坪上了。所有的这些事使乔非常头痛。

在拉哥斯机场，他带着糟糕的情绪下了飞机，同时他又很清楚生活就是这样不可预测。这时候，客户服务中心的工作人员上前询问。"皮尔斯先生，你有什么需要申报交税的物品吗？"

突然间，过去 24 小时所有的经历在乔的脑海中汇聚在一起。借用工作人员的官方用语，他平静地开始回答："是的，我确实有一些东西需要申报。"他提高了声音，对着惊愕的工作人员和在场的所有人说，"我宣布生活就是一团糟！意识到这一点，你可以选择坐在角落里吸着你的拇指度过一生，也可以与你自己的生命遭遇产生联系，充分地活完这一生。是的，这就是我要申报的！"

我们不知道那个工作人员怎么想，但他确实听到了一个人内心的呼喊。这个人刚刚遭遇到了生命中的恐怖时刻，带着对生活的洞察力返回来。

生活中的重要时刻

本章的前提是，一个领导者需要对生活有非常清楚的认知。这就像马修·阿诺德（Matthew Arnold）说的："这是一个清楚看待生活并将其视为一个整体的问题。"

清醒看待生活，是作为一个"人"来承认我们真正的处境。它包括我们愿意主动思考在日常生活中显现的深刻问题，意识到我们要对我们的生活负责，而不是控制。

危急时刻考验了我们，就像乔·皮尔斯所经历的。这需要我们与我们的实际处境产生联系。索伦·克尔恺郭尔给我们分享了对生命中那些重要时刻的描述："当我们想从一种处境中逃离，而这个处境恰恰引起了我们的内部危机、继而产生了关于生命的问题时，我们就可以把它算成真正的问题……"

让我们用这个公式来看一下乔的故事。

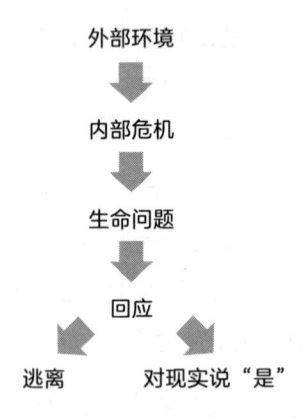

```
        外部环境
          ↓
        内部危机
          ↓
        生命问题
          ↓
         回应
        ↙    ↘
      逃离   对现实说"是"
```

外部处境：乔·皮尔斯在科特迪瓦和加纳之间做商务旅行，那时，当地的飞机经常在飞行中发生不可控情况。在去阿比让的飞机上，DC-8航班遇到了气流。经过拉哥斯时，引擎起火，机长用急剧下降的方式来灭火，导致热咖啡洒满了乔的裤子和报告，而乔的午饭又落在停机坪了。

内部危机：所有的这些让乔非常头痛。在拉哥斯，他情绪糟糕地下了飞机，但同时他又很清楚生活就是这样不可预测。

生命问题：皮尔斯先生，你有什么需要申报交税的物品吗？

回应：选择坐在角落里吸着拇指度过一生？不！我宣布生活就是一团糟！意识到这一点后，你可以与你的生命遭遇产生联系，充分地活完这一生。是的，这就是我要申报的！

哲学家阿诺德有一段话，我是在哲学课上第一次听到：

> 都有哪些我们想逃避的生命问题呢？第一个问题是：我是谁？特别是在我们面对其他人的死亡或者自己生命终点的时候，我们会从心底提出这个问题。或许这也是很多人在自己临近死亡或者面对挚爱的人死亡时会发生改变的原因。
>
> 另外一个可怕的问题是：我来做什么？这个问题经常会在我们面对多种选择和多种可能性时提出来。我在这个被给予的宝贵生命里都要做些什么呢？这是一个比我要选择什么样的职业或工作更宏大的问题（当然，职业问题也很重要）。这是一个关于生命目标的问题。

当我第一次听到它的时候，我把它当成一个哲学，它只和理论有关系；后来我把它当成心理学，它只和我的个性与技能有关系，或者把它当成经济学，只和我的银行存款有关系。但事实上不是这样的，他谈论的是关于如何发现个人命运。

与"限制"的斗争

我们在生命中会一次次遇到不测事件。词典上将"不测"定义为：随着不确定事件而发生变化的一种特性。明天你我可能还活着，也可能死了。可能我们的工作一帆风顺，也可能我们被解雇而流浪街头。人们会因为恐惧不确定的事情的发生而做噩梦。我们无法控制，但很可能我们以为我们可以控制。这是生命神秘性的一部分。

生命是悲惨的。有些人在生命的初期就面临疾病和死亡，一些人只能流浪街头，每年有上千人死于火灾、洪水、龙卷风和地震，这些都让人感受到深深的苦难。有着伟大天赋的人并不是总有机会发挥天赋，这也是一场灾难，就像几百万犹太人死于集中营的毒气，就像我们都会死去。每一件事最终都会烟消云散。这些听起来是那么悲惨和荒谬。在聚会上，你不会经常听到人们谈论这方面的事。这种事情是我们试图避免谈论或者掩藏起来，直到无法逃避时才会谈到的问题。

当然，当某一个人死亡时，总是会有一个悼念的过程，这是为了抒发对一个生命结束的悲伤情绪，也为了颂扬这个生命。当然，在这些死亡之后我们还要面对生活，就像钟摆总是把我们从死亡摆向生存，从遭遇生命大限摆到看到希望，就这样循环往复。

桑顿·怀尔德（Thornton Wilder）在《我们的小镇》（*Our Town*）的其中一章里，描述了生命的短暂：

> 你知道它是怎样的：当你21或22岁时，你做出了某些决定；然后，噢，你70岁了；你做了50年的律师，你旁边的那个满头银发的老婆婆已经跟你一起吃了五万多顿饭。

所以，与死亡、不测和生命大限的相遇会再次点燃我们充分生活的渴望。

你准备好面对死亡了吗？去问问你身边的同事和朋友有多少人立了遗嘱。最近的调查显示，只有50%的加拿大人有遗嘱。立遗嘱，意味着你直面死亡。很多人不喜欢这样做。

与此相反，寻求某种安全感、避免不测发生是我们的动物本能。我们寻求不同的堡垒来保护自己：旧时宗教带来的舒适感、赚很多钱或者拥有很多朋友。但总有一些时刻，你的安全堡垒上会产生裂缝，有可能是货币大幅度贬值，或者是我们的朋友死于重疾。

一旦我们意识到焦虑和不安全感是正常的，不是某种精神疾病时，一种放松和对生命的开放态度就会油然而生。我再次想到电影《尽善尽美》里杰克·尼科尔森饰演的那个作家梅尔文先生。他用非凡的手段来抵御一切可能伤害他健康的病菌。他的浴室橱柜里装满了肥皂,像军队一样整齐地排列着。每次洗手时他都用一块新的肥皂,然后把它扔掉。下一次他又用另外一块新的肥皂,又把它扔掉。每天他都去同一家餐馆,总是带着自己的塑料台布。他走街道的另一边以免接触到其他行人。但是有一天,生命敲开了他那重重上锁的门。然后,所有事情都变了。生命拥抱了他,把他从那种夸张的恐惧里救了出来。他发现,生命可以是美好的。

越南战争期间,我在澳大利亚。有个朋友总会在半夜来敲我的门。我迷迷糊糊地起床开门,门外永远站着克里斯,戴着眼镜,看起来疯狂而颓废。他想找人聊天。我邀请他进来,对他说:"克里斯,你得平静下来;你不能像这样生活。你必须平静下来。"

他总是会说:"我无法平静,我无法平静。"

"你为什么不能回去睡觉呢?"

"我睡不着,我没有办法平静。我睡不着,我没办法放松!"

"上帝啊,克里斯,如果一直这样,你会疯的!"

但克里斯总是回答我说:"我怎么能平静下来呢?女人和孩子在被杀戮;世界上有几百万人在挨饿;地球温度急剧上升;物种在消亡;我姐姐得了喉癌;我父亲因为酗酒在上周去世;我欠了两万块的债务。我感到糟糕透了,你还让我平静?!我想活下去,但在这样的世界里我怎么活得下去?!"

内部危机给了我们不安全感、烦躁和不确定感。生活变成了一场残酷的游戏而且毫无意义。我们感到窒息,我们想哭。在这种内部危机发生的时候,对于生命的疑问出现了:"现在,我是谁?我怎么能让生活变得有意义?"

今天,这个问题会以很多种方式出现:怎么在充满痛苦和悲伤的世界上生活下去?在这个人类生存处于危机的时刻,我是谁?在这个星球的所有生命形式中,我是谁?当气候循环结构坍塌、二氧化碳持续排入大气层、海洋处于危急时刻时,我是谁?我相信什么?在一个脆弱的、人口爆炸的地球上，什么才是一种合乎道德的生活方式？我怎么做才能尊重不同文化、不同宗教和不同价值观的人们？

我的老师乔·皮尔斯提醒我，只有在面对死亡的时候，才能回答出这些问题。当你突然意识到死亡的必然性时，这些生命疑问就会出现了。回答这些问题意味着，你意识到死亡无可逃避——死亡是生命的一部分。基于这个认识，我们会问自己：我是谁？一旦我们意识到这个问题（不，其实，在半分钟之前读到某些片段时，我们已经意识到了），我们可能就能醒过来了。显而易见的是，我正在慢慢死去。然而，在死去之前，我是自由的，我可以自由地奔跑。

至少有两种重要方法可以让我们从"我是谁"的问题中解脱出来。首先是我们可以试着通过与自己的过去保持联系而找到确定性和安定性。无论我们的行动对别人有什么影响，我们都要确保"我和我的家人"是安全的。我们可以去宗教和意识形态中寻找"正确"答案。我们可以通过找一个新的爱人或伴侣来寻求保护。我们可以加入治疗小组去寻找心理避护，又或者我们可以重修度假屋让假日更加舒适。

其次是我们避开这些问题，生活在永恒的失望和绝望中，比如保持在家里和工作的忙碌，或者对食物、毒品、赌博、电脑游戏上瘾。我们可以装作是好斗的，以免别人碰触到我们内心深处。我们还可以去责备是社会或某些人造成了我们的错误。

我们试着远离问题，仅仅去寻找熟悉的事物。我们避免让任何人来摇晃我们的船；确保朋友们足够麻木，以免讨论关于人的存在的严肃问题；我们只阅读内容很浅显的书，看肤浅的电视节目。我们把每天的生活放在网上，或者生活在虚拟世界里，在那里，我们可以假装自己是另外一个生命。如果我们足够忙、足够快乐、注意力足够分散，严肃的问题就不会打扰到我们，我们期望这样。

我们决定，即使我们不开心的时候也要开心。读关于幸福的书，戴上笑脸徽章，同时试图确保其他人都开心。许多年前，我谈到过假装幸福的愚蠢。当时一个女听众突然爆发了："你不能这样说！你怎么敢这样谈论关于幸福的这些事！我是幸福的！我是快乐的！我很快乐！"然后，她痛哭起来。

不管你怎么转移注意力，"我是谁"的问题是一直存在的。我格外清晰地了解我是走向死亡的人，然而尽管如此，我仍然有自由的生活。矛盾之处就在于，生的关键要素是接受死亡为生命的一部分。这就像琼·贝兹所说的，"你无法选择什么时候、以怎样的方式死去。你唯一可以决定的，是如何活着"。

卡洛斯·卡斯塔尼达建议我们总是将死亡放在我们的肩膀上，这是值得保留的建议之一。拥抱我们的死亡，让它变成我们的好朋友，因为如果我们去听，它总是会对我们讲实话。

解决机遇问题

乔·皮尔斯曾经对我说过，接受我们会死亡的事实，我们才可能严肃地对待生活。同样，只有接受我们要对自己的生命负责，我们才会严肃地对待死亡。

在生命中，我们发现了希望和机会，也有充分的自由去创造和度过我们的生命。每天太阳升起，充满希望。我们不需要像昨天一样度过。新的任务、新的需求和冒险出现在我们面前。机会常常在最没有希望的时候出现，甚至在最黑的深夜和最深的绝望处出现。对于如何回应生命，我们每个人都有无限的选择和独特的选择。

即使医生告诉我们只有三年、一年或者几个月可以活，我们仍然是有可能进行回应的。我们看到过人们如何反思他们的处境，认清他们的存在，然后决定他们会做什么来度过剩余的时光，就像1980年代的加拿大人泰瑞·福克斯（Terry Fox）。他的事迹至今仍然激励和召唤着人们。癌症让他在22岁时右腿截肢，只能戴义肢，但他发现他可以用这条义肢来为癌症研究进行募捐。从纽芬兰岛开始，他开始了"希望马拉松"，用义肢跑过了半个加拿大，直到发病去世。一个年轻的截瘫病人，瑞克·汉森（Rick Hanson），摇着他的轮椅横穿加拿大5 000英里，之后又作为脊髓研究的代表周游了世界。看看他们，再想想那些告诉别人"你做不到这个"的人。

21世纪，人们很清楚社会上没有什么是不可能的，新的解决方案的潜力几乎是无限的。我们有无尽的选择去参与挑战和创新，而它们中的大多数就发生在我们自己的房间里和社区中。有些人不喜欢现今的经济体系，他们质疑消费主义，所以邀请其他人与他们一起尝试更简单的生活方式。有些人质疑当地食物供给的安全性，所以去参与社区农场和有机花园的建设。对于新的保护环境的产品、技术或者废物利用系统、再循环材料和再生能源来说，现在更是有无尽的商机。许多人感到了在关心全球-地区共同体方面的挑战，包括我们的水、空气、公园、自然、音乐或者科学知识。有些人想尽力去了解本地植物和动物，或者了解如何可以保持一个健康的海洋、森林和湿地系统。原住民关于地球的智慧被认为对于这个星球上未来的生命来说是非常重要的，不同背景的人们都渴望着这些智慧，现在一些原住民的领导者也在回应着这一机会。

孩子和成人一样可以感受到这无尽的机会。他们通过网络与世界范围的朋友和同学交谈、发信息、发推特。年轻的创业者可以在网络上分享和销售他们自己的音乐、文章和视频以及其他发明。类似脸书这样的社交网络给了人们一个选择，他们可以通过社交网络对自己国家和全世界的重要事件进行交流和回应。在世界范围内，年轻人正在寻找各种办法发声，他们坚持基于经济发展和社会正义行动，他们有权帮助世界建立一种大家共同参与的未来。

今天，你可以基于你的需求来创建家庭类型——传统的、单亲的、同性的、同居或者结婚。世界范围的女性正享受着相当高程度的自由，这在几十年前闻所未闻。社会上不仅出现了女性政治家和商业领袖，女性也在从事着警务工作、调查工作和机械工作。相应地，男性在很多传统角色之外，也可以选择成为家庭妇男、护士或者照料者。更有甚者，

90岁的老人也仍然可以为他的家庭和社区贡献创造力。

在《心灵鸡汤·工作卷》(Chicken Soup for the Soul at Work)一书中，杰克·坎菲尔德（Jack Canfield）给出了扎乐·泰勒·摩顿的例子，她曾经是美国的一位出纳。扎乐的母亲又聋又哑。扎乐不知道自己的父亲是谁。她的第一份工作是捡棉花。

> 没有任何事情必须保持原样，如果它并不是我们想要的生活的话。运气、环境、出身都不能决定一个人的未来成为什么样子。所有人，每一个人，都必须做些什么来改变给你带来痛苦或者你不满意的环境。先回答一个问题：我希望这种情况发生怎样的改变？然后全力以赴地让改变发生。

乌比·戈德堡（Whoopi Goldberg）在《乌比·戈德堡自传》(The Whoopi Goldberg Book)一书中有一段类似的陈述。她说她把表演看作一项愉快的事，因为表演就是在激发潜能，任何事情都可能因此而发生：

> 在我写这本书的时候，每周仍然会有在百老汇的八次演出。当你开始做一件你认定的事情时，整个世界都可以成为你的画布。只要去想，你就能做到。我相信，一个小姑娘，出生于曼哈顿计划年代的一个单亲家庭，后来又做了单亲妈妈，在救济和各种奇怪的工作里挣扎了七年之后仍然可以在电影界做出一番事业。所以，我觉得任何事情都是有可能的。我就是那个小姑娘。我知道这一点，因为我就是这样过来的，我知道这一点是因为这就是我所看到的。我见证了古人所说的奇迹，但其实这并不是奇迹。这是一些人的梦想，终于在辛苦付出之后实现的梦想。

许多生活里的成功者都要去打破"不可能"的束缚，他们坚信潜力无限。有一家著名的唱片公司曾经这样回复披头士乐队："我们不喜欢你们的声音，而且吉他音乐也已经过时了。"幸运的是，披头士乐队坚持下来了。有一家电脑公司在斯蒂芬·乔布斯为苹果电脑寻求资金时对他说："嘿，你大学都没毕业！"英国小说家约翰·克瑞希（John Creasey）拿到过753封退稿信，之后他出版了564本书。很多社会改革者，从艾米琳·潘克赫斯特（Emily Pankhurst）到圣雄甘地，再到纳尔逊·曼德拉，都曾经受牢狱之灾，但这些痛苦反而使他们更加坚强。

我们都听到过类似的例子，然后我们会说："是啊，我知道。他们确实很厉害。但我的情况是不一样的。"就像你的梦想一样，你的内部危机可能会让你有很强的创造力和紧迫感。但同时，"躺平"看上去让人很舒服、很放松。有个年轻人在完成这本书七周的学习后重回学习生涯。他宣布再也不会躺在床上了，因为他在上面躺太久了。现在，他每天早晨很早就起床，不到深夜不回到床上。他开始前进了。

有一个问题是我们的生活太满了，像双黄蛋里的蛋黄挤满了空间一样。决定我们的生活该向哪里走、该挖哪条沟、该解决哪些问题，这些看起来都很困难，尤其是有这么多选择的时候。当我的同事邓肯·福尔摩斯还是小孩子的时候，冰激凌店卖12种不同口味的冰激凌，这对他来说可是件大事！每次他妈妈带他去买冰激凌时，他都会被所有口味华丽的展示所迷惑，最后他只能选择香草口味。以至于到最后一听到"香草"，他妈妈就会用无可商讨的语气大声说："邓肯，你不能再在那里站半天最后还选香草。没有为什么！选点别的口味！"

在这种情况下，我们会说："太多了！"当你面对无限的选择和互相冲突的欲望时，"我是谁"的问题就变得更加紧迫。我该选哪个呢？我整个的生命应该做什么呢？这么多可能的田地我该种哪一块？有关社会正义的问题我该去解决哪一个？在给地球持续稳定的未来的行动中，我该扮演什么角色？我生命中真正值得做的事情有哪些？我敢去做吗？我能以怎样的方式与拥有不同习俗和价值观的人一起合作？这些不仅仅是涉及工作或收入的经济问题。它们是诚信、使命和生命目标。

但是一旦我们提出这些问题,我们就想打个盹。就像《飘》里的斯佳丽常说的:"我明天再想吧!"或者是:"我需要更多的信息来做决定。现在情况还不明朗。毕竟这不是一件很急的事。我还有很长的人生要走呢。"又或者,当我们真正抽出时间来思考我们的未来时,我们坐下来,把手放在键盘上,脑海里空空如也。问题是,即使我们推迟做决定,生命的时钟依然会滴答作响,心跳也在继续——咕咚,咕咚,咕咚;生,死,生,死;决,定,决,定。萨缪尔·贝克特(Samuel Beckett)在他著名的戏剧《等待戈多》(*Waiting for Godot*)里借弗拉季米尔和爱斯特拉冈的嘴表达了这种拖延战术:

> 弗拉季米尔:嗯,咱们该做什么?
>
> 爱斯特拉冈:什么也别做,这样比较安全。
>
> 弗拉季米尔:咱们等等看他说什么。
>
> 爱斯特拉冈:谁?
>
> 弗拉季米尔:戈多。
>
> 爱斯特拉冈:好主意!
>
> 弗拉季米尔:咱们先等等,等完全弄清楚咱们的处境后再说。

每个人的生命时钟都只能走一轮。事实如此。在我们拖延时,生命正在流逝。我们都渴望找到各种机会,快速满足生命的所有需求。讽刺的是,当我们身边潜在的机会全都爆发出来时,我们又会发现我们会渴望死亡。阿尔贝·加缪在《西绪福斯的神话》(*The Myth of Sisyphus*)里这样描述:

> 只有一个真正严重的哲学问题,那就是自杀。判断生命是否值得延续等同于回答了哲学的基本问题。所有其余的问题——世界是否是三维的,思想是有9个还是12个范畴——都是游戏。一个人

必须首先跟随和弄明白这个引导你走向清醒看待生命的游戏,杀死自己仅仅坦白了生活对你来说不可承受。

从古至今,自杀方式多种多样。比如我的一个朋友,非常聪明,拥有微生物学的博士学位和很多很多钱。他像猫一样每天睡16个小时,其他时间就开着车闲逛。从生物学上来说他还活着,但其实他已经放弃了生命。

我们用隐藏自己的方式逃避"我是谁"的问题,我们用拖延和等待未来的方式逃避"我该做什么"的问题。我们穿梭于从签署请愿书到不停地买买买之间;我们到处做志愿者来保持忙忙忙。就好像我们乘坐在环游世界的气球上,低头看着下面的场景。气球飘过在垃圾里捡拾食物的人们的上空,我们喊着:"天哪,太糟糕了!应该有人真的为他们做些什么了!"但气球飘走了,我们现在看到的是亚马孙雨林正在着大火,我们说:"看哪,这么美的森林要化为灰烬了,这会影响生态平衡的。得找人救火!"但紧接着,风又把气球带到巴基斯坦的洪水区、海地的地震破坏区、阿富汗年轻人和老人被砍杀的地方。"太恐怖了!太震惊了!"我们这样回应着。气球继续前进着,我们又见证了奴隶市场和难民可怕的居住环境。气球继续无情地移动,移动,永远不着陆。它就这样环绕地球飘着,飘着,直到有一天它翻倒在海里或水池里。

玩世不恭是我们飘浮的另外一种方式。我们诋毁生活,希望为我们的不认真找到借口,因为"生活就是一堆琐事"或者"人性本恶——现在你根本不能相信任何人"。我们在会议上一言不发,而一旦某个创意方案看起来会通过,我们会来终止它:"嘿,这个我们三年之前就试过了,根本行不通!"我们也会鼓吹末日审判或世界末日这类事情,从而将自己藏起来,不用采取任何有意义的行动。

然而实际上,我们每一个人都有机会有意义地活着和有意义地死去。生命就像罗马蜡烛中的一支。我们点燃了焰火,然后有人唱道:"来吧,射向这个方向!"我们调转方向进行了瞄准,直到另外一个人说道:"嘿,射向这里!"然后我们又转向那个方向。又有人说:"转向这边!"我们又调整了方向。突然,啊哦,没有火花了,蜡烛烧完了。就像这支罗马蜡烛一样,人都是有一定能量的,问题永远是:方向在哪里。

所以,我们中的每一个人都面临着同样的问题:我是选择了我的使命并用我生命中的每一天来完成它,还是用整个生命来等待它?

每天的机遇和极限之间的争斗

作为人,我们都想知道自己的生活将会是什么样子的,特别是当我们纠结于所有这些生命问题时。当事情没有按照我们的预想去发展时,我们会觉得哪里错了,有人或有事情绊住了我们。

清醒看待生命的一个方式,是将生活看成在两种相对力量中间的曲曲折折。一方面,我们看起来有无限潜能,另一方面,我们或多或少都有极限,包括不可逃避的死亡。这种在极限和潜能之间争斗的生活经历有很多名字,有时候叫作"曲折",有时候叫"起伏",有时候叫作"坐过山车"。你会把它叫作什么?

我们对德国哲学家鲁道夫·布尔曼(Rudolph Bultmann)表示感激,他很好地描述了这种争斗是如何在日常生活中发生的。他说,首先,我们被关注所驱动,首要例子就是对明天的关注。我们自发地去购买、安排、准备。我们感到被人推动着去购买食物,一天至少准备两顿可口的饭菜。我们关注未来,所以为孩子的教育和我们的明天存钱。这种关注无论对我们还是对其他人来说都是无止境的。但我们的这些关注从来不能保证生命的安全。日常生计从来不会有满足的时刻。我们可以一直购物直到我们倒下,但我们都知道最终不会有持久的满足感。甚至当我们积累了足够的财富,变得更聪明、更健康,看起来这些赋予了我们经济上的安全感时,我们发现仍然不能保证生命的安全。

生命中有一些东西——一些曾经被叫作"神秘"的东西——限制

着我们，甚至当我们觉得我们是生命的主人时，"神秘"依然存在。比如当我们遇到了股市崩盘、一场严重的疾病或者一段失败的感情时，结果都一样。

正像我们在第一章中讨论的，是关注给了生活真正的意义，虽然我们常常会拒绝承认这一点。生命是被渴望所驱动的，这是对生命神奇潜力的渴望。像布尔曼所说的"真实和美丽"：一场精彩的艺术展，一部电影，一场高水平的摇滚音乐会，一次美味的烧烤，三球你最爱的冰激凌，很好地完成了工作，一次伟大乐团的顶级表演，一次纵马疾驰，一个有漂亮装饰的房间，一次舒适的南海岛屿旅游。当我们有其中一次经历时，我们会期望生命永远像这样。但悲哀的是，所有的一切都会有终点，无一例外——电影，音乐会，旅游，烧烤，奔跑。

或者再一次，像布尔曼说的，生命是被这样那样的对爱的渴望驱动的：一段令人兴奋的浪漫史，完美的性生活；那些能在同一个层次上沟通、理解我们的朋友；和谐的婚姻关系；感激着我们的同事。但即使是最伟大的爱情，也会遇到最后的孤独。每一段幸福婚姻都会遇到一些考验点：另一半不再想进行沟通，两人之间只有紧张的沉默。工作中会有一些时刻连最感激我们的朋友都无法帮忙。还有些时刻，性甚至也遇到了极限。即使我们身边满是亲朋，我们还是会独自走向死亡。

还有，生命是被对知识的渴望以及对行动和工作的冲动所驱动的。我们是天生好奇的。我们渴望知道每一件事，比如时间、文学、电脑、印第安菜肴、篮球得分和最新的名人。有些人只想待在书店和图书馆，他们执着于知道一切。但是每天会有上千本英文书出版，你读得越多，忘记得越多。有一种神秘的力量为知识设置了极限。

我们也被各种事情驱使而开始行动。我们为生计而工作，去完成一个大项目，让房子看起来整洁如新。我们加班加点地工作——取悦老板或者只因为工作很吸引我们。我们中的一些人变成了工作狂。但就像知识有极限，我们的行动也会永无止境。工作永远不会结束，项目会失败或者不完美，我们的待办事项从来不会是最新的。我们又一次遇到了给我们设置了终点的神秘力量。

最后，我们会被责任感所驱动——所有的生命中"应该做的"。我们觉得我们应该可以完成它们。对于我们中的大多数人来说，完成它们会给我们带来极大的满足感，因为这表明我们自我掌控。所以，我们竭尽全力地按时完成工作，带孩子们去运动和上各种课程，做完家里的所有琐事，做到诚实、斯文、纯粹、周到、善良和善于利用时间。

同时，我们发现掌控自己是一件很难的事，所以我们会用一些方式来惩罚自己：看很久的电视，在花园里花费过多的时间，睡很久，与朋友出去玩而不是带孩子去上足球课或者打冰球。我们没有兑现承诺去修理车库门。我们对新来的员工百般刁难。在我们丧失机会、浪费时间、不能解决问题时，我们的良心开始日夜用负罪感谴责我们。这里的良心类似极限，将每种努力判断为能力不足。

总而言之，我们的驱动力有：每日的关注，对爱的渴望，对整个宇宙的知识的渴求，对持续工作的向往。我们意识到我们的日常关注和渴望是无穷尽的。清醒地看待生活告诉我们，生活不可能有持续的舒适感。就像爱情，没有人可以像我们期望的那样一直爱我们。这里并没有智力上的最终解决方案。不仅是生活中的小小的琐事会消失，那些重大的有意义的事也会随着历史的进程而消亡。出于责任感，不管得到多好的东西，我们从来都不会心安理得。

在下图中，向下的箭头代表阻碍，向上的箭头代表驱动。就像我们希望生命是安全的，但遇到了死亡的阻碍。我们希望舒适地生活，但神秘力量让这样的生活终止了。我们渴望爱，但遇到孤独。我们希望掌握知识、工作、学习，但遇到了时间和能量的阻碍。我们希望把所有事情做好，但有完成不了的负罪感。

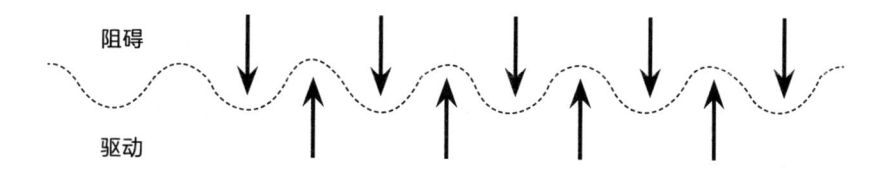

所以，我们应该站在这幅图里的哪里呢？基本上来说，我们应该恰好站在这条曲线的中间。怎样就是在曲线中间了？这需要我们从生活经验出发来回答。虽然我们没有意识到，但实际上我们大部分时间都处在这条夹缝中。比如我们遇到强烈的渴望要去完成某件事，但发现自己没有能力达到的时候：我需要开半个小时的车去办公室，敲定我职业生涯里最大的一笔合同，但是我的车和手机都出了问题。说我很沮丧都是说轻了。我的名字叫"愤怒"！我像一头野兽一样狂怒，从来没有想过我会骂脏话。我把汽车销售公司的卡片撕得粉碎。为什么是我？为什么是今天？我正处在这条夹缝中。

面对生活的起伏，要保持稳定的态度是一件困难的事。主要问题是：身处生命中的谷底时，作为人应该如何应对？之所以有时把生命叫作"不断绊倒我们的噩梦"，是因为它让我们相信我们可以控制自己的生活，也许我们有很好的工作、完美的婚姻、脱俗的长相、聪明的孩子、理解人的上司。我们控制着自己的生命，所以这些方面的损失根本不该发生在我们身上。但是，不！就像莎士比亚在《辛白林》（*Cymbeline*）中所说：

> 当烟囱清扫车到来时
> 金色的少男少女
> 都会归于尘土

在位于新斯科舍省哈利法克斯的大西洋海事博物馆，有一场关于沉船泰坦尼克号大事记的展览，展出了泰坦尼克号乘务长的著名发言。有一名妇人在登船前曾问过乘务长乘坐泰坦尼克号旅行是否安全。就像平常的回复一样，乘务长很肯定地回答："夫人，上帝都不可能使这艘船沉没。"事实上，一座正常的冰山就让一切沉没了。无论遭遇不测的人多富有、多聪明、多鲁莽、多酷、有多高的地位，都没能逃离。

有很多很好的笑话也形容了这一点，就像美国海军作战部长发布的一段发生在1997年10月的抄本,这段真实的对话发生在一艘美国海军军舰和纽芬兰外海的加拿大当局之间。

> 美国：请将你的船头向北转15度,以免发生碰撞。
>
> 加拿大：建议将你的船头向南转15度,以免发生碰撞。
>
> 美国：我是美国海军军舰舰长,我再说一遍,将你的船头转向。
>
> 加拿大：不行,我再说一遍,你需要将船头转向。
>
> 美国：这里是密苏里州主力战舰。我们是美国海军的大战列舰,现在马上调整你的方向。
>
> 加拿大：这里是灯塔。

每次人们都在渴望进行控制。设置堡垒来保护自己也好,设置体系、样式、时尚或世界观也好,最终我们会遇到真正的控制的神秘面纱。我们想要相信我们拥有内在轨道：我们永远知道事情会怎样得到解决。当事情的发展超出我们的想象时,我们会说："事情不对了,太糟糕了!"除了生命留给我们的困境,我们看不到新的情况。当有些事情发生时——野餐时下大雨,电脑出故障——我们只会说："太糟糕了!"我们看不到生活带给我们负面影响的同时带来了满满的潜能。如果我们更有耐心和反思能力,或许我们会问：我从这件事情中学到了什么?

控制爱好者最终会遇到一个巨大的破坏球,这个球通过不测来破坏我们的舷窗。当有些人意识到发生了什么的时候,他们就放弃了。但是特蕾西·高斯(Tracy Goss)提醒了我们另外一种方法,在《力量的最后一句话》(*The Last Word on Power*)里,她说道：

> 接受你无法控制结果并不是行动的终止——它是最大胆、最有

勇气的行动的开始。你可以接受对你的选择和行动承担充分的责任。你是在自由地创造和实现一个非凡的未来……

清醒思考的习惯

清醒面对现实不同于学习骑自行车，并非一旦学会就终身不忘。清醒思考是一种意识方面的自律。这种自律——或者叫作习惯——让我们可以面对真实的生活并乐在其中。清醒思考作为一种立场必须保持每天练习，这样才不会让我们滑入逃避模式。我们需要知道如何停泊在我们的实际生活里。这不是一件容易的事，就像托马斯·斯特恩斯·艾略特（T. S. Eliot）提醒我们的："人类无法忍受太多的真实。"

我就经常需要被提醒。我把一首这样的诗贴在我的冰箱门上来提醒我：

> 生命永远不会像我们所期望的
> 我们不想接受它所提供的
> 然而，我们还是可以自由地活着
> 也只能这样了

另一首是特蕾西·高斯的诗：

> 生命没有像它应该的那样发展
> 生命也没有像它不应该的那样继续
> 生命就是生命本身的样子

这些咒语都可以应用在每个人的现在和未来。这样的仪式就像你揉了揉睡眼惺忪的眼睛，帮助你准备好过新的一天。谈到仪式，我知道人们会用各种方式来迎接新的一天：感谢阳光、点燃蜡烛或者走进人群。这些都是用来开始一天的特别的仪式。对我们中的一些人来说，早上洗个澡也是一种仪式，洗澡时，我们可以对自己说："今天我会保持对生命的清醒。"对另外一些人来说，仪式则是穿戴整齐后坐下来为即将到来的一天写好待办事项，或者只是简单地表明他们愿意继续坚持自己真实的生活。

还有很多其他方式可以使用。一种方式是通过我们看的电影、我们选择去听或读的新闻和我们愿意去的地方将我们自己的现实展现出来。如果我们注意到最近看过的电影里有一半都是浪漫爱情电影，可能我们需要去试一下严肃戏剧。如果我们注意到我们看的电视节目里很多都是脱口秀，可能我们需要看一会儿整点新闻了。

还有些人喜欢沉浸在四季的不同体验中：春天种子发芽，夏天生长开花，秋天色彩绚烂、风中凋谢，冬天萧瑟寂静，继而又是生命悸动勃发的春天。这种方式也是有用的。

生活中充满了各种让我们避开面对或承担生命问题的机会，还有很多可以舒缓紧张感觉的东西——酒精，毒品，财产——这些东西带走了我们对自己极限的感受和对自己潜力的认知。这就是为什么清醒思考是每个人需要的自律。它从来不是一时获得便终身拥有的，它需要每天的练习。

领导力挑战

领导者们无时无刻不在经历着生命问题。挑战之处在于如何停留足够长的时间以感受这些问题的出现，发掘其中的意义并进行有影响力的回复。

作为领导者，认识到自己的生活、组织、社区和世界的极限与潜力并从中学习是非常有挑战性的。无论生命是否是我们想要的样子，它都在持续影响着我们和周围的人,我们需要对这生命的神秘心存感激。

另外一个挑战之处在于对生命本来的样子说"好"而不去愤世嫉俗、失望或者沮丧。是的,极限和机会并存;是的,制度按照它的规定在运转;是的,政治家们在为他们的竞选工作却没有显示出真正的领导力。确认这些现实后,作为领导者的我们可以决定将我们的能量用在哪里,怎样去改变我们周围的状况。

不管怎么说,生命是不可预测的、混沌的,同时是充满潜力的。我们可以相信"生命是个混蛋",然后默默死去。我们也可以寄情于浪漫或者愤世嫉俗。或者,我们可以肯定生命的美好,然后决定去拥抱挑战,在生命的舞台上翩翩起舞。这样做会带给我们持续的肯定和接受(下一章的主题)。

○ 练习1

☆ **重要的时刻** ☆

我们生活中都有一些重要的时刻。有时候它们是伤心和悲惨的,有时候它们是令人激动的,还有时候它们让我们不堪重负。

1. 当你听到"重要的时刻"时,你会想到自己生命中的哪些时刻?

2. 选一个描述一下当时的环境。

3. 描述一下那时你的内部危机,你经历了怎样的情绪起伏?当时你脑海里出现什么之前的经历、事件或者古老的智慧?

4. 在那个重要事件中,什么样的生命问题会浮现出来?

5. 你是如何回应这个生命问题的?

6. 对那个重要时刻浮现出的生命问题,你曾经的和现在的宣言是什么?

○ **练习 2**

☆ **站在极限和机会之间** ☆

1. 最近什么时候你发现自己经历了机会和相应的极限?
2. 你的动力是什么?

3. 有什么阻止了你?

4. 你怎么回应的?

5. 你是否发现自己处于困境中?如果你发现了自己的困境,是什么使你面对这一处境?

6. 一开始你怎么命名你的处境?

7. 后来你怎么命名的?(如果与一开始不同)

8. 在这个经历中,都出现了哪些可能性?

第三章
持续的肯定

肯定生命中发生的一切

欢迎,还有祝贺。我很高兴你们做到了!我知道,你们能出现在这个世界上很不容易。实际上,这比你们意识到的更加艰难。数万亿飘移的原子用一种复杂和有趣的方式组建出了你。这种组建是如此专业和特别,前无古人后无来者,只存在这一次。

——比尔·布莱森(Bill Bryson)

我走进一片沙漠,

哭泣着:

"上帝啊,把我从这里带走吧!"

一个声音传来:"这里不是沙漠。"

我呼喊道:"但是……

这些沙子,这种酷热,这样的荒凉。"

一个声音说道:"这里不是沙漠。"

——斯蒂芬·克莱恩(Stephen Crane)

最好的运气

露丝·沃迪克,一位年轻的生物学博士,就读于安大略省汉密尔顿的麦克马斯特大学。她曾经有一段时间在巴西丛林里研究灵长类动物。一个周日的早晨,当她在巴西的马瑙斯街边散步时,一个醉汉驾车驶过。他醉眼惺忪地趴在方向盘上,车子失去控制,冲向人行道,撞倒了她。这起事故让她一个膝盖骨折,另外一个凹了进去,轻微脑震荡,失去了一颗牙齿,身上还有多处擦伤和划伤。四个星期以后,她回到了巴西丛林。虽然研究猴子只需要她缓步行走,但她的速度还是因为膝盖的损伤而大大下降。忍着膝盖无法弯曲的疼痛,她倾听着那些猴子的嚎叫声。"有些人觉得我的运气真糟糕,"她说,"其实不是,如果我运气很糟糕的话,现在我已经死了。我还活着,这就是最好的运气!"

露丝选择了接受她的生活,即使生命给了她这个糟糕的状况,而她本来也可以用其他态度来进行回应,比如怨天尤人。

我们常说的愤世嫉俗者,指的是那些对生活抱着酸溜溜的态度的人。我们说的忍受者,指的是那些只承受生活的打击而没有任何反应的人。那么,那些接受生命本来面目的人该被叫作什么呢?或许我们可以称他们为持有"肯定"立场的人。

一个人生命中会有一些时刻感觉工作或者家庭就像变成了沙漠,干燥、酷热,让人只想逃离。我们哭喊着:"让我离开这里吧!"然而,在内心深处,我们又能听到另一个声音:"这个工作/这个家庭不是沙漠——它就是我们真实的生活。"我们会感受到这个声音在催促我们对这样的生活说"是"。我们被邀请去感激我们的生命。

尽管我们知道，让我们难以忍受的有时候是我们的想法，有时候是我们的工作，有时候是周围的人，有时候是我们自己的身体健康，但其实，解决所有这些问题的途径都是基于我们要对生活说"是"。这本书将这个"是"叫作"肯定"。这个"肯定"是决定去庆祝我们拥有真实的生活、生命的极限和生命中的机会。

肯定不是什么

肯定不是生活中的浪漫。它不像看到山那边的小草变绿，不像玫瑰色的玻璃那么让人愉悦。它是敢于接受生活就是这样。我们不要试着去调高音量、去忽略或者干脆屏蔽那些纠结。

肯定不是从生命问题中逃脱。它是接受那些痛苦。纠结和愉悦都是生命的一部分。

肯定不是乐观。它不意味着拨云见日，它说的是：云，就是日。

肯定不是强迫你去看更好的生活。作为立足点，接受的立场说的是目前的生活就是非常好的。未来它也许会变得更好，也许不会。但无论发生了什么，生活的这个样子已经是好的了。

肯定不只是快乐，虽然当我们遇到快乐时我们很喜欢。肯定不仅仅是一种态度，它是一种经历和深思熟虑后的选择——现实是严峻的，选择是困难的。

肯定包括三个方面

首先，肯定是一种特殊的回应，它包含了生活的很多方面。简单来说，在我们生活中遇到某些事、感受到某种侵犯时，它就会发生。这些发生时打破了我们对生活抱有的幻觉。

其次，当我们身处无尽的黑暗和失望中时，肯定就会出现。我们要学会对所有的一切说"是"。在这个时候，我们会经历接受，会认识到生命最基本的完整性。然后，我们就会与自己和生活中的一切达成和解。

最后，肯定是一种生活方式，是每一天说"是"的生活态度，甚至在生命的跌宕起伏中也是一样。

A. 入侵事件

幻 觉

人的生命中充满了恐惧，或者像词典里定义的，"极大的恐惧和忧虑"。很多人会一直活在对死亡的恐惧中，或者一直害怕生活中可能发生一些糟糕的事情。在上一章，我们把这些事叫作"不测"。因为我们发现这种恐惧会让人无法忍受。我们制造出了幻觉，希望这些幻觉能够让我们不直面生活，保护我们免于恐惧。

一种幻觉是我们生活的小小世界可以保护我们。那些登上首航的泰坦尼克游轮的乘客的幻觉是这艘船永远不会沉没。当船只撞上冰山时，乐队还在演奏。这就是幻觉的力量。我们也都听说过一些有钱人的故事。他们住豪宅、开豪车，他们的幻觉是富有可以使他们免受生活的苦难，然而有一天，他们中的一些人可能会发现自己的孩子有的吸毒、有的割腕自杀。

有一些人认为，他们可以用智慧打败生活，免受苦难，就像"做自己灵魂的船长，掌握自己的命运"。他们用自己的方式生活着。我的澳大利亚朋友克里斯就怀着这样的幻觉，直到有一天在彭里斯，他的兰博基尼因为路上的一摊油渍直接滑出路面。我去医院看他，他躺在牵引床上，用很长的时间来重新审视他以前所谓的聪明，反思他到底在什么程度上掌控了自己的命运。

入 侵

生命一个一个入侵着我们的幻觉。就像某个人做了什么事打破了我们对生活的幻想。这个人可能是朋友、同事、老板或者另一半。它可能发生在任何地方、任何一天。然后，我们会怀疑我们一直以来对生活的看法。我们会感到自己处于危险之中，可能需要做出改变。

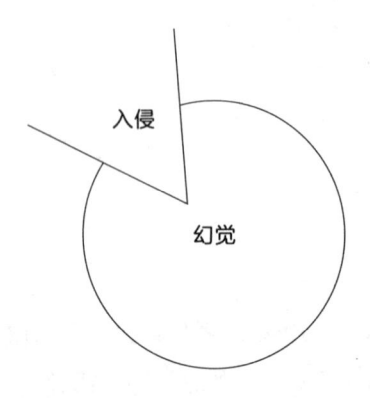

入侵

幻觉

当感到我们的生活方式受到威胁时，我们会试图通过消灭入侵事件来保卫自己破碎的生活。每个人都有一把"匕首"。我们时刻把它藏在裤袋里用来抵抗入侵者。但是即使我们试着去破坏入侵者，它仍然不会消失。

举个例子。结婚后，我很快就建立了婚后秩序，比如如何布置房间和修建篱笆。但对我的妻子珍妮特在生活方面的某些习惯，我还不太了解。最让我受不了的是她用餐巾纸的习惯。她总是把纸巾放在袖子上，这样纸巾自然很容易掉到地板上。当然了，总是我去捡起纸巾。有一天，大概是我们结婚六个月之后，我终于爆发了。"珍妮特！"我说，"能麻烦你捡起自己的纸巾吗？这样会使我们的生活更加有秩序。"

几秒钟过去了，是我的想象吗？还是她开始生气了？她的"洪水"开始决堤了。"纸巾？纸巾！你是操心纸巾吗？我们婚姻里不是纸巾的问题。问题是你把我们婚姻的每一个方面都变成了控制和制定规则的机会。真无聊！生命中有比理性和秩序更多的东西！"说着，她离开了房间。

我很快追上了她，感觉到自己的生活产生了严重的危机。我掏出了我的"匕首"。"我就需要一分钟。你说我无聊？看起来你已经忘了过去六个月每个周一的晚上我都带你去看电影。那样就不无聊了？你也不总是魅力无穷啊，每天没完没了地涂涂画画和写日记！"她什么也没说。

她知道她的话打击到了我,而我现在开始防守了。

"但是,"我继续说,"我其实是一个令人兴奋的家伙——我讲笑话给朋友听,他们认为我很有趣。有时我会送花给你。我,无聊?不对!"她继续保持缄默。我注意到自己越来越不安。她刚才的话把我推到自我认知的悬崖边上。

我发现自己面临一个选择:要不我就面对正在建设中的新生活,改变自己;要不我就建立另一个幻觉。我能看到新生活需要我放弃掉的那个旧的自己,那个倾向于控制爱情的自己。这对我来说是个危机,因为我现在对那个旧的无聊的总想着秩序的我充满了失望。我刚刚抽掉了原来放在我身下的那张让我舒适的毯子。

对我们所有人来说,类似的入侵在不同情况下一次次地发生。通常,在入侵结束后,我们会遗忘它,继续我们之前的生活。但是有时候,在这类事件中,有些其他的事情发生了。

B. 经历肯定

在我感到不安或受到威胁时,在"我是谁?"的问题让我如芒在背时,一种奇怪的启示会向我袭来。

哲学家保罗·田立克(Paul Tillich)曾经这样形容过:

> 当生活被黑暗笼罩时,在某些瞬间,一道光芒会突然出现,照亮我们周围的世界,就仿佛一个声音在耳边低语:"你是被接纳的。被一个比你更大的存在所接纳,即使你还不知道它的名字。但此刻,你不必急于去追问它的名字;或许在未来,你自然而然就会知道。此刻,你不必做任何事情;或许在未来,你会做出伟大的贡献。无须急于寻求、展现或计划什么。只须安心地接受这个事实:你是被接纳的。"

自 我

在这束接纳的光柱下，我看到，尽管我疑虑重重，但生命接纳了我本来的样子。我可能或伟大或渺小，患有唐氏综合征或智商高达160，很苗条或很肥胖，我都被接纳了。没有什么可以成为我生命中的借口。

当然，拳王阿里可以凭借他在拳击上的天赋宣布"我是最棒的！"，另外一些人还在纠结于是否接纳自己的伟大。但"接纳"这种体验会发生在每个人身上，无论你是谁。就像马修·福克斯说过的："早晨旭日东升，保佑着我们每一个人。它不会先检测我们的身份，不会询问我们这一天是想赚钱还是想拿到好成绩。它就是这样照耀着每个人，就像它一直以来所做的。"

生 命

在这束接纳的光柱下，我们可以与自己的生命产生联系。我们生命中的可恶和可喜都是好的。外部环境从来不是真正的问题。重要的是我们与外部环境产生何种联系。这束接纳的光柱也照耀着非正义战争、对600万犹太人的种族灭绝、在世界范围内对妇女儿童的虐待，没有任何事情可以成为我们生命中的借口。有些人永远对生活不满意，因为他们不想去建设自己的世界。另外一些人则乐于拥抱生活，即使它充满了不公正、种族灭绝、环境破坏等等。当然，社会改变的责任永远存在。但如果没有能力肯定现在的生活，社会责任感就很容易转化成带着气愤的玩世不恭和充满仇恨的对抗社会。领导者，首先应该对现在的生活说一声响亮的"是"。

利兹·班克斯是澳大利亚的一名医生。有一次，她飞往印度参加会议。当她的飞机临近孟买机场时，机长的声音从广播中传出来："女士们、先生们，飞机的前轮出现了严重故障，无法锁定降落。我们可能在着陆时遇到困难。请脱掉您的鞋子，摘掉眼镜，保持紧急迫降的姿势。我们会在15分钟内着陆。"班克斯像其他人一样照做了。她很害怕，两个膝盖剧烈颤抖着，声音大到别人都能听到。她和其他所有乘客都想知道着陆时会发生什么。最后，飞机还是着陆了，前轮起火。乘客们用了20分钟从机舱紧急疏散。

从应急滑梯滑到停机坪上之后，利兹医生反思道："生命什么都不是，它就是一个礼物。我现在想跳到孟买的街道上，用手扶起每一个乞丐，对他们说'无论你是否喜欢你现在的生活，没有关系。生命就是一个礼物！'"之后，她又补充道："自从紧急着陆后，我有强烈的渴望去宣布，我们只有一次生命，我们可以每天充满感激地活着，每天！这个记忆会让我一直拥抱生命。"

过　去

这种接纳的信息有惊人的效果。它意味着我们承认了历史上个人的或集体的事件中我们所感受到的愧疚和愤怒。我们的过去、城市的过去、世界的过去，所有的都被接纳了。有些事情我们会一直耿耿于怀，比如上次在学校里，我和吉米一起买彩票赢的蛋糕都被我一个人吃了。再比如我们从来没有告诉过任何人甚至伴侣的那些事。是的，过去发生的事不可能阻止我们今天前进的步伐。在电影《蒸发密令》(*The Eraser*)里，一名美国警官负责一个证人保护计划。他做了一系列的动作，抹掉了这些人的过去，给了他们新的身份。我们不能像电影里那样完全抹掉过去，我们只能有一个身份。但"接纳"这束光可以抹去我们过去所有的负罪感和愧疚感。这些负罪感和愧疚感曾经像信天翁一样不停地绕着我们的脖子飞，阻碍我们走向未来。而现在，我们可以毫无负担地开始新的生活。

美国杰出的女诗人玛雅·安吉罗有着我们所能知道的所有女性的痛苦遭遇。她8岁时被她妈妈的男朋友强奸，16岁成为单亲母亲。她妈妈的男朋友在强奸她后不久就被谋杀。这件事吓到了玛雅，之后的五年，她彻底失声。然而，她曾经在采访中这样说：

> 我无法屏蔽自己所有的感觉，但我确实认为我对人性的尊重来

自失声的那段日子,在那段日子里,我学会了集中注意力。我把自己的整个身体想象成了耳朵,然后我就可以通过完全把自己交给声音来学习说话了(现在她说得非常流利)。我不能做得比最好的我差,否则我就是在背弃造物主。如果我被给予了这样的天赋和智慧,我必须好好地使用。

这种非常的经历可能会让许多人抱恨终生。而对玛雅·安吉罗来说却是打开了新的机会。当人们问她是怎样从贫穷的阿肯色州农村家庭成长为一名杰出诗人时,她的回答很简单:"心存感激。"

尽管过去有奴隶制度,有宗教和政治家玩的阴谋诡计,有不健康的消费社会和对人类、植物、动物的栖息地的毁坏行为,但过去仍然是可以被接纳的。当然,我们并不想重复以前犯过的错误和残忍。但生命的神秘力量拥抱了所有的过去并且给了我们从中学习的机会。尽管我们个人或者集体对于上述行为有不同的观点,但所有的历史事件都"被生命本身所接纳"。这些事件不能作为我们无法创造明天的新生活的借口。

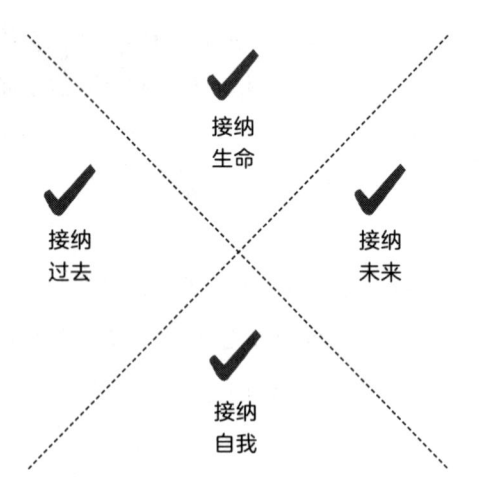

```
            ✓
          接纳
          生命
   ✓              ✓
 接纳            接纳
 过去            未来
            ✓
          接纳
          自我
```

未 来

意识到这一点后，我们可以看到，尽管有些时候我们仍然对未来抱有恐惧，但未来会向我们敞开，而且充满了可能性。是的，或许明天我们有可能被车撞到，但今天没有任何事情可以阻止我们，任何事情！我们有移山的力量！47 岁的兰迪·波许是一名充满活力的电脑专家。在得知自己得了胰腺癌并迅速恶化、只能再活几个月时，他进行了一次演讲。他说："我正在逐渐死去，但我觉得生活充满了乐趣。我会让我为数不多的剩余的日子都充满乐趣。没有别的方式度过这些时光……对于命运的强者，不是活得更长，而应该是活得更好！"他剩余的生命都用在了妻子和三个孩子身上，他们享受了那些时光，并且为没有他的生活做好了准备。

约翰·库克，一名牧师兼作家，总是相信凡事皆有可能。他每次遇到问题，总是问自己："怎么处理这件事？一定有办法解决这个问题，因为凡事皆有可能！"有一次，他去芝加哥主持婚礼，飞机晚点了，等他从传送带上取到行李时已经是早上 9:45，而婚礼将于早上 10:00 开始。看起来他完全不可能准时到达，因为婚礼现场距离机场还有 22 英里。

库克先生曾经在一起事故中失去了一只眼睛，现在那只眼睛上被蒙了一块黑布，不过这不影响他亲和的态度。意识到自己的处境后，他的第一反应是："一定是有可能的！"他开始四处寻找线索，眼睛快速定位到路边一辆停着的警车上。"这应该是机会之窗。"他自言自语，然后走向了坐在驾驶位上的警官。

约翰解释了自己的处境，然后对警官提出了他的问题："能不能带我一程，让我准时赶到婚礼现场？"不知出于何种原因，那位警官说："快上车！"他拉响了警灯，一路呼啸着超过每一辆车，争分夺秒地冲向了终点。就像亨利·福特说过的："无论你相信你可以，还是你相信你不行，你都是对的。"在生活向我们扔出障碍物时，我们不必永远是受害者。

未来是对我们敞开的，但我们不能尽情品尝这开放的未来，去张开双臂拥抱它，因为我们害怕。一旦遇到一些没有预料的事，我们就会觉得很恐怖，赶紧跑回安全的地方，比如自己家里。当我们踏进生活的河流，看到浪花越来越大时，我们很容易失去勇气。但如果凡事皆有可能，我们可以选择充满自信地走出不确定水域，走向开放的未来。公元300年左右，一位不知名的越南妇女曾经说过：

> 我会驾着风暴
> 驯服海浪
> 击败鲨鱼
> 我会打败敌人
> 拯救人民
> 我不会满足于妇女的传统命运
> 低下头附属于别人

但是我们该怎么对生活说"是"呢？

尽管生活中有痛苦和悲剧，生活仍然是好的。尽管我们精神上、身体上有这样那样的毛病，我们仍然是被接受的。尽管我们和我们的生活方式曾经给别人造成了不便、给别人带来了痛苦，过去仍然是被认可的。尽管有过残酷的战争甚至种族灭绝，整个人类的过去还是被接受的。尽管命运起伏不定，尽管我们仍有恐惧，未来还是在我们眼前宽阔地展开了。我们能够完成不可能的事情。

我的妻子珍妮特在多伦多看过玛雅·安吉罗的表演后，写下了这样的反思：

> 玛雅走上了舞台——没有任何伪装的、真实的玛雅。她说话，唱歌，讲故事，读诗集，跳几段即兴的舞蹈，两个小时就这样过去

了——就是这样。我一直都被这个高高的黑人妇女所吸引。事实上，我注意到，节目结束时我好像比走进这间房间时高了。我感到充满了人性和活力，而现在是周日晚上 12:30！这样的事为什么会发生？这不仅仅在我身上，还发生在我的朋友桑迪和其他很多人身上。观众们喊了两次"返场"而且想要更多次。桑迪和我在回家的路上讨论，玛雅·安吉罗是在经历着、诉说着、呼吸着肯定。她肯定了生命本来的样子。我从她的自传中知道她都经历了什么。她知道"肯定"是对于什么的肯定。

在她 60 岁的这个晚上，她表达了对所有祖先的痛苦和奋斗的尊重。不仅仅是对黑人的历史，虽然这一点显而易见。她还表达了对所有的亚洲人、欧洲人和印第安人的尊重。她向我们宣布："你不需要证明你自己。你不需要去争取被接纳或者付出更多。你以本来的样子被认可。没有任何标准，除了你对生命宇宙中的自己说'是'的意愿。"在那个时刻，我感到我的背挺直了。

我曾经在探讨这个主题的课堂里遇到一个男人。他生活在一个小岛上。他的妻子由于一起事故而截瘫。从那以后，他必须每天都照顾她而且要一直这样做下去，直到他们其中的一个去世。他整个的生活都在围着妻子转。在多次讨论后，他把他的生活展示给了讨论小组。他说："我不能够认同'好'、'接受'、'认可'或者'打开'这些词语。然而，我很清楚我的处境、我的过去、我的现在、我的未来、我的整个生命。"每个人都明白了他对生活彻底的接纳，不再需要其他词汇了。他肯定了生活并且表达了一个巨大的"是"。

进攻和决定

一旦我们经历了接纳和说"是"，就没有问题了。是吗？不是的！

我们接收到的信息冲击着我们的生活。它把我们提起来拼命摇晃，就像我们认为的一条狗变成了一只猫，一只猫变成了一只老鼠，不可思议，但是它发生了。它拷问着我们的宇宙，询问着一个答案。这是一个进攻性的信息。首先，它在智力上攻击着我们。我们会说："你在说什么？所有的生活都是好的？如果你真正了解我，你就不会说我的生活是被接纳的了。"好吧，其实你需要的是一种信念的飞跃，而不是进行理性分析。

它也会在感情上攻击我们。人们会很生气，只因为你告诉他们生活本来的面目就是好的。他们会因为生活中的具体例子而愤怒不已，像切尔诺贝利核电站灾害、转基因食品、兰迪·波许47岁就去世了、泰瑞·福克斯死于23岁，或者全世界每3.6秒钟就会有一个孩子死去。如果想要接纳这样的生活，说"是"将会是一个重大的决定。

生活要求我们对自己的幻觉说"不"，按照生命本来的样子开始我们的生活。全心全意地活在其中，接纳其中的缺点。生活要求我们放弃对生活的旧有幻想，拥抱眼前的生活。

死亡和新生

有一个教授兼职担任了一所大学的顾问。有一名学生几乎每个月都会来见他，交流生活和学习上遇到的问题。这名学生觉得自己脖子太长。她总是用长发、高领上衣来遮盖，并且总是弯腰驼背地站着。

随着时间的推移，教授逐渐开始对她的悲伤故事感到厌烦。有一次，在经历了糟糕的一天后，教授会见了她。当她又一次坐到教授面前，用她的手遮住脖子，胳膊肘支撑在桌面上时，某些东西跳进了教授的脑海。他突然意识到了她的问题是什么。教授脱口而出："马丽萨，你知道你的问题在哪里吗？你是一个有着长脖子的姑娘，但你就是不能以长脖子姑娘的身份坦然面对别人！"

他话音刚落，马丽萨一挥手，用指甲划向教授的脸，然后低着头冲出房间，飞快地穿过教学楼消失了。从那以后，教授很久没有再见到她。直到有一天，教授正看着窗外沉思，突然看到了一个幻影：马丽萨像个公主一样穿过甬道向他走来。她穿着高跟鞋和连衣裙，头抬得很高，魅力无限。其实她的脖子看起来比平时更长了，但她微笑着走近教授。"哇，"他自忖道，"她身上发生了什么？"

马丽萨在经历痛苦和挣扎后，终于可以对自己的长脖子说"是"了。因为这个"是"，每一件事情都有所改变。她变成了一个不同的人。

这是一种改变和转型，是一种死亡和重生。这是马丽萨这几周的经历，从抓向教授的脸到看起来像个公主。无法接受自己的长脖子的旧生命已经结束了。现在她明白，她的长脖子是她个人的荣誉徽章，而且她完全可以作为一个长脖子女孩骄傲地活着。美国诗人康明斯（E. E. Cummings）的一首诗反映了这种经历：

曾经死去的我今天复活了

这是太阳的生日

这是生命、爱和强壮翅膀的生日

生命是好的，我们的生命是被接受的，过去是被认可的，未来是敞开的。理解它们是一回事，能做到是另一回事。但如果我们做到了，所有不好好生活的借口会全部被打破，接着，创造性参与的可能性就会发生，而这些事在以前的我们看来是不可能的。

"死亡即生存"是一个关于生命的远古真理。我们打消对生活的幻想，就是拥抱了生命本身的美好。用完全释放自己来代替对未来少一点危险、多一点安全的期望。充分的生活本身就是一种冒险。这就是我们要去听听别人谈论他们看到的充分生活的可能性的原因。

接受本质上是一种被动的状态。它发生在我们处于黑暗和绝望中的时候，就像在漫长的日食后太阳重新开始照耀，就像整个宇宙正在向我们微笑。我们要做的是对我们的经历说"是"。在这束光芒的照射下，所有事情都不同了。当然，接受并不能奇迹般地治愈生命的痛楚。生命中的一些事是需要时间来治疗的——深爱的另一半的逝去，个人声誉的丧失，被离婚、风暴或者火灾破坏的家庭。在治愈到来前，我们会经历悲伤痛苦。在找到勇气坚持走下去的过程中，我们可能会为接受创造出空间。

C. 肯定的生活方式

　　肯定不会自然地发生在任何人身上。它是对生命中的过去、现在和未来说"是"的习惯。它是一种确定那些事不仅仅会发生在我们身上，也会发生在其他人身上的习惯。这个"是"针对个人经历，也针对文明历史上发生的所有事件，这些事件把我们带到了今天。它是一个习惯，帮助我们接受自身的个性、不完美、天赋、独特性和其他我们希望保持的秘密。这个"是"最大限度地打开了未来的可能性。说一次"是"很简单，挑战之处在于在我们生命中的每一刻都做到说"是"。

　　现在的问题是：我们怎么才能做到接纳我们自己和别人的生活中的每一个部分？

　　为了研究肯定的生活方式是什么样子的，我们来看看彼得·弗如穆萨的例子。彼得，加拿大人，被错误地判决犯有双重谋杀罪，并将在联邦监狱服刑 25 年。出于某种原因，彼得不再对遭受到的冤屈感到愤怒。他选择了独自活动，不与任何人拉帮结派。他认定监狱就是他要真正生活的地方："我必须把监狱当成我的世界。一旦你开始想着外面的世界，你就连这个世界也失去了。"

　　因为他拒绝接受有罪判决，所有的自助计划都拒绝接受他，他的无罪上诉也被驳回。在监狱里，他曾经作为清洁工打扫大厅，后来甚至做了看守所的会计和管理人员。总的来说，他赢得了所有犯人的尊重。有的犯人告诉他在监狱里戒毒太困难了。他反驳说，如果他们可以在监狱里成功戒毒，那他们在余生戒掉毒品就很简单。服刑 8 年后，他的冤案被推翻了。

对于彼得来说，最容易的事是一直为自己感到难过，咒骂把他送进监狱的人。但为自己感到难过并不能把我们送到任何地方。大卫·赫伯特·劳伦斯曾经说过，这甚至不是天性：

> 我从来没有见到过一个野生物种
> 为自己感到难过
> 一只小鸟会被冻僵
> 从树枝上掉落
> 但它并不会为自己感到难过

有时候我们会感到惊讶，人们接受生活中的困难的方式会多么富有创造力。朱迪·哈维，一名退休的职业生涯规划公司的总裁，曾经回忆起一个男人。这个男人在事业处在顶峰期时声带出现了问题，虽然进行了手术，但仍然无法再讲话。他没有为自己感到难过。这名叫作洛根的男人找到了不寻常的方式来呈现他的想法、感受和幽默感，那就是哑剧，他所使用的方式结合了夸张的手势和涂鸦板。在社交活动上，当有人讲了一个故事或者有什么观点想要解释时，他就会跳出来开始表演哑剧，比如用一个哑谜来总结这个观点或者讲故事。通过动作、手势、微笑或皱眉，他甚至可以比用语言表达得更清楚。他不再是一个谈论者，但现在他整个人都在用意义、感觉和行动来诠释每个点子。人们通过他分享了观点，建立了联系，感受到了欢笑、愉快或悲哀。所有的这一切都没有用语言。当有人在讲故事的时候，他会突然写下一两个隐喻的词为故事加深含义。他画的线条经常很快就会吸引每个人，并且让他们开怀大笑。他还会站起来，在空气中画一个大大的"×"，用这样的方式打断不愉快的谈话，然后微笑着用他的涂鸦板带来另一个话题。人们喜欢这个男人带来的可能性，它能将发生在我们身上的任何事情都转化为积极的事。

肯定的困难之处

肯定不会自然而然地发生，因为我们处于一种抱怨的文化中。抱怨几乎被认为是对人有好处的。一些微小的问题都会成为抱怨的借口：腰疼，电脑有点问题，汽车发动不了。天气冷啊，热啊，冻啊，下雨啊，有雾啊，刮风啊，风暴啊，阴云密布啊，潮湿啊，太晒啊，紫外线强度太高啊，等等，都会成为抱怨的原因。我们抱怨我们的另一半、我们的孩子、我们的婆婆、我们的亲戚。我们抱怨税收、交通和排长队。

有一天，我在繁忙时段去了一家超市，当时收银台并没有全开。我排在一条长长的队伍里，我前面有购物车、购物篮，还有不断穿行而过的人。人们不停地换队伍，看看哪条队伍走得更快。我在队伍里等了十秒钟，我知道一定会发生什么事。果然，我后面的人开始抱怨："我就搞不懂，他们为什么不开更多的收银台……这么多人在排队，我脖子都疼了！"

虽然我跟他有同样的感受，但我没有提。我跟他说："你知道吗？生活其实是一场宴会，但大多数人都看不到这一点，因为我们总是忙着抱怨。"他看起来很错愕，然后不好意思地笑了笑。听到我们对话的人也开始交谈起来。他们谈论着天气、新生儿、上次的野餐等话题。我对他说："你看，如果开了足够的收银台，我们在队伍里就不会有这些有趣的对话了。"他迟疑了一下，然后笑着说："知道吗？你可能是对的！"

抱怨文化的孪生兄弟是受害者文化。在比尔·沃特森（Bill Watterson）的一部漫画里，卡尔文和霍布斯讨论了责任感。

> 卡尔文：所有事都不是我的错。我的家庭不和睦，父母从来不给我任何自由。所以，我没办法自我实现。
>
> 霍布斯挠挠头没说什么。

卡尔文：药物影响了我的行为，这个药在一次疾病治疗过程中使用过，易上瘾，属于后遗症。我需要接受整体的治疗和康复，然后才能为自己的行为承担责任。啊呀，受害者文化简直太棒了！

霍布斯：谁去把他的头按到水桶里？！

近些年来，甚至一些主流社会的人都觉得自己是环境或体系的受害者——就像那些没有权力的人一样。有时他们对自己、世界和历史进程缺乏信心。这很容易引出漠然的反应："我什么也做不了。"

在就职演说中，纳尔逊·曼德拉用玛丽安·威廉森的一段话来重新解释了受害：

我们最深的恐惧不在于我们的不足，而在于我们的力量无比强大。我们问自己："如果我才华横溢、美丽动人、天资聪颖、优秀绝伦，我会是谁呢？"实际上，我们应该问：如果没有上述那些词汇，你又是谁呢？你是上帝的孩子。我们生而为人彰显出我们内在神的荣耀。不是说我们中的一部分人，而是我们中的每一个人。

《我总是摔倒》是一首提醒小朋友不必成为受害者的儿歌，用的是《王老先生有块地》的曲调。

我总是不停地摔倒，但我知道该怎么做。
我可以自己爬起来，说"我是最棒的"。
我是大是小都没关系，我活在现在，我一直这样活。
我总是不停地摔倒，但我知道该怎么做。

肯定的方式并不意味着可以让生活或他人肆意践踏我们（当我们忙于接纳我们的处境、生活和他人时）。肯定并不是自我主张和自由的对立面。它实际上是在我们决定如何回应自己的处境、未来和那些试图凌驾于我们之上的人时,接纳事物的本来面貌,接纳自己的本真,接纳世界的本来样貌。

那些一直因自己的理性而感到骄傲的人会在这方面遇到挑战。想象一个场景:你早上快速穿戴好后很早就到达公司准备开始工作,突然,一根鞋带断了。你会开始问自己"为什么":"为什么那么多个早晨,这件事偏偏要发生在今天?""为什么要发生在我身上?"然后你会扩大化:"为什么这些事总是发生在我身上?"然后你可能会再联想到墨菲定律,等等。为鞋带断了这点小事我们就消耗了这么多心理能量,而我们剩下的一整天还需要很多能量。所以,我们是否可以简单地问自己:"这根鞋带快断了,我为啥没有早点注意到呢?下次早点换掉它就是了。"如果一个人拥抱生命,他就会把每一个时刻都看作主动采取行动的时刻——换掉鞋带。

肯定的生活方式还要求对破坏性的自我对话保持警惕。穆罕默德·阿里每天对自己说:"我是最棒的!"他明白他是有意使用这样的仪式。我们是自己最大的敌人,我们要做的是战胜自己。许多个早晨,我在凌晨3:00起床写作。我的电脑放在厨房的一个角落。四周非常安静,唯一的声音是电脑的风扇和炉子上水壶的声音。没有任何打扰。专心致志在这时变得很容易。在绝大多数早晨,我做的第一件事是重新阅读昨天写下的东西。而这时我总会忧心忡忡:看看这些东西!我写不出来!太复杂了!很多人为此打赌并关注着我的每一个行动!书里需要保持太多价值观!我没有足够的数据!我太老了,没办法继续写下去,等等。

在某个时刻,我开始意识到发生了什么——我正在陷入恐惧之中。所以,我必须让自己走出来,并且像那些小朋友一样对自己唱:"我是最棒的!""无论如何,尽管有这些东西存在,整件事依然有可能!"

马丁·路德曾经说过,当那种恐惧发生时,你应该停下来,把你的墨水瓶扔到魔鬼身上。所以我停了下来,提醒自己这就是生活的真相。

然后，我继续写了几个单词。恶魔被征服了，我可以继续工作了。

当然，有些时候我们会对自己说："我完蛋了，再也不会有好事发生了。"有时，在这些时刻，其他人会来帮我们完成肯定。就像目前在塔科马做催眠治疗师的德尔·莫里尔曾讲过的一个故事：

> 那一天，我走进芝加哥的一个牙科诊所。我牙龈肿起来了，我觉得它快烂掉了。当时我穿着一件口袋和领口都开线并且丢了几个扣子的绿色旧雨衣，好几天没洗头发，垂头丧气。我看了医生，他说我不仅得治疗那颗牙齿，还有齿槽脓漏，必须要做牙龈手术。我之前经历过那种痛苦！当我一路走回家时，我头低到鼻子快蹭到地面了。这时一个靠墙站着的老流浪汉对我喊道："嘿，女士！"我想："天哪，我不想现在考虑要不要给他一块钱。"我没理他，一直走着。他又喊了一声："嘿，女士，你的膝盖超级漂亮！"我的膝盖？！结婚这么多年，我丈夫都从来没有注意过我的膝盖。在我生命的46年里，我都没有注意过我的膝盖——事实上，我从来没有把它看作是我特征的一部分。但是，我告诉自己，那天我会用不同的方式走进家门！我开始抬头挺胸，充满骄傲。

我们都需要尽可能多的肯定，尽管肯定并不是通过在生活中寻找就能得到的东西。大卫·赫伯特·劳伦斯在他的诗《寻找爱情》（*Search for Love*）中这样提醒我们：

> 那些对爱孜孜以求的人，
> 只能显示出自己的爱无能。
> 缺乏爱怎么能找到爱？
> 爱着才能拥有爱，
> 而爱着的人从来不需要寻找爱。

我们可以用"肯定"来代替"爱"放到这首诗里。

它提醒我们，肯定从来不用刻意寻找。那些寻找肯定的人从来找不到肯定。只有那些肯定生命的人找得到。

有时候，生命会通过跟我们玩"是和不是"的游戏来检验我们。它把我们扔进黑暗的深渊，而当我们准备放弃时，它又举起我们并且不论原因地肯定我们。ICA 加拿大的邓肯·福尔摩斯曾经讲过这样一个故事：

> 我刚刚结束了在渥太华无比糟糕的一年的工作。我做的每件事都化为泡影。那是我在 ICA 第一次担任领导职务。我感觉很不好，决定再也不带领团队了——我不适合这种岗位。我准备去印度接手一个新职务，这时，我接到一个前任老板的电话。他所在公司的总裁问我想不想担任一家大型健康护理中心的 CEO。他跟我讨论了我离开后公司发生的事情和出现的问题。他帮我预演了所有我不想回去的理由和他们准备好的答案，包括解雇几名可能无法与我共事的员工。反思这件事时，我意识到这名总裁本来不认识我，但那里的人们需要我，他们会感激我做的事，而且准备好了调整他们的方式来得到我的服务。这个肯定是一个电话带来的，是一个来自外部的对我的客观的肯定，我不能从中逃离。

在一些特定的标记时刻，人们从特别的肯定中受益，就像生日、周年庆和退休。这些生命中的神秘、独特、深刻和伟大的时刻都值得庆祝。

肯定是一个决定

本章谈到了不同的肯定的故事。它们提醒我们，如何面对每一天完全取决于自己。我们可以选择成为每件事的受害者，也可以去解决问题并从中学习。我们可以选择在听到别人抱怨时被动地站着，也可以鼓励人们用肯定的方式去看待生命。当我们把外在情况剥离掉时，我们能够看到，所有的事都是关于我们如何做决定的：我们如何应对不同处境；我们如何选择影响我们情绪的人；我们选择肯定或者不肯定生命。我们对于生活的立场就在我们手中。

经受苦难是对我们肯定程度的重要测试。对大多数人来说，有能力去承受苦难都是旅程中漫长的一部分。克里斯托弗·里夫（Christopher Reeve），扮演超人的演员，长期承受着脊髓损伤的痛苦，那是一次马术竞赛导致的。他四肢瘫痪，长期与轮椅为伴，通过呼吸机维持生命。然而，他通过演讲和电影谈论他的伤残，鼓励其他人，并因此变成了一个英雄。他还建立了一个基金会来支持对脊髓损伤的研究。

马丁·路德·金，比大多数美国民权运动领袖都经受了更多的苦难。他这样回忆自己的决定：

> 当我的痛苦如山而至时，我很快意识到我可以用两种方式来回应——不停地回味我的痛苦，或者寻找机会将痛苦转化为一种创造性的力量。我选择了后者。

一个肯定生命的故事有着惊人的力量。有一位咨询师告诉过我他在印度的一次经历——那是一个发生很多自我实现的地方。在去孟买的飞机上，他阅读了一本在印度领事馆拿的小册子。小册子上说："孟买是一个综合了旧金山的迷人、芝加哥的商业和纽约的大都会文化的城市。"这名咨询师特别激动。

> 当我到达孟买机场换乘印度航空的飞机飞往奥兰加巴德时，我发现航空公司给了去新德里的政府官员8个位置。我的位置被让了

出去。所以，我在孟买又停留了一天。我很早起床去观光，很快，街上有个人打动了我。很明显，前一晚他是睡在街边的。他随身带了两个水瓶，开始当街刷牙、洗脸和漱口。对他来说，这个行动像一门艺术。我在学校接受的所有行为教育和我期待看到的像纽约、旧金山和芝加哥的那些景象在我面前坍塌了。我站在那里，注视着这个男人。他打包了他所有的东西，站起来，开始他新的一天。然后，我意识到这名男子象征着一种肯定：人在任何环境下都可以活着。

尼科斯·卡赞扎基斯（Nikos Kazantzakis）的《希腊人佐巴》（*Zorba, the Greek*）是关于一个男人的故事。他享受着生活中的跌宕起伏。他计划在一个悬崖下的矿井和海岸之间建一座支架桥，利用这座桥把矿石运出去。在所有的支架到位、铁路安装完毕后，他们找了一个好日子来进行首次测试。满载货物的货车缓缓而下，突然，货车的震动干扰到了桥梁结构，桥梁开始解体，一节一节地散落在地。实验彻底失败了。周围一片静默，因为这个景象意味着他梦想的破灭。佐巴甩了甩头，决定通过舞蹈的方式来面对失败。著名的为生死而舞的梭巴舞就这样产生了。这是一个多么奇特的庆祝梦想破灭的方式啊！

当我们知道我们的朋友或同事遇到生命的挑战时（例如一场疾病），我们更希望看到他们在勇敢地面对着问题，而不是看到他们一副受害者的样子。因为他们的勇敢，我们的感觉改变了。我们会用不同的眼光来看待他们，不是同情和悲伤，而是羡慕和尊重。

领导力挑战

对于领导者来说，挑战之处在于我们不仅仅要与我们自己的生命问题和经历产生联系，还要与我们周围人的情绪和特质产生联系。我们可以抱怨、成为受害者，或者肯定生命的真相。即使事情不是我们期望的样子，我们仍然能够显示出对生命强烈的肯定。如果我们这样做了，我们就是在鼓励别人也这样做。我们持续对自己进行挑战，找到办法让生活在我们周围的人肯定他们的生活和目前的状况。

前三章是关于我们与生命挑战的关系。作为领导者，我们要找到每日生命的意义。我们要理解人的基本驱动力之一是接受生命本来的样子。在这种情况下，我们可以清醒地看待生活并且呈现出我们的建设性。

无论我们身处什么样的境地，生命中的肯定总是可能的。它显示了我们对生活本身良好的期望。然而，只有对自己的经历认真反思之后，我们才可能从心底接纳。在之后的章节里，我们会谈到生命中的另一个基本立场：自我反思。

○ 练习 1

☆ 对生活说"是" ☆

只有在把别人的经历和体会运用在我们自己的生活中后，我们才可能肯定这些经历和体会。在下面的表格里，你有机会在你的生活中运用"是"的经验。

1. 在"生命"一栏里写下你在生活中很难说"是"的部分或场景。每个人都会有的。

2. 在"自己"一栏里列出你在个人方面很难说"是"的部分——身体上，心理上，感情上，思想上，精神上。

3. 在"过去"一栏里写下一个词语或者一个短语，描述过去你曾经纠结于是否接受的事情。

4. 在"未来"一栏里写下你不相信可以实现的梦想、希望和决定。

生命	自己	过去	未来

5. 在第一栏里，如果你对生命中的这些事情说了"是"，会对你的生活产生什么不同的影响？

6. 在第二栏里，如果你对自己的这些方面说了"是"，会对你的生活产生什么不同的影响？

7. 在第三栏里，如果你对这些过去的事情说了"是"，会对你的生活产生什么不同的影响？

8. 在第四栏里，如果你对这些未来的希望说了"是"，会对你的生活产生什么不同的影响？

○练习2

☆ 你可以尝试的实验 ☆

庆祝一个团队成员的生日时，一个很好的表示尊重的方式是在生日会上大家一起进行一个反思性对话。整个活动十分钟左右。

※ **开场**：

将蛋糕推进来，唱生日歌。让寿星吹蜡烛、切蛋糕、分发蛋糕。

※ **客观性问题**：

好的，现在我们跟罗宾聊一聊。

罗宾，在去年一年里，在工作上、家庭上、社区里发生了哪些对你来说重要的事？

作为罗宾的同事，大家都记得哪些场景？

罗宾有哪些贡献？

※ **反应性问题**：

关于罗宾，有什么搞笑的事吗？

罗宾，在过去的一年里，有哪些事情让你很骄傲？

※ **诠释性问题**

罗宾，你对新的一年有什么期待？

※ **决定性问题**

对罗宾新的一年，我们有哪些祝愿？

※ **结束**：

罗宾，生日快乐！送给你下一年最美好的祝愿！

> 这本书的核心是生命经历和与生命的持续对话。

第二部分

与世界的关系

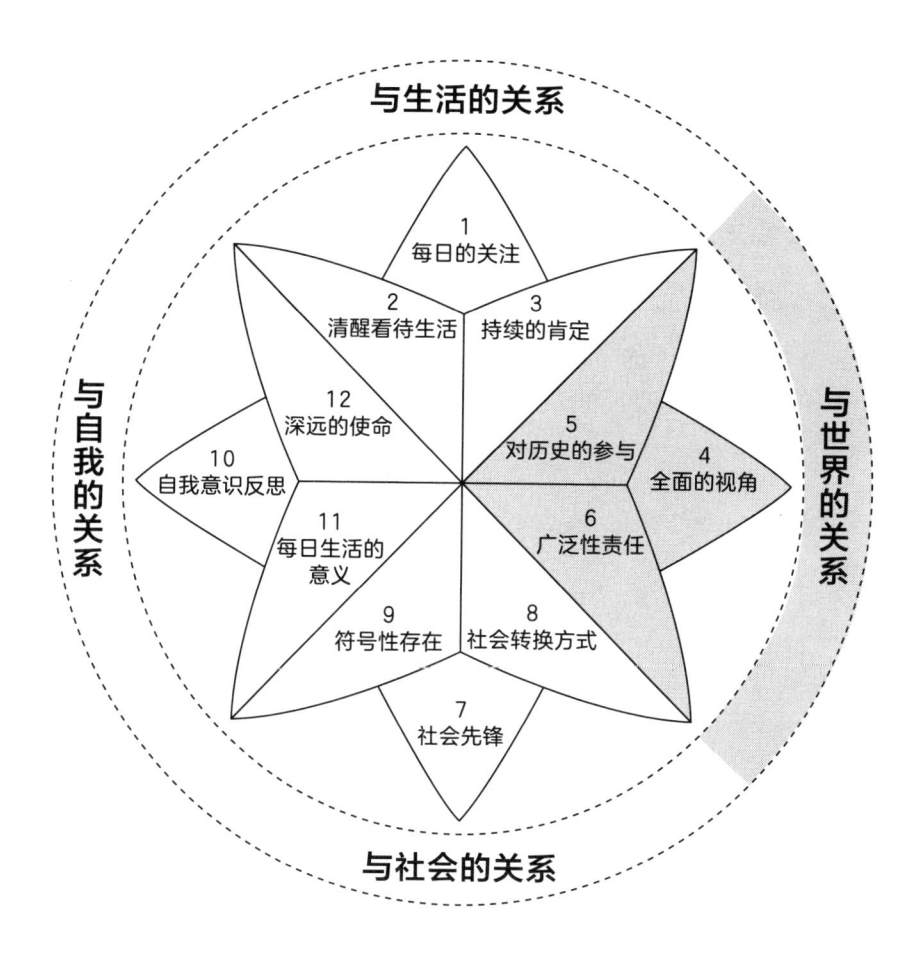

与生活的关系

1 每日的关注
2 清醒看待生活
3 持续的肯定
12 深远的使命
5 对历史的参与
4 全面的视角
10 自我意识反思
11 每日生活的意义
6 广泛性责任
9 符号性存在
8 社会转换方式
7 社会先锋

与自我的关系

与世界的关系

与社会的关系

我基于什么做决定？怎样才能做出必要的、
负责任的决定？

与 世 界 的 关 系

《引领的勇气》的这一部分是让我们在做决定时学会考虑世界的需求。这三章分享了在充分感受过去、现在和未来的基础上活在当下的架构和方法，让我们从宏观的角度做出负责任的决定。

这三章问到了一些重要的问题，比如：我们生活的世界能有多宽广？我们思考的范围能有多大？这些问题挑战着我们的包容性。我们可以在一个多大的世界中生活和有所作为？我们的世界里是否包含了畅游在海洋里的鱼、飞翔在天空中的鸟、发芽于土壤里的种子和生活在土地上的昆虫？是否包含了艾滋病儿童的诉求、未来一代的希望？

当你纠结于在你的世界观里包括了多少内容时，我想提醒你回想那些历史的章节，那些我们一出生就步入的历史时刻。历史是一个无限循环。我们每个人都是站在现在，同时又被过去的智慧影响着，需要面对未来的挑战。历史或者说人类的故事是由每一个时刻组成的。我们的决定和选择，包括我们不做决定，都创造了现在的历史。我们身处的环境又影响着我们所做的决定。

如果我们做的决定如此重要，那么更多的问题就会浮现出来：我们怎么才能做出必要的决定？我们怎么才能做出负责任的决定？这是第六章探讨的问题。欢迎来到与世界相关的领导力挑战部分。

第四章
全面的视角

你 的 世 界 有 多 大 ?

今天的创新者们被热情所激励。那些热情是自然流露的,而不是机械的。每个人都身处一个巨大的运行系统。他们通过观察系统的运行进行学习,并通过推进每个可想象的界限进行跨越协作来创造一个不一样的未来。这些核心能力——观察系统、跨界合作和创造解决办法——为思维的改变奠定了基础,创建了工具和方法论。

——彼得·圣吉（Peter Senge）

与那些和你有同样观点的人聊天很容易,每个人都会感觉良好。但它并不能反映出真实和复杂、痛楚和感情……通过倾听那些与我们观点不同的人，我们也可以有所收获。

——费尔南多·恩里克·卡多佐（Fernando Henrique Cardoso）

很遗憾，关于大局的讨论沦落到只发生在酒会上。太疯狂了！我们必须学习，不仅仅向专家，还向那些可以有激烈的互动和不同交流层面的人，之后我们就可以对全局有一个粗略的判断了。

——托马斯·L.弗里德曼（Thomas L. Friedman）

我们能拥有多广泛的思考？

托马斯·L.弗里德曼所说的话描述了我们这个时代的一个现象：专才的增多和通才的缺乏。人们越来越无法在更大的范围内和整体的情况下进行判断。当我们只见树木不见森林时，我们就不可能实现复杂的愿景。简单来说就是我们看不到大局。当然，大局就是森林，包括所有的树，以及每棵树与其他树一起组成的很多小单位。巴克明斯特·富勒（Buckminster Fuller）写过："如果想得越大就有越久远的持续影响是真的，我们就必须问我们自己'我能想多大'。"电影、诗词、歌曲、绘画和每天发生的事都可以扩大我们的思考范围。

几年前，我曾经去安大略科学中心参观。我看了一部纪录片，片名《十的力量》（*The Power of Ten*）。片子开始时展示了一个家庭在公园野餐的画面，接着通过十的力量将视角扩展到了整个公园，然后它持续通过更大的十的力量反复扩大视角。你可以看到芝加哥、密歇根湖、美国中西部，接着是整个大陆，然后是全球。视角跳到了行星系、银河、黑暗的空间、银河系的外景。这些过后，电影又带着你开始返回，直到摄影机的焦点停留在一只伸向野餐的手上。它用十倍的基数收缩着焦距，带你进入人体细胞，一直到原子状态——亚原子系统像太阳系一样排列着。整部纪录片使我非常震惊。突然之间，我把自己看成与整个宇宙相连的一个生物，整个宇宙也与我产生了联系。

托马斯·贝里（Thomas Berry）用一首令人拍案叫绝的诗来唤醒我们对地球的关怀。这首诗叫作《给所有的孩子》（*To All the Children*）：

> 给在海平面下游泳的孩子
>
> 大海的波涛
>
> 给住在那里的孩子
>
> 地球的土壤
>
> 给花的孩子
>
> 草地和森林中的树木
>
> 给所有在这片土地上漫游的孩子
>
> 和那些有翅膀的、随风而行的孩子
>
> 这些一样也给到人类的孩子
>
> 所有这些孩子
>
> 可能从如此不同的种族和社区
>
> 共同走向未来

这些语言将我们所说的地球的孩子的概念扩展到了更大的范围。

甚至在微观的家庭运行范围，我们也可以有更全面的思考。新年的这一天，一家人围坐在一起，讨论在新的一年里如何分配他们的时间和钱。他们想以家庭为单位来关心他们的小世界的方方面面。这样的对话关心到每一个家庭成员，他们的饮食、健康、房子的维护、教育方面的期望、社区活动、家庭目标、衣服、特别的庆祝、假期、宠物、花园等他们生活的每个方面。他们在一起创建了一个整体的画面，每个人在其中都感受到了关怀和自由。

一个年轻的女子提醒自己，她的世界不仅仅包含工作。她创建了一个简单的每周愿景日历。她用不同的颜色为日历编码，分配了不同的空间和时间——她的健康、她的家庭、她自己的爱好、她的工作和社区活动。为了一眼看上去就可以知道如何平衡这些事情，她把日历画在纸上，而不仅仅是电子版。

当然，我们即使规划了我们的世界，还是有很多时候会感到不堪重负。有时，全局画面会让我们想像鸵鸟一样把头埋在沙子里，或者把我们的注意力限制在那些我们觉得自己能够管理的事项里——"只有我、我的妻子和我们的宠物"。

最近有人给我讲了一些研究环境的学生的故事。他们觉得对自己有一个很清晰而全面的整体计划，但是到了实际要在社会上运作时，他们却感到无从下手。他们不知道自己要做的事情将会产生什么影响。他们害怕那些不可预料的后果。最后，他们什么也没有做。

同样，每一天的生活都在挑战着我们。我们需要考虑如何存在、如何对我们的人生负责。全局性意味着我们的地图里要包含每一件有关联的事，不能漏掉任何事情。它意味着森林（全局画面）和树木（组成森林的无数细节）都是我们生存的一个部分。全局和细节都在影响着我们的决定。

为什么要尽量全面？

现实的系统性需要全面的方法。

多伦多正在检验城市交通体系是否适用于未来 20 年。整合高速公路、自行车道、轮滑道、地铁、轻轨系统、电车、公交车和步行道是一种挑战，因为它需要汽车驾驶者、自行车或者轮滑爱好者、步行者、环境整合学者和政府相关部门的负责人一起工作，来创建一个对几千万人来说可行的可持续的系统。

全面的景象可以提供对细节的观察，显示细节之间的联系

如果我们看到的东西太小，就有可能错过事件的重要性。例如，来自欧洲气候基金会的汤姆·布鲁克斯和蒂姆·纳托尔就曾经在2009年的哥本哈根世界气候大会上表达出有长远眼光的观点：

> 很难从会议的混乱中预料它可以产生有秩序的结果，但随着尘埃落定，前方路径的痕迹正变得清晰可见。至于产出嘛……与很多人期待的具备法律约束力的条约还相距甚远。然而，这并不能改变哥本哈根气候变化会议具有历史独特性的事实。

历史上从来没有一个会议像这个会议一样有110位世界领导者只讨论一个议题。在会议上进行斡旋的国家和组织有美国、中国、印度、南非、巴西和欧盟，这也反映出过去20年世界力量的重要变化。对于国家之间对气候科学的意识和支持行动上的争议，会议从基本层面上进行了廓清。公众宣传和媒体对这个议题及峰会的报道让气候变化变得广为人知，从英格兰乡村到北京的酒吧，人们都在讨论这个话题。绿色增长现在成了优势经济模式……

全面、整体的体系设计关注了整个地球

大多数人现在都很清楚，健康护理不仅仅是去看医生。我们也习惯了经常谈论平衡饮食、锻炼、充足的休息、放松、深呼吸等等。我们的健康理念已经扩展得很全面。作为一个社会关注点，我们现在明白健康是一个整体的系统，包括了清洁的空气、不含有害化学物质的干净的水和食物。这些需求引起了一场农业革命。随着意识的增强，健康不仅仅是治病，还有推广健康的理念和保健常识。

全面、综合的个人经历可以使人产生责任感

当我们去看更宏观的画面时，我们就会对我们怎么去生活和工作进行更广泛的思考。对社会的全局思考可以改变我们日常生活的方式。例如，我们不需要等待政府的法律出台就可以开始留意我们自己的碳足迹。我们可以考虑每个时间段我们对灯光、屋里的温度和能源的实际需要；考虑我们洗澡需要多长的时间；考虑我们旅行时有什么样的需求和方式。

还有很多对社会健康护理体系合理应用的例子。我们可以对这些体系承担起自己的责任。我们可以通过日常饮食和运动等进行预防保健。如果我们不关心自己的身体，医院会变得超级拥挤。

不全面的模式会造成混乱，扭曲决定

我们现存的经济模式把对环境的利用看作"外部的"，比如对于原材料的实际成本，我们不会考虑对水资源和大气层的利用和消耗。但如果不把这些因素考虑进来，我们的价格体系就是不准确的。这种不加考虑的结果是我们无法意识到我们将要承受的后果。我们看不到我们的决定对人类的未来和地球上的其他生命所造成的长远影响。

在我们的家庭生活和个人预算中，类似的故意逃避也常常让我们看不到潜在的危险。比如我们没有为疾病、失业、计划外的怀孕和老年做好准备。没有全局意识的生活最终会导致重大的家庭经济问题。

全面

全面包括了什么？我们可以从五个方面来解释。

```
☆  有包容的意愿
☆  自行进行实践研究
☆  整合个人的发现
☆  应用包容性模式
☆  检测全面性
```

全面意味着我们有包容的意愿

在团队会议里,这意味着愿意考虑所有参与者的需求,包括倾听所有人、欣赏所有的观点并且准备好通过达成共识来创建出有创造力的解决办法。

一所学院的新院长想进行一些大的组织方面的变革。这次她不想单方面进行改变,而是希望所有人一起来规划学院的未来,从拥有终身教职的教授到合同工,从学院里那些最对立的人到常常抱怨"困难"的人。参与者们在会议后觉得自己被听到了,他们从不同角度提出来的建议都成了计划的一部分。对行动计划的承诺表明他们达成了共识。

一个社区会议需要有不同的人代表社区各个方面的期望:所有的文化、经济或者政治团体,当然还有各种年龄段的人。印度有一个与ICA合作的社区。在印度,上层种姓"婆罗门"(Brahman)的人从来不会与不可接触种姓"哈里真"(Harijans)的人一起吃饭。有一次,属于"哈里真"的居民决定组织一次社区盛宴。他们告诉属于"婆罗门"的居民,如果两个种姓的人不能欢聚一堂,社区就不可能向前发展。最后,双方终于坐在一起吃了一顿饭,然后他们便神奇地开始共同工作,来为发展他们的社区寻找新的方法。

对于个人来说,包容可能还意味着长期关注某些政治议程、关心每一个人、进行公平交易。

全面的思考需要我们自行进行实践研究

彼得·圣吉分享过一个学习历程。这是一个可持续发展食品调查团队。这个团队由来自多个跨国食品公司和社会组织的人员组成。他们一起去巴西参观大大小小的农场和其他食品生产商。在旅途中,来自不同文化的队员渐渐彼此熟悉。他们意识到,他们带来的不同观点对形成真正的解决办法来说非常重要。他们的谈话从C.奥托·夏莫(C. Otto Scharmer)所说的"掩饰"转变为真正的"生成性对话",从这种对话中可以浮现出未来的解决办法。夏莫的U型理论描绘了一个团队从礼貌的讨论（良好的对话）到激烈的争辩（困难的对话），再到借由开放、反思而最终形成集体智慧的对话（他所说的生成性对话）。

当我家准备找一个新房子时，我们试着考虑我们所有的价值观和需求。我们走了城市的好几个街区去观察。我们想住在多伦多的哪个区？离我们的办公室多远？我们是租还是买？如果是买，我们可以承受多少月供？我们想买栋别墅还是公寓？我们想要两层楼还是一层楼？要多少个卧室？离商店和公共交通多远？附近有公园和社区活动中心吗？这种功课会花很多时间，但是值得的。它让我们作为一个家庭一起做决定，一起去寻找正确的地点，共同为我们的选择而感到高兴。

全面性是一种综合，它整合个人的发现，把所有的观点和视角汇集在一起，形成一幅宽屏图片

许多会议和项目都缺乏方法。这里的方法要将所有的数据综合在一起形成有意义的、可管理的结果。其实有很多好的方法可以用来整合数据，产生易于理解的图像，即使这些数据有多种来源。通过观察这些综合的画面，人们可以创建出具备可行性的行动计划。他们可以看到需要做什么，而且希望结果达成。对我们个人的希望和梦想来说，这些都是真实的，对于社区或者组织的集体梦想来说也是一样。

一个非营利性的日托组织在一个公租房社区工作，服务于四个不同的小团体：中国、越南、黑人和高加索的父母们。他们不仅仅存在着文化价值观上的不同，还有着不同的历史和敌对情绪。为了未来有更好的产出，团队举办了一个愿景工作坊。父母们被要求进行头脑风暴，然后将他们的想法进行分组，再找到更大的模式。当他们看到包含了他们所有人想法的愿景时，他们极为惊讶，第一反应是："我们不知道我们有这么多共同点！"几年后，这个组织仍然带着热情和承诺服务着这个多元化社区。

彼得·圣吉描述了系统思维的力量，在种思维过程中，我们不断掌握对各个部分以及它们之间的关系的理解。在《第五项修炼》(*The Fifth*

Discipline）里，他反复描述了系统之间缺乏反馈会如何影响整个系统。把所有部分综合在一起可以看清部分之间的关系。

全面需要我们应用包容性模式

作为个人或社区，我们都基于各种心理模型，或者说基于事情的运行规律来工作。无论我们工作于教育、健康护理、政府还是商业领域，我们都处于这些模式之中。我们熟知的层级管理模式是其中的一种。我们的家庭则以我们自己创造的模式或者以祖父母传下来的模式运行着。由于父母双方之前的家庭模式不同，他们可能在养育孩子方面有很大的不同。当他们在一起时，他们就需要创建他们自己的养育模式。如果我们不认可过去的模式或者他们身后的价值观，我们就必须创建自己的模式。

现在，占主流趋势的消费社会模式遭到了很多质疑。人们正在发掘新的生活方式，包括生活于城市中的人对社区、简单生活和当地的持续发展的渴望。大卫·科尔腾（David Korten）希望能够想象出一种新的经济模式："有这样一种经济模式，在该模式下，生命比金钱更加有价值，权力与关心别人、关心社区和关心自然环境的普通人的生活息息相关。这是可能的，这也是正在发生的。几百万人正在促使它产生。"

我们知道，很多模式之间是相互关联的，目前的模式不会是最终方案，也不会是独立的方案。它是流动的，不可避免地变化着。模式是被应用或者被创造的，然而，它还需要保持内部一致。我们需要建立时间检验机制，而不仅仅是让模式在当时适用。创建我们自己的整体图像会让我们反思自己身上正在发生着什么，这样我们就不会仅仅去套用别人的模式。全面的心理模式使得我们可以参与到更加宏大的环境中去。它们改变了我们生命故事中重要的事，还帮助我们站到了主动的立场上。

使用全面的模式或图像来检测全面性

从某种程度上说，有全局视野的人在我们周围是危险的，因为他们可能会提出令人尴尬的问题或者评价。我们可能会听到他们说：

"这个计划看起来没有考虑我们的组织文化。如果我们忽略了我们的价值和员工的目标，整个组织会走下坡路。"

"这个新政策会在哪些方面对前台的贝丝有影响？她会如何回应呢？"

"我注意到我们的每月员工奖励从来没有考虑过我们的牙买加同事，他们不够资格获得吗？"

"这门课程仅仅强调了最近男性作家的工作，我们会进一步发掘有影响力的女性作家吗？"

"这届董事会没有一个35岁以下的人，我们怎么能保证在我们做计划时可以听到年轻人的声音呢？"

这样的问题会令人感到不舒服，但又是必不可少的。没有它们，战略执行时会遇到问题。没有它们，计划会过于简单，政策会不够人性化。

在我们的家庭里也是一样的，我们需要这样的反思。我们需要学会用一种客观的方式来说出我们的想法。例如：

"我们从来没有只为了玩而聚在一起。"

"上一次你散步和放松是什么时候？"

"上一次我们坐下来一起吃饭、真正地交流是什么时候？"

为了检测包容性，我们可以询问诸如"还有什么没有考虑到？"或者"忽略了什么？"的问题。全面性思维是开放的和平衡的。我们需要把它作为一种思维习惯。

全面性练习

我们怎么用全面的方式来扩展视角？扩展视角包括尊重人性和认真对待每一个人。在会议中，这一点非常重要。会议上很容易忽略某些人的声音，在会议召开过程中不重视他们的观点。ICA咨询师乔·尼尔森在北美做过很多次团队引导，从旧金山到黄刀镇、巴芬岛，再到芝加哥。她把她引导过的上百个团队的经验凝结成五个要点。每次她在引导新的团队时都会考虑这五点。

☆ 每个人都有智慧
☆ 我们需要用每个人的智慧来达到最好的结果
☆ 没有错误的答案（每个答案都有可取之处）
☆ 整体大于部分的简单叠加
☆ 每个人都会倾听别人，也会被倾听

当我们每天读报纸或者上网浏览新闻时，我们可以问一些与平常不同的问题。

平常我们会问：

"冰球比分怎么样？"

"我最喜欢的名人最近有什么事情发生？"

"最新的新闻是什么？"

"今天的石油股价是多少？"

现在，让我们试着问："这个月我关注的三个国家（中国、突尼斯和肯尼亚）都发生了什么？出了哪些麻烦？它们是怎么处理的？"或者问："我会怎么处理？"在阅读当地社区新闻时，我们可以问："我对当地的三个关注点（关于水的政策、交通系统和靠近杰拉德与多伦多主街的地区）都发生了什么新的变化？"

当我们反思家庭或工作时，我们可以问：

"最近在我孩子的生活中发生了哪些我需要关注的事？那些不可接受的行为背后是什么？"

"我的同伴今天看起来很累，我怎么表示一下关心？"

"这个月我工作中的最大挑战是什么？"

"在我和老板之间的关系中，哪些是需要改变的？"

"我需要更多的身体锻炼。有哪些日常锻炼可以加到我的生活中来？我怎么能让它变得容易些？"

另外一个对全面性的训练是质疑我们信息的来源，查看几个不同来源所包含的重要观点。哪个信息来源最可靠，哪个可以放弃？每个来源都有哪些偏见？一些新媒体会利用轰动效应，另外一些媒体是政治性的，充满了宣传意味和个人观点。有一些媒体以公正闻名，它们会以非常客观的方式提供新闻。当然了，很多当地人和世界名人的博客也能成为我们的信息来源。

互联网给我们提供了机会，让我们可以按几个键就看到世界的其他部分。使用谷歌地图，我们可以放大到看见自己的房子，也可以缩小到看见整个国家、大陆甚至全世界。电视新闻正在利用这种能力教我们曾在学校里错过的地理知识。它们向我们显示了战区或者遭受灾难的国家的情况，让我们看到其他人在他们的环境中如何生活。

当我们进入一个项目调查小组时，我们可以倾听不同的作家和演讲者的观点。我们可以与相关领域的不同部门和组织的人们进行讨论。当我们旅行时，或许我们可以进入当地人真正的生活中去。即使只去旅游景点也可以这样。那些到阿卡普尔科、哈瓦那、巴厘岛或者迈阿密旅游的人不想去旅游景点之外的地方。这些游客还没有准备好去目睹贫民窟，没有准备好去看到贫穷和无力。做出决定去面对所有的生活并且考虑到这一切并不容易。

全面整体性思考模式

全面性对每个人来说都是挑战。在这个舞台上，我们都有自己的愿望清单。这里有几个我希望看到的与全面性有联系的"如果……怎样"。

如果医生可以考虑到我们健康的所有方面，而不是标准医疗程序里的问题解决者，会怎样？他们可能会询问我们的饮食、锻炼情况、睡眠模式、心理满足度、工作习惯、是否每日反思、我们如何处理压力。如果这样,那处方里就不仅仅是药片了,可能还包括身体锻炼、更多的反思、写日记、练瑜伽、社交或者扩大视野的旅行。我们不需要别人为我们的生活方式配药,但我们需要一些好的建议帮助我们改善生活方式。

如果法律和政策制定者不是从民意调查和说客中挑选他们的优先事项,而是从全面的视角决定辩论议题,那会怎样?

如果社会各个领域的创新者们一起工作,共同创建一个可持续的经济发展体系,建立环境保护架构来照顾到自然界的所有物种,如人类、植物和动物、社区、商业和地球,那会怎样?

我想分享三个曾经影响我看待世界的模式。这些模式是在40年前建立起来的,当时一些人在寻找新的方法来发展当地的社区和组织。其中的每个模式都提供了一个方法。这些方法可以让我们用全面的视角看待世界,促进新的思考和行动。一个是教育领域的全面课程模式,第二个是显示社会功能之间联系的社会发展模式,第三个是组织发展模式。当你看懂这些模式后,你问问自己会去创建哪种全面的模式。

例1 全面教育模式

现存的教育模式看起来并没有培养孩子们对更大视角和全面图像的热爱,只是培养了简化和碎片化的习惯。如何将我们的工作边界缩小到我们可以轻松应对的范围,这一点我们所有人都很熟悉。这是一种简化,摈除了我们头脑中不熟悉和感到困难的东西。因为每个人都很容易有自己的道德标准,所以很多人放弃了对全面道德的寻求,而只适应局部。我们可能感到不可能有一套价值体系可以适用于所有情况。大学特别是研究生阶段的教育,都在把学生推向越来越狭窄的研究领域,没有与现实大场景建立交互式的联系。

跨学科学位的重新出现回应了这种简化。卡内基梅隆大学这样描述这种学位:"追求由掌握和融合多个研究领域所产生的新的知识形式,旨在让学生在美术研究与自然科学或数学研究之间取得平衡。"

类似地,不列颠哥伦比亚大学的跨学科学习的目的是:"协作型、跨学科的研究和教学是为了解决复杂的社会难题，增强本地的、国家的和世界的社区参与性，并且在以下七个优秀的专题领域影响政策制定：可持续性，健康，全球性问题和跨文化政策分析，应用伦理，深入讨论女性主义，科学领域的通用语言，以及人类与电脑的关系。"

不列颠哥伦比亚大学为参与各方在不同学科之间的合作和调查研究提供了基础建设和支持，这些人来自各个专业领域、政府以及当地和国际社区。项目旨在为单学科界限内无法解决的问题找到解决办法。

1960年代，ICA专注于建立一个对生活中各方面都有用的学习课程。我们希望课程中可以包括技能、知识和生命意义。最后，我们得出一个复杂的课程模型（如下图所示），用互锁和相关的三角形组合来表示。

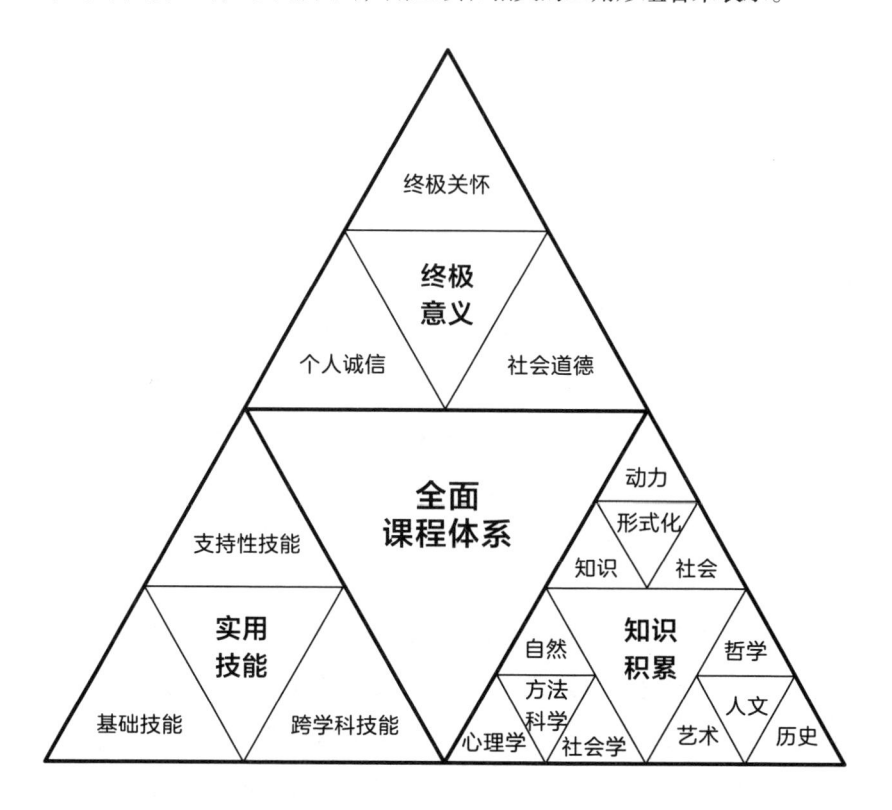

三个大三角是实用技能、知识积累和终极意义。我们计划用我们的课程模型来回应现代教育体系的矛盾之处。我们观察到了以下情况：

☆ 课程设计中的简化论、随意性和潮流性（所以，我们在从学龄前到成人教育的所有阶段都使用了相同的模型）

☆ 将学科问题和生命问题完全分开（所以，我们将方法论和意义探索也包括在模型内）

☆ 将科学与人文学科分离开（所以，我们将科学和人文学科结合在一起，开设心理学和艺术、科学和哲学、社会学和历史等课程）

从基本上来说，我们试图保证学习者学以致用。我们努力寻找一种具备共同基础的课程，可以满足从两岁到一百岁的任何人的需求。我们可以把这个课程看成一个不断扩大的螺旋，用适合学生年龄和学习阶段的材料来教授。经验证实了杰罗姆·布鲁纳（Jerome Bruner）的假设："任何课题都可以用理智诚实的形式教给处于任何发展阶段的孩子。"这个设计可以让一个两岁的孩子感受到自然科学、心理学、社会学、历史学和任何类型的哲学的基本概念。小学生探索的是与高中生、成人探索的相同的课题，但是在一个更复杂的层次上，高中生和成人会在更深的层次进行学习。换句话说，在每个层次，教育会用螺旋的方式来解决生活中的一切问题。

这个课程所使用的方法保证了课程是实践性的。这些方法遵循所知、所行、所是的学习路径。"所知"：我们提供了反思的智慧模式，包括学习、课程和演示。"所行"：我们有对社会模式的研究，包括问题分析、问题解决工作坊、战略规划和社会趋势分析。"所是"：我们提供了激励和反思工具。学龄前儿童的教学工具表会鼓励老师在每天的四个短时学习活动中设计视觉、玩耍、绘画、戏剧、黏土、音乐、讲故事和唱歌。

ICA 在几个地方检验了这一课程模型。一个是第五城市幼儿园。这个幼儿园已经有 45 年的历史，并且因为它的先锋思想而一再被表彰。它一直是芝加哥西部社区重组项目中领先的幼儿园实践单位。另一个地方是全球学院，它为社会上所有的成年人设立了一个 8 个星期的集中学习项目，学员包括了从完全没有技术的劳工到接受过高等教育的专业人士的所有成年人。

无论是学院还是幼儿园，都面对了认识自己、寻找使命和言行合一的生命命题。在幼儿园，小朋友们认识了限制、可能性和生命中需要做决定。在学院里，成年人在更深的层次探讨了这些问题。

幼儿园的小朋友学到了他们生活在一个宇宙里；他们中的每一个人都是独特的、不可复制的（"最棒的"），他们中的每个人都可以改变或推动历史。他们通过一些仪式来表达这些人生观。有一天，一个视察员走进了第五城市幼儿园，与一个 3 岁的孩子进行了交流。他就是很随意地用孩子可以听懂的问题来询问。

"你是谁？"视察员问道。

"我是最棒的那一个！"孩子回答。

"好吧，那你住在哪里？"

"我住在宇宙里。"

"你长大想做什么？"

"我会改变历史！"

视察员继续询问，不知道后来他又得到了哪些答案。这件事的重点并不是汇报 ICA 这些年都做了什么，而是强调我们看到了成果，这非常好。重点是，如果教育需要符合现代社会的需求，人们可以考虑将采用这个全面课程模型作为一个重要的开始。

例2　社会发展三角

我们可以对社会的各个方面（经济、政治和文化）进行类似的广角全面分析和模型构建（见图"社会发展层级一"）。我们是有可能对社会的运行规律建立一个平衡的大图像的。没有对资源的生产、分销和消耗（经济过程）就不会有生命。政治立法流程关心和保护了生命。没有政治，"每个人都为了自己"对其他人来说就太糟糕了。没有文化，另外两个过程就没有智慧可言，没有家庭和社区关系可言，没有艺术或符号来创造意义。

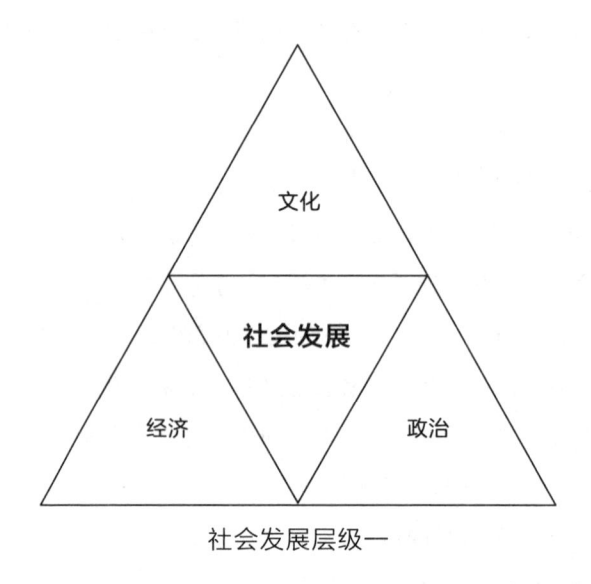

社会发展层级一

这些三角形的组成结构类似于几年前创造的全面课程三角。每一层左边的三角是基础（意味着"是什么"），右边的三角是组织（意味着"怎么做"），最上面的三角聚焦于智慧或者意义（意味着"为什么"）。全面课程三角本身在社会发展三角中构成了智慧三角。

ICA 在 1971 年创建了这个"社会发展三角"。它是在对社会问题的重大研究并绘制出适当的回应过程中发展起来的。当我第一次听说这种研究时，我曾经表示怀疑。研究的第一步是大规模的文献回顾。ICA 全球的每一个工作人员都被分到了一定数量的不同学科（社会学、历史、文化等）的书籍，让他们找出其中的智慧。通过这种形式，人们在一年时间内完成了对 1 000 本关键书籍的研究，涵盖了社会的方方面面。

从这些书籍中收集的数据为社会发展创造了一个三角模式，其中每一个主要的三角形都分成了四个层次。我还记得人们坐在地板上，试着将这些三角形拼在一起，以创建出一个合理一致的模式。我发现，我们当时创建的有可能是所有社会发展模式中最复杂、最全面的模式。上千人用了一个月的时间用社会发展三角构建了一个实践性愿景，扫除了过程中的障碍，提供了建议，并为社会变革提供了策略。

当我们想到社会时，我们有可能想到经济生活，想到某些人所说的"政治"，还有可能想到健康和教育服务。但是社会其实有更多方面。这个三角试图将所有主要的社会发展全部包括在内，而且在它们之间的关系上显示出合理一致的态度。

三角形的第二层（见图"社会发展层级二"）将每个维度分解到了三个方面。

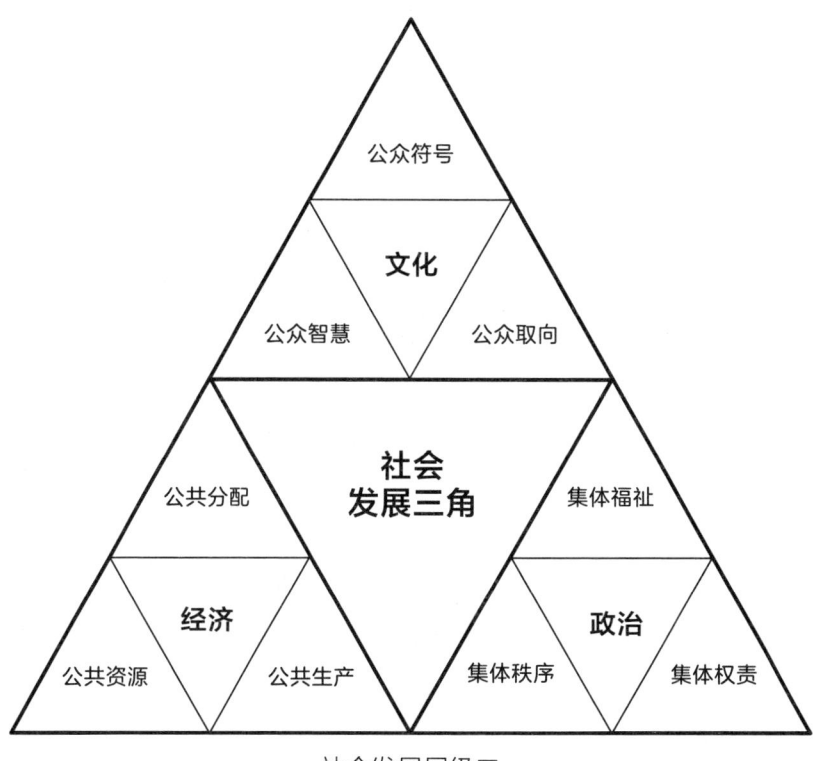

社会发展层级二

三角形的第三层（见图"社会发展层级三"）显示了发展的第二层级如何进一步划分出三个进程。

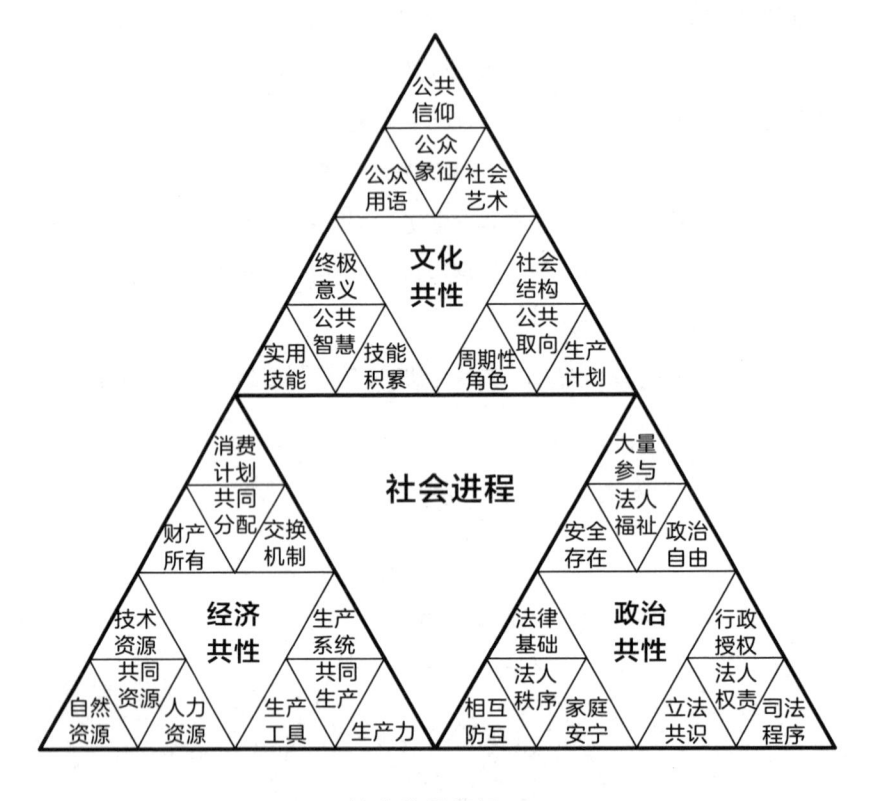

```
                    公共
                    信仰
                  公众
                  象征   社会
              公众        艺术
              用语
                  文化
              终极        社会
              意义   共性  结构
              公共        公共
          实用 智慧 技能   周期性 取向 生产
          技能      积累   角色        计划

              消费                    大量
              计划                    参与
                    社会进程         法人
          财产 共同        交换      安全 福祉  政治
          所有 分配        机制      存在       自由

              技术        生产        法律        行政
              资源        系统        基础        授权
                  经济        政治
              共同   共性  生产    相互  共性   法人
          自然 资源 人力   共同  防互 秩序 家庭 立法 权责 司法
          资源      资源  生产       安宁 共识      程序
                        生产
                        工具 生产力
```

社会发展层级三

第四层级会有 81 个小三角，第五层级是 243 个小三角，这些小三角都显示了社会发展的情况。在所有层级的所有三角形中，都存在着基本的一致性。

人们建立这个模型，是希望在经济、政治和文化三个维度中取得平衡。当这种平衡出现时，社会就处在一个健康的状态。当这三个方面处于不平衡的状态时，社会就会出现问题。如果我们被剥夺了谋取生计的手段，政治将会动荡不安。如果我们被剥夺了参与政治的权利，我们的生活会经受苦难，比如富有的人会占有所有资源，我们会被排除在外。如果我们没有了自己的文化，我们很容易变成政治和经济的牺牲品。又或者我们会发现自己的生活没有意义，接着有可能会陷入毒品和犯罪的深渊。

社会发展三角对于以下各个方面来说都是一个极具价值的模型：趋势分析，社会问题划分，历史研究，甚至只是阅读晨报。它提醒着我们，要在生活中去主动关注经济、政治或者艺术等方面。[1]

现在，一些帮助组建这个模型的同事正在研究新的模型，以便将社会进程变成一个更大的图景——关注所有生物的进程——甚至包括宇宙和地球的变迁。

例3 组织旅程图

另外一种全面的模型是组织发展进程。最近，咨询人员和研究人员研究了组织发展进程，主要是研究组织在机构、领导力、沟通、价值观和技能方面的演变。

组织如何了解它们目前所处的位置和未来发展的可能性，继而可以应用全系统方法去发展呢？ICA加拿大建立了第117页的模型，模型中使用了威利斯·哈曼（Willis Harman）、哈里森·欧文（Harrison Owen），特别是布赖恩·P.豪（Brian P. Hall）的不同理论。布赖恩花了30年来研究人类的价值观和组织发展。完整的发展模型有七个阶段。

按图显示，全面模型让人们从8个角度观察他们的整个组织。按照顺时针排列，角度包括技能、领导力、组织结构、重点关注、使命描述、人力资源、沟通、价值观。人们可以把自己组织的生命经历放在模型中，以了解其身处的组织处于发展进程中的哪个阶段。人们也可以将模型应用于实现人们自己的梦想和希望。这个模型的优点之一是具有很强的适应性。

通过观察这个模型，每个人都可以学会宏观看待问题。这个宏观景

---

[1] 对社会发展三角的完整描述和每个三角的详解，请阅读由乔恩（Jon）和莫琳·詹金斯（Maureen Jenkins）所著的《社会发展三角》（*The Social Process Triangles*）。在《扭曲历史》（*Bending History*）第2卷中，克兰西·曼（Clancy Mann）提供了一个完整的介绍。约瑟夫·马修斯（Joseph Mathews）在演讲中也介绍过三个主要三角。

象会使团队在一个更大的维度形成对话。模型增加了他们对目前形势的理解，帮助他们从不同方面提出问题、收集想法。有些人会从非常实际的商业角度出发。人们都可以看到自己现在处于哪个阶段或是否表现良好。这也可以帮助他们想象自己的组织体系的下一步。

引导师们对于模型的运用有不同的方法。在加拿大，引导师们运用四个阶段。在澳大利亚，引导师们运用原本的七阶段模型。任何应用都会对客户催化出有益的讨论。

客户们将模型运用于解释组织运作系统而不是组织类型。一个组织可能运用了其中的第三、四个阶段。这个模型没有使用从坏（不可取）到好（可取）的简单流程。系统的运作始终是基于一个组织的文化背景来解决问题的。

以下是一些对模型的解读：

☆ 价值观和理解有可能领先于技能。当一个新系统浮现或者扩展时，意象会急剧改变，新的理解会发展出来。这时，对组织来说，重要的是培养新的技能来支持系统运作。

☆ 要想改变整个系统，需要首先理解目前的运营缺少什么、被阻挡在了哪里、转换后的愿景或意象是什么，然后达成共识，去选择新的、卓有成效的营运系统。

☆ 当意象发生改变时，首先应该是价值观的改变。这个改变超越了结构和领导力的改变。对于组织内部的人员来说，他们要先改变他们的交流模式才行。

117

领导力

- 有远见的先知型领导力获得了团队的支持
- 充满活力的、相互依赖的组织不断进化

组织结构

- 服务性领导,分层指导,使别人也可以合作领导
- 愿景式、共情的领导风格,管理层鼓励帮助创新
- 网格状组织结构,跨功能团队和项目,结构高度灵活
- 有效的官僚体制,高度结构化

技能

- 有觉察整个领域的意识,带来具有全球影响力的系统技能
- 人际关系技能 洞察驱动 创造性分享 自我反思
- 管理团队工作与休闲合作风格
- 平衡工作与休闲 质量监控 规划业绩管理
- 协调、客观地管理
- 中央式管理

重点关注

- 在局部层面,用全球视野影响行动
- 确定问题 注重数量
- 找到解决方法 增加创新
- 帮助组织变革
- 组织对社会生活质量的影响
- 组织中高质量的互动和全员参与
- 由权力、位置 严格控制
- 每天生存运行的最低线

第五阶段 激励型组织:先知
第四阶段 学习型组织:网络
第三阶段 合作型组织:互动
第二阶段 学院型组织:响应
第一阶段 等级型组织:反应

价值观

- 忠于真实;关注人类真实性;关注人类历程分离;独处
- 抓住机遇学习 不能从经验和教训中学习反思
- 愿景 责任担当 风险共担 慷慨为零
- 礼貌 效率 认可 贡献
- 安全
- 上下级报告

使命描述

- 全球连接作为全世界使命描述、资源和工具的分发节点
- 组织在文化层面上对世界和国家有质量的影响
- 组织对社会社区有质量的影响
- 接受命令 进行工作 完成任务
- 取得最大成果
- 客户服务 产品支付

沟通

- 为各个层次的人群普及了便利的技术
- 贯穿始终,共情的沟通方式
- 上下左右各方面的信息都可以自由地与每个人分享
- 自上而下,但又考虑到个人的意见
- 跟随指示,确定角色,完成工作

人力资源

- 在任何情况下,整个组织及其工作负责人
- 发展为完全整合好的相互依赖的个人
- 有创造力,自我驱动,自我工作的员工,主人翁意识,有责任分担

使用旅程图

在看旅程图时，你会注意到，中间的两个阶段更像传统的组织形式。三个外面的阶段是在现代呈现出来的。甚至五年之前，外围的"激励型组织"看起来也是很不现实的。现在，年轻人和世界性网络正在检验点对点团队领导和流动的有机组织形式，因为他们使用互联网作为跨越国家和社会边界的沟通工具。

建立全面模式

邓肯·福尔摩斯，ICA 的一名引导师和培训师，在帮助个人和组织建立全面模式方面有丰富的经验。他为我们建立全面模式列出了以下大纲：

- ☆ 全面模式是为了帮助解决某个特定问题而建立的；
- ☆ 它从尽量广泛的角度来回答问题；
- ☆ 所有的信息都可以让人们既看到局部又看到整体，还有它们之间的联系；
- ☆ 与回答问题无关的信息不会包括在内；
- ☆ 模型是暂时的——新的信息有可能需要我们转换模型

当某些人观察一个全面模式时，他们可以在模式中看到自己。当人们理解了一个复杂而混乱的情况时，他们会有"啊哈"的顿悟时刻。一个有效的模型能将任何特别的问题放到一个更大的环境中考虑。

模型适合于任何可能的社会现实。在今天的世界里，很多人感到现存的模型不再有效，很多人去创造和测试新的模型。

以下是几个创造力模型的例子。

在教育界，多元智慧发展课程帮助激活了大脑的潜力，给了更多学生成功的可能性。基恩·休斯敦分享了她在这方面的经验：

> 我对将剧院搬到教室有着异乎寻常的热情。在剧院里，孩子们变成了能干的人，运用所有的技巧——音乐、舞蹈、台词、表现、感受——来展现人们的经历。如果全世界都是一个舞台，那么所有的生命舞台、所有级别的人类的心愿、所有层次的人们的神采和感情都可以被戏剧带到教室里。

在经济方面，保罗·吉尔丁，一名澳大利亚环境商业专家，为我们现存的系统提供了一个新的方法。在一封给托马斯·弗里德曼的信中，他做出了解释：

> 我们现在的系统已经在超负荷运行，而我们还希望它更快、更努力。无论这个系统有多好，物理和自然规律都是存在的。我们必须发展而且我们必须用其他方式来发展。对于初学者来说，经济体转换需要转变为净零概念，也就是建筑物、汽车、工厂和房子被设计出来不仅仅是为了收集更多的资源，它们还需要尽可能多的部分是可循环的。我们可以通过流动来发展，而不是产生更多的存货来发展。

托马斯·弗里德曼在他的书《炎热、平坦和拥挤》(*Hot Flat and Crowded*)中增加了这一点："在创造工具、系统、能源和道德时，我们要让这个星球越来越干净,更具有可持续发展性。这个命题在我们的生活中已经越来越成为一种挑战。"

在文化方面,D. 保罗·沙弗,一个为世界文化项目工作的加拿大人,分享了一个新的人类发展模型。他将经济生活仅仅视为发展的一个方面。他认为,经济发展的同时必须有教育、科学和宗教的发展,还有社会、艺术、技术和政治文化的发展。在我们的自然、历史和全球环境这个大背景下,沙弗将所有的维度放在了一起。他的发展景象包括了非物质的或者叫作定性的维度以及物质的定量的维度,比如资源和产品。对于沙弗来说,每种文化和每个国家都需要文化方面的发展。这样,目前的发达国家和发展中国家的分界就会慢慢消失。着力点会变成分享文化、彼此学习和为每种文化带来活力这三者的其中之一。建立更好的人类联系需要人类从竞争转向合作。

今天,这样的见解正在被广泛接受,比如欧盟是一个拥有27个国家的新的政治形式。社会正在经历不同方面和不同文化的彼此交融,尽管其间充满了斗争,但这些都发生在一个进化的经济、政治和社会伙伴关系中。

领导力挑战

新的世界正在浮现,只关注狭窄的片段化的区域的领导者是不可能成功的。关注细节对于成功非常重要,但如果没有适合它们生存的大环境,它们贡献出的就只能是碎片化的东西。不管对别的项目有促进还是阻碍,单独完成一个项目是不可能的了。现在,我们需要领导者带着鹰一样的眼睛看到广阔的天地,并且不被复杂性所吓倒。我们可以用什么问题来得到宏观景象?我们怎么从宏观中看到微观?

与世界的真实关系的建立取决于培养一个大的思想空间和一个长的时间框架。生活在广阔的时间和空间里有可能培养出坚实的道德立场。想要建立这样一种全面的观点,你需要与时间和历史建立一种新的关系,就像我们在下一章中将要看到的。

○ 练习

☆ 你的世界有多大？ ☆

我们把时间用在了哪里——我们在哪里聚焦行动、思想、阅读、交谈、观察——这些线索可以观察到我们生活的世界。例如，珍妮特·斯坦福尔德生活的世界包括她的兄弟、侄女、表兄弟、印度和加拿大的朋友们、她在 ICA 加拿大分部的义务工作、她最近居住过的国家（澳大利亚、美国和加拿大）、她看到的世界新闻、加拿大以及原住民。她的生活包括了她从房间里望出去的树、安大略湖、隔壁的猫、针对背部疼痛的日常锻炼，还有她最喜欢的菜单。

1. 列出一个在你的世界里对你来说重要的因素清单？
（清单在下一页）

2. 当你回顾自己的世界时，什么令你惊奇？什么令你激动？你会担心什么？

3. 你希望你的世界发生什么变化？你觉得什么能帮助你把你的世界变得更大一些？

4. 你做什么可以让这些变化在你的日常生活中实际发生？

☺ 清单

第五章
对历史的参与

登 上 历 史 的 舞 台

尊重过去

欢迎未来

　　——康明斯

跃上舞台

为超人的斗争

给出作为人的意义

　　——尼科斯·卡赞扎基斯

以下就是改变发生的方式。它是一场接力赛,而且我们充分意识到了这一点,我们的工作就是跑好我们这一棒,然后把接力棒交给别人。

接棒人会拿起它继续跑下去。作为一颗行星，我们可以做的就是意识到，我们有可能在今天看不到改变的发生，但你知道它总会发生的。

——艾丽斯·沃克（Alice Walker）

历　史

只把历史当作学校教育的一门课程是非常令人遗憾的，因为它本来应该让每个人看到自己与历史进程之间错综复杂的联系——过去、现在和未来。历史的车轮不是为我们滚动的。我们通过我们的参与和行动创造了它。历史从某种意义上说是个人的。它就是我们的生活、我们过去的经历、我们现在的处境和我们未来的命运。基于我们现在所处位置的不同，我们一直在讲关于已经发生的事情的新的故事。历史反映了我们的家族、我们的区域、我们的国家、我们的城市和整个星球的进程。我们成了所有的祖先和未来一代之间的联系。

在学校里，历史看起来仅仅关乎过去。但是我们听说很多人正在基于他们现在的需求创造历史——比如美国、俄罗斯和其他在兴建太空站的国家。我们也听说北美土著决定代表未来的七代人去行动。这样看来，每个决定都与未来有着非常重要的关系。

理解历史包含了对过去和现在的理解。这样，我们也就理解了我们每个人都在通过生活中发生的事来影响历史。我们可以通过我们的行动和决定来改变历史。从这方面来说，每个人都是历史学家。我们一起创造和分享我们和其他人的生命故事。我们参与历史。我们就是我们自己的历史。历史是我们的生命时刻。

另外一个流行的历史意象是一条长直线，而这条直线有可能在某些点弯曲。英属印度的历史看起来足够稳定，好像它会永远指向日不落帝国，直到有个小人物甘地和其他几个追随者出现了。英国离开了，印度走向了一条新路。历史的走向也永远地改变了。今天，许多人和组织也在一次又一次地弯曲历史走向，走向一个更加全面、稳定的世界。当足够数量的人不认可历史走向时，他们就可以为历史创建一个新的愿景。当足够数量的人的能量足以支撑这个愿景时，历史就会让步。这条线会弯曲，指向新的方向。

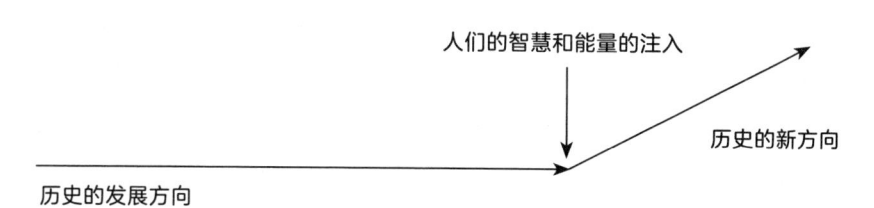

```
                         人们的智慧和能量的注入
                                │              ↗
                                ↓         历史的新方向
    ─────────────────────────────→
    历史的发展方向
                            现在 / 当下
```

珍·休斯敦（一名 ICA 引导师）分享过一个故事。当时，她正与一名保加利亚出租车司机聊天，司机正带着她在黎明时分奔驰在旧金山的街道上。司机说："我刚刚目睹了我女儿的出生。我太害怕了，我从来没有见过这种景象。一片混乱，但是如此美好。在我妻子经历了这么多痛苦之后，一个新的生命诞生了！也许这就是在我们的世界里正在发生的事。"那个司机经历了女儿的出生，深刻理解了生命的意义。他的家庭永远地改变了。他的家庭正在创造着自己的历史，就像世界在创造着它更大的历史。

历史的无限循环

这样看来，历史不仅仅是由过去组成的。过去是我们的个人记忆、社会记忆和智慧的源泉，但它也是我们痛苦的源泉。未来是我们的意愿、恐惧和期望所在地。我们对过去的记忆和对未来的期望存在于当下，就是现在。它们成为我们生存和将被讲述的故事。过去的收获和未来的意义总是对充分生活在当下提出挑战。未来通过我们在生命中对一个问题、一个困难或一个难题做出的决定来确认现在。未来挑战着过去，判断着现在的承诺。

每个重要的决定都将一个人或者组织的过去、现在和将来联系在一起。例如，当家里的车坏了需要买辆新车时，我们可能会想起父亲、祖父和朋友的车给我们带来的对大车的那种羡慕之情。我们回想起1950年代的大型雪佛兰和朋友的悍马。买辆大车可能会好点，但是紧接着未来会提出这个问题："地球的未来能承受这么大的耗油量吗？"接着我们会想起我们听过的一次关于汽车和二氧化碳的演讲。然后，我们会考虑到安全性等问题。我们是不是需要一辆有着坚固钢架和稳定杆的车给孩子更好的保护呢？紧接着，未来提出了一个更大的问题："每辆车都会给全球气候和大气系统造成更大的混乱，再买一辆车合适吗？我们是不是可以在需要的时候租车或者用共享车？"

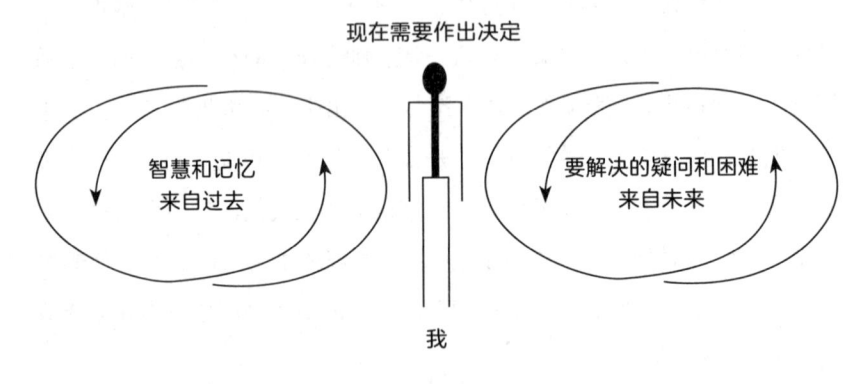

现在需要作出决定

智慧和记忆
来自过去

要解决的疑问和困难
来自未来

我

无限循环的历史

这个无限循环（有时候叫作"无穷循环"）在我们生命中一次次发生。在循环里，过去、现在和未来提出了一系列的问题、对话和决定。就像刚才的例子里，未来带来了一个现实的问题。这个问题通过我们现在的情况，循环到过去关于汽车的记忆并最后考虑到了地球。它带着价值观的问题循环回了现在。然后它带着使用何种交通方式的问题回到了未来。当我们站在现在，我们就是站在历史进程中间。在我们耳边有无数喃喃细语——我们的父亲，我们的孩子，蒂姆·弗兰纳里（Tim Flannery），大卫·铃木（David Suzuki），甚至是北极熊的声音。可能我们最后决定今年先不买车了，这一年我们可以使用单车、公交系统和租车。也许明年市场上会出现一款很好的电动车。

所以，无论何时，当我们做一个重要决定时，我们就站在了这个过去—现在—未来的无限循环上。通过基于过去的智慧做出决定，我们参与了历史——不管我们是否意识到了这一点。我们会更清楚地看到我们的决定对未来的影响。我们买的食物、我们做的工作或者我们与别人交流的方式，都会对我们的家族、社区和工作场所的历史造成影响，甚至可能会将一个绝望的人转变为愿意冒险和做出承诺的人。

划时代事件的作用

无论我们的生命还是历史，都不是一条直线。事件不断打破历史，将我们的世界导向新的历史时刻。一个几乎致命的事故会把我的生命划分成两个阶段：事故发生之前（没有轮椅）和事故发生之后（有轮椅）。在一个更大的舞台上，这样的事件可以定义整个时代。1945年原子弹的投放开启了核时代，1957年人造卫星的嘟嘟声开启了太空时代。"9·11"美国恐怖袭击改变了北美与世界的关系。它们提出了也许从来没有被问到的关于过去、现在和未来的问题：为什么有些人这么恨美国？我们的世界需要改变什么？媒体将这些时刻叫作"划时代事件"。

在20世纪的某些时间节点上，正如德日进（Teilhard de Chardin）在《人的现象》(*The Phenomenon of Man*) 中描述的，人们开始意识到，他们"抓住了进化的主要动力，就掌握了世界的舵柄"。从现在开始，进化将按照我们的方向发展。这是我们这个时代决定性的启示之一。

公元前49年，恺撒大帝跨越卢比孔河，走出高卢，走进意大利，违抗了罗马参议院的命令。卢比孔河是高卢和意大利之间的一条小河，标志着两国之间的边界。当他跨过河流的一刹那，他明白事情无可挽回。它标志着庞培内战的开始，开启了罗马的恺撒专政。现在，"跨过卢比孔"已经变成了一个比喻，表示做出一个决定或行动后，事情将开始发生变化。

离开家，融入另外一种文化，拿到大学学位，开始或者结束一段婚姻，找到一份新工作或者离职，得了重病，孩子出生或者失去挚爱，对我们来说都是"跨过卢比孔"。在这些事件中，我们发现自己处于时间的拷问中。

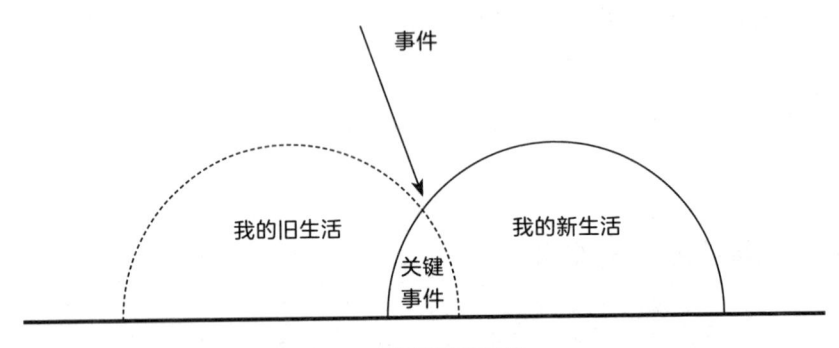

事件

我的旧生活　　　我的新生活

关键事件

划时代的时刻

划时代的时刻都是动荡不安的，人们会经历外界的压力、内部智慧的闪现和划时代的决定。在这些时刻，我们经历着悲伤和给予。在这些关键时刻，时间仿佛停止了。之后，当时间重新开始时，感觉就像是完全不同的时间。这些事件结束了我们生命中的一个阶段，开始了另外一个。

我们的生命一般来说是可预计的，直到急转直下的事情发生。生命开始问出新的问题，需要新的答案。我们的方向开始不确定，我们的自信开始被动摇。即使我们成功地完成大回转，我们的生活仍然不容易，因为我们还不习惯新的生活。接着，生活可能会平静一段时间，直到下一次回转到来。

几乎每个人都经历过划时代的时刻。有时，人们会通过绘制一个全新的景象来作为回应。比如，人们放弃了看起来无比美好的前程，转身去全世界做义工，或者去极端条件下挑战危险的工作。没有这些挑战、挫折和新的决定，生命会非常狭窄、非常陈腐、非常固定。

我们的个人历史篇章

不同的文化有不同的方式为人们的个人历史赋予意义。它鼓励人们将他们的生命看作一段历程,并为这段生命历程创造出不同的故事。我们可以将我们的生命想象成几段篇章,就像一本书一样。作为孩子,作为年轻人、成年人和老人,翻阅生命的篇章意味着什么?

在我年轻的时候,我想立刻去做我想做的事。当我长大一些后,我发现:是的,有些事我在 20 岁的时候确实完成不了,我需要等到 40 岁再去做。在为我岳母庆祝 90 岁生日的时候,我们制作了一本她的生命篇章的相册。我妻子深感震撼,尤其当她看到她母亲在 90 年的生命里只有 20 年是"全职妈妈",之前或之后的时间她母亲都生活在自己生命的其他篇章里时。岳母希望她女儿也一样有自己的生命篇章。

当然,走进一段新的篇章有可能让人感觉紧张。有一天,我坐在沙滩旁的长椅上,一个年轻的女子坐在长椅的另一端。她安静地坐了一会儿,注视着湖水,然后说:"我下周就要结婚了,我会搬去温哥华。我非常高兴,也非常害怕。我也不知道为什么。我爱比尔,我也想嫁给他。"我静静地点点头,说:"也许生命就像一本书。你生命中的一章已经结束,另一章即将开始。"她看着我笑了:"对呀,真的是!谢谢你!"然后,她站起来,离开了。

我们中的许多人可能都会经历生命中的四到五个阶段。这些阶段通常会以不同年龄段的形式呈现。印度诗人泰戈尔把生命的舞台分为四个阶段,我们的角色和身份从这四个阶段开始、结束、重新开始。

第一个时代,年轻时代,从出生到 20 岁,或者延伸到 30 岁。这是成长阶段,是探索、发现我们自身潜质的阶段。在这个阶段,我们一般会完成教育、找到专业领域。这是一个实验阶段。在这个阶段,人们或许还会去探索其他的国家或者文化。

第二个阶段,从 20 多岁到 40 岁左右,是建立阶段。在这个阶段,你会找到配偶、建立家庭、展翅飞翔、具有进取心和竞争性、追求卓越、或许还会参与到对社区或者世界的更广泛的关注中。

接着我们就进入第三个阶段，增强责任感和领导力的阶段。当我们庆祝40岁生日的时候，我们可能会看到一个崭新的生活，我们可以充分发挥生命的价值。我们可能会享受一个新发现的成熟的前景。那些生活在这一阶段的人明白，生活是一场持续学习的旅程，我们需要适应、分享和接受责任。有时，在这个时期，"中年危机"会爆发。但这是一场真正的危机还是生活的变化？这时，个人进取心可能会减弱，竞争性会被合作性所替代。

从60岁到80岁是第四个阶段。有些人会说，我们是在享受前60年创造的收益。作为长者，我们可能没有那么活跃，但我们会更有影响力。在生命历程的这一篇章里，成熟会让更深的反思涌现。专业的活动会不那么重要。我们把中心舞台让给了更年轻的同事。对一些人来说，一个新的生活轨道正在呈现。有可能是我们长时间以来的梦想清单，或者有可能我们发现自己很开心成为祖父母。我们成了指引者、师傅或者智者，我们实践和教授。我们支持和倾听，允许我们自己年轻时的愿景发芽和呈现。

随着人们活得更久，或许第五个阶段开始呈现，从80岁到100岁，甚至更久——这是生命时光中另一个富有意义的阶段。或许这是一个"嗅到玫瑰"的阶段，真正活在当下。小川乐（Joy Kogawa）有过这样的描述："祖母用一种别人都没有的方式来看待未来。这是一个肉体衰老／精神盛开的世界。祖母心中的花园繁花似锦，色彩缤纷。"

通过一种健康、肯定的方式在这些阶段中穿行，我们中的每一个人都可以成为我们自己生命故事的讲述者，创建我们自己的历史。

尊重过去

我们通常会庆祝生日、纪念日、国家节日和传统节日。有些家庭和组织会在每个季度或者每年对过去的一段时间进行总结回顾，他们会重温发生的重要事件并为这段时间进行命名。这种反思可以让人们从过去的挫折中解脱出来，走向未来，让自己充满新能量和承诺。

尊重过去包括重视以前人们完成的事。丹尼尔·布尔斯廷（Daniel Boorstin）写过三部曲：《发现者》(*The Discoverers*)、《创造者》(*The Creators*) 和《寻觅者》(*The Seekers*)。他在三部曲中承认和庆祝了那些在艺术、思想意义和我们生存目的方面的非凡工作，这些成就发现了世界的真实，重建了我们的意识。我们总是站在别人的肩膀上。要继续前进，我们就需要承认其他人在我们正在进行的工作上的贡献。所以，人们要在文章末尾列出他们引用的资源，比如他们在研究时梳理过的文件，以及在图书馆和网上搜索到的前人的智慧。他们的工作是建立在相关发现上的。他们信任资料的来源，承认前人的工作。

我们都知道，我们不需要与过去竞争。我们也不必假装我们的专业知识都是自给自足的。我们当然要承认，不仅仅是现代人有智慧，其他时代和文化的人都有很多东西可以教给我们。我们可以在先知的智慧上再创造，意识到在某些人类经验领域，"太阳下没有什么新的东西"。

尊重过去是有极大帮助的，但即使这样，我们的根仍然在未来。未来在召唤我们。过去是支持我们走向未来的资源，我们不必被过去带来的问题所缠绕。

放开过去

在考虑过去和未来的同时，我们生活在现在。当没有任何决定需要做出时，我们可以自由地生活在当下。在一个伟大的剧目《我们的小镇》(*Our Town*) 中，艾米丽有了被赋予特权的感觉，就是活在当下。她宣布：

> 哦，地球，你是如此壮丽，对每个有意识的人来说都太棒了……
>
> 但是有任何人意识到他们生活在此刻吗？
>
> 每一分，每一秒？

现在包括了我们的过去和未来。觉察当下会带来一笔财富：乐享现在。有些人一生都错过了在"现在"休息的机会。他们可能会一直保持着过去带来的负罪感和怨恨。或者他们会习惯性地把目光投向未来——计划和梦想——就是不能享受现在。下面这两个和尚的故事一直提醒我生活在当下有多么困难。

两个和尚在回家的路上遇到一条湍急的河流。在那里，他们看到一个年轻女子没办法过河。其中一个和尚马上卷起袖子，背起她走过了河。然后两个和尚继续前行。第二个和尚，独自过河的那一个，后来实在忍不住了，开始质问他的同伴："你知道接触女子是犯戒的吗？"第一个和尚说："师兄，我已经将那个女子留在河岸上了，而你还一直背着她！"

电影《贫民窟的百万富翁》(*Slumdog Millionaire*) 讲的是年轻人贾马尔的精彩故事。他在成为街头孤儿之后经历了一连串可怕的事件。他有充分的理由每天生活在恐惧和愤怒中。但事实是，他在电视节目《谁想成为百万富翁》中答对了每一道题，成为最后的赢家。这是因为他总是关注生活中的每个细节。他可以运用他的街头智慧，回想他的痛苦经历并找到问题的答案。

叶礼庭 (Michael Ignatieff) 在他的书《战士的荣耀》(*The Warrior's Honour*) 里描写了一些地方的故事，比如前南斯拉夫和卢旺达。在这些地方，治愈和宽恕的发生都很缓慢。他总结说，其中一个困难是："之所以有来自过去的持续的折磨，是因为它不是过去。这些地方不是生活在一段连续的时间里，而是生活在一个同时发生的时间里，在这个时间里，过去和现在形成了一个不断凝集的幻想、扭曲、神话和谎言。"

对1990年代巴尔干战争的报道中也常常出现类似的景象。当谈到战争暴行时，人们往往搞不清楚这些事情是否就发生在昨天，还是发生在1941年、1984年或者1441年。对于故事的讲述者来说，昨天和今天是一样的。过去的暴行从来未曾修复，他们被锁在了现在，终日为复仇哭泣。叶礼庭说有一件事需要在巴尔干做，那就是重新学习如何遗忘、如何宽恕。很多时候，整个民族生活在强加于他们身上的永恒的错误中，他们需要遗忘。塞尔维亚人仍然记得1 500年前罗马人对他们的烧杀抢掠，仿佛就发生在昨天。叶礼庭继续写道：

> 所有国家都依赖于遗忘。要塑造一个团结和认同的神话，让社会忘记其创始的罪行、它隐藏的伤害和分裂、它未疗愈的伤痕。保罗·田立克在《永恒的现在》(*The Eternal Now*)中证实："如果保留太多，忘记太少，人就无法前行。"过去会带着它初始的力量和记忆压倒未来。如果不将过去扔给过去，将现在从负担中解放出来，生命将无法继续。没有这种力量，生活就不会有未来，它会被过去所奴役。

有很多作为特使、调解者或者谈判者而行动的人。或许他们现在是世界上最重要的角色之一。他们有些是社会治疗师和精神创伤修复者。他们把自己放在会带来历史突破口的地区，例如阿富汗、以色列、巴勒斯坦或者津巴布韦。通过对人们的苦难和潜力的尊重，他们让未来得以诞生，过去被宽恕了，旧的伤口被治愈和埋葬了。

在废除种族隔离制度后，为了帮助南非康复，真相与和解委员会建立了类似法庭的机构。从1996年到1998年的两年间，他们邀请那些侵犯人权的见证者和受害者陈述自己的经历。过去的施暴者也提供了证词，通常是在受害者面前承认他们的罪行。

在所有听证会结束的时候，委员会主席、大主教德斯蒙德·图图

（Archbishop Desmond Tutu）在最后的报告中说：

>在目睹了过去的兽性、询问和接受了宽恕、做出了改正之后，请让我们关上过去的门——不是为了遗忘，而是不再让它们来监禁我们。让我们走进一个人们所向往的新型社会的未来，在那里，人之所以重要，跟人种的生物性什么的没有任何关系，而是因为他们是具有无限价值的人。

在澳大利亚，政府 2008 年答应了一个来自澳大利亚社会各界人士的请求，为原住民以前所遭受的虐待进行正式道歉。在总理陆克文（Kevin Rudd）题为"对不起"的演讲中，他说：

>对于我们国家来说，这个教训是清楚的：去解决澳大利亚历史上最黑暗的一个篇章。这么做的时候，我们不仅仅是与事实、证据和充满争议的公众辩论相抗衡。我们这样做，是在与我们的灵魂搏斗。不像一些人争论的，这并不是历史上的黑色臂章，它就是真相：寒冷的、需要面对的、不舒服的真相——面对它，解决它，然后继续前行。除非我们坦然面对它，否则一直会有一道阴影伴随着我们和我们的未来，我们无法完全统一和完全和解。现在是时候调解了。是时候认识到过去的不公平了。是时候说对不起了。是时候一起前进了。

这些事一样也会发生在我们的个人生活中。只有当人们找到办法脱离以前发生的某些事，那些让他们委屈、受责怪或者郁闷的事，那些在生命之河游弋时变成负累的事，在肯定的光芒下，重新设想一个人的人生才是有可能的。用休·麦克伦南（Hugh McLennan）在《注视着黑夜的结束》(*The Watch That Ends the Night*) 中的方式来说就是：

是黑暗，也是光明

是否定，也是肯定

是愤恨，也是热爱

是恐惧，也是勇气

是失败，也是成功

但是，如果需要接受以前的什么东西，真正的问题似乎应该是："未来需要我们从过去汲取什么？"很明显，当我们理解到未来需要改变时，这种汲取也在改变。

前加拿大总督庄美楷（Michaëlle Jean）出生于海地。2010年，海地发生了可怕的地震，造成无数人死亡，90万人流离失所。两个月后，她出访了这个国家。她收起眼泪，对海地人民恳求道："哀悼是一回事，但我们现在最需要的是战胜毁坏。"庄美楷还要求妇女们记住她们在海地社会的重要角色：

> 完全取决于你们，女人们！你们是重建的支柱，就像一直以来一样，通过你们的强韧，通过你们不灭的信念，通过你们面对所有逆境时坚定不移的希望。

这就是我们所说的尊重过去。现在是被给予的，我们就生活在现在，而生命则永远扎根于未来。我们总是在动态的无限循环中旋转，这就是生活在历史中的意义。

人类改变历史

很明显，历史不仅仅是"发生在我们身上的事"。我们的个人历史，与大的历史一样，都是主动的和被动的。历史发生在我们身上，我们也身处历史之中。电影《风起云涌》(Primary Colors)中说:"历史就是我们所关心的,除此之外还有什么呢?"历史是一项人类发明。它不是漂浮在卷轴上的,它是被人类意志持续创造的。对于"世界是以我的意志为转移的吗?"这个问题,有经验的人会回答"是的"。未来是建立在人们的决定之上的,它也会在任一时刻被人们的选择所改变。

日本故事"织田信长武士"就说明了这一点。有一次,信长武士决定发动对敌人的战争,虽然他只有敌人十分之一的兵力。他知道他会赢,但战士们不这么想。在前进的路上,他在一个神社前停了下来,对战士们说:"在我参观神社之后,我会扔一枚硬币。如果面朝上,我们就会赢;如果背朝上,我们会输。命运掌握在我们手中。"信长走进神社,虔诚地祈祷了一会儿,然后走到队伍前面,抛起一枚硬币。落地时,硬币的面朝上。战士们欢呼着,渴望着去战斗,去赢!"没有人能改变命运之手。"他的侍从在战后跟他说。"确实没有。"他回答道,给他的侍从展示了那枚硬币,两面都是正面。

珍妮特在美国总统奥巴马选举后分享了自己的反思。这位美国第一位黑人总统在选举胜利后发表了演说:"如果还有人怀疑美国是一个凡事皆有可能的地方,还有人仍然想知道我们的建国者们的梦想在今天是否还存在,还有人仍在质疑民主的力量,今天就是对你们的回答。"

那天,芝加哥格兰特公园里的几乎所有人都哭了。我从人们的脸上感觉到,过往的创伤开始愈合了。我几乎瞥见新的认同和故事正在浮现——对名人和当地的民众来说都是这样。甚至孩子们也爬上了历史的舞台。在美国,他们可以大声对父母说他们喜欢奥巴马;在日本高山市,当那里的孩子在一个国际访问团里看到非洲人面孔时,大叫着"奥巴马,奥巴马"。每个人都笑了,那个年轻的非洲人看起来好像突然长高了几厘米。

当埃及总统穆巴拉克在掌权 30 年之后继续连任时，我们看到了埃及历史的改变。几周内，在开罗的解放者广场，年轻人聚在一起歌唱着，哭泣着，呼喊着"不要穆巴拉克"，各行各业的人都来加入他们。他们的非暴力运动团结一致，把穆巴拉克赶下了台。前民主活动家迪娜·马吉迪（Dina Magdi）在解放者广场告诉半岛电视台：

> 这一刻我等了很久，成年后我所有的人生都致力于此，就是为了看到人民的力量聚集在一起，发出自己的声音。这一刻不只是赶走了穆巴拉克，这一刻标志着这个世界上没有任何一个人能压制人民的声音，这是人民的力量……我非常自豪。

加拿大摇滚乐队"急行"在他们的专辑《永久的海浪》（*Permanent Waves*）中唱过一首歌，叫作《自由意志》（*Free Will*），其中有一句歌词写道："即使你选择不做决定，你仍然做出了选择。"我们每时每刻都在面对我们的决定所带来的后果。如果我们能将所有这些决定组织成模式，我们可能会发现我们作为个人所代表的东西。历史就是被人类决定的力量所创造的，是男人和女人站起来用生命宣告："历史会这样进行！谁说的？我们说的！"

登上历史的舞台

所有的历史都包括了已完成的和还未发生的之间的斗争。在每个时代，我们都必须辨别，哪些被珍视的价值观要持续到未来，哪些阻碍了人们实现梦想和满足对积极改变的需求。所以，历史不仅仅是一本书，它还是一个舞台。在这个舞台上，人们可以扮演角色，做出决定。我们可以成为身怀愿景的人，在文明进程中创造一个前瞻性的运动，做一些改变世界的事情。在近代历史中，我们可以看到很多无权无势的人登上历史舞台，呼吁着改变。有人代表着奴隶解放，团结了北美黑人移民和非洲黑人。有人代表了中东的民主、妇女权利、同性恋权利、可持续发展的环境或者更加全面的教育。

在一些特别的时刻，在看到不人道或不公平的事之后，有些人决定说"不"。他们开始让球滚向更加人道和公平的方向。我母亲曾经在我还是小孩子的时候坐在我身边给我讲述了我父亲的故事：

> 你父亲曾经是悉尼扶轮会的主席，作为代表参加了东京国际扶轮会大会。1928年，他邀请我与他一起登上丘纳游轮。在离东京还有三天航程的时候，船上举行了一次盛大的宴会。所有乘客都被邀请了，有很多澳大利亚人和英国人，也有日本人和其他亚洲国家的人。当乐队开始演奏第一支舞曲时，鲍勃·斯坦福尔德（Bob Stanfield）注意到一个奇怪的现象：所有的亚洲人都在舞厅的一边跳舞，所有的白人都在另一边。当他往更远的地方看时，他看到地板上有一条带子将舞厅分成了两半。他转向我，对我说："格蕾丝，你看到发生了什么事吗？把你的剪刀给我！"（作为裁缝，我总是在皮包里放一把剪刀。）我知道他想做什么，便对他说："鲍勃，别那么鲁莽。""鲁莽？！"他回答道，"我现在就要制止这种不讲理的事！"我猜他当时肯定想到了扶轮人要主张公平，促进善意和更多的友谊产生，但目前的这种安排显然不是这样的。他走到带子中间，等到足够多的目光落在他身上时，他剪断了带子，把剪刀还给我，然后跨过带子邀请了一位日本女士跳舞。人们认同了他的想法，有一些人也跨过了那条线，舞厅里没有再分这边和那边。

祖好·苏丹是一名伊拉克女孩。美国人侵了她的祖国，紧接着内战发生了。2009年，这位17岁的伊拉克钢琴家竞选组建了伊拉克第一支国家青年交响乐团。苏丹相信交响乐可以把不同种族和信仰的年轻人带到一起。她想给年轻的伊拉克人一个声音,让他们对国家保持乐观的期望。她解释说:"我意识到我无法抹去战争的经历和争议所带来的创伤,但我能做的是把希望带回到人们的生活中。"2010年,苏丹站在北伊拉克的临时音乐厅的侧翼,看着年轻的音乐家们为他们第一次公演做最后的彩排。她说:"我激动得哭了,这一刻太感人了。他们在经历过那么多痛苦之后所取得的进步是不可思议的。我好高兴。"

苏丹有充分的理由感到骄傲。几乎凭着单打独斗,她把世界领先的文化机构的专业音乐家们聚在一起,再加上33个伊拉克的年轻人,组成了伊拉克国家青年交响乐团(NYOI)。巴格达的年轻人从英国议会筹集了资金,甚至说服了伊拉克的副总理进行捐助。

新斯科舍省的达特茅斯有个黑人文化中心。我曾经参观过那里,因而知道了维奥拉·德斯蒙德。她是一个成功的哈利法克斯商业女强人。1946年年末,她去悉尼和新斯科舍省谈生意。车子在新格拉斯哥市坏掉了,她不得不在那里停留了一夜。当时她决定去罗斯兰剧院看个午夜场电影。没有人告诉她关于座位有个不成文的规定,所以她坐在了楼下白人区,而不是楼上的黑人区。剧场经理过来要求她到楼上去,她拒绝了,因为她的座位离屏幕更近,她可以看得更清楚。为了待在这个座位上,她愿意多付10美分。但最后她被强制带到了警察局。在拖拽的过程中,她的衣服被撕坏了,嘴唇也受了伤。她被判欺骗新斯科舍省政府而支付了一美分的娱乐税罚款。她决定奋起抗争后又被投入了监狱。黑人社区因此团结起来,为她建立了一个辩护基金,新成立的新斯科舍省有色人种进步组织(NSAACP)也加入了进来。她的被捕让加拿大吉姆·克劳法引起了广泛关注。即使她为此付出了巨大的个人代价,她仍然坚持她的观点:"如果你听任别人主宰你能做什么、不能做什么,你的梦想永远不会实现。"

有时事情看起来让人无能为力。这个时候,你要记得蝴蝶效应,任何一个小的变化都会引起巨大的改变。蝴蝶效应之所以会发生,是因为敏感性依赖于初始条件,在一个没有边界的体系中,一个小小的改变都会在后来引发巨大的不同。爱德华·洛伦茨（Edward Lorenz）提出了混沌理论，这个理论谈到，飓风是否形成取决于数周前遥远的蝴蝶是否扇动了翅膀。蝴蝶并没有直接导致飓风，但是它创造出了形成飓风所需要的条件。即使我们完全不会预知我们的行动所导致的后果，所有人仍然具备影响历史的力量。

持续的工作

文明会一直被摧毁，也总是被普通人用他们自己的方式进行重建。《阿德莱德喷泉通讯》（*Adelaide Fountain Newsletter*）曾经刊登了一个故事：

> 1992年内战时刻的萨拉热窝，煽动者在属于不同宗教和种族的团体中煽起了仇恨的怒火。每个人都变成了另一个人的敌人。很多人被打残。很多人被杀死。其他没有死的人像动物一样生活在城市的废墟中。
>
> 只有一个中年男人例外。他叫韦德兰·斯梅洛维奇（Vedran Smailovic），萨拉热窝歌剧院交响乐团的大提琴演奏家。每一天，他都会穿着正式的黑色晚礼服，走到街角的一家面包店门前。那里最近有22个排队买面包的人死于迫击炮轰炸。他坐在街道中间一把饱受炮火洗礼的椅子上，冒着被狙击手和炮火袭击的风险，演奏了整整22天。他演奏的曲目是阿尔比诺尼（Albinoni）的《G小调柔板》(*Adagio in G minor*)。实际上，这首音乐作品不是这位巴洛克作曲家最有价值的作品。它是由音乐家雷莫·贾佐托（Remo Giazotto）根据在第二次世界大战后从德累斯顿废墟中发现的一段手稿整理的。
>
> 这段原始的手稿在炮火中被保存了下来。可能这就是为什么韦

德兰会在萨拉热窝伤痕累累的街头演奏这段音乐。他的音乐比恨更加有力量,他的勇气比恐惧更加强大。其他音乐家被他的精神所激励,他们坐到他的身边一起演奏。任何一个会演奏乐器和唱歌的人都在城市的任何一条街道、任何一个位置开始演出。战斗停止了。

韦德兰演奏的地方已经成为一个非正式的圣地,一个让克罗地亚人、塞尔维亚人、穆斯林和基督徒都感到荣耀之处。人们在他演奏的地点献上鲜花,纪念那些永不磨灭的希望——某一天,以某种方式,伟大的人性总会取得胜利。

西雅图的一个艺术家在《纽约时报》读到了韦德兰的故事。她组织了 22 位大提琴手,在西雅图的 22 个公共场所演奏了 22 天。最后一天,所有人聚在一起演奏。他们站在一家商店的橱窗前,橱窗里摆放了烧焦的面包、22 个面包饼和 22 支玫瑰。

人们都来了。新闻记者和电视台的摄像机都在现场。故事和照片迅速传遍了全世界,传到了韦德兰那里,这样他会知道他的音乐被听到了。其他城市的人都开始向和平致敬。

历史和文明依赖于那些永不言败的人。尼科斯·卡赞扎基斯把那些献出自己生命的人所建造起的文明长线叫作"深红线"。无论他们出现在哪里,他们都为人类的未来编织、旋转和建造。卡赞扎基斯说他听到了来自过去的声音,那些曾经代表文明历程去战斗的声音。他说那些声音在告诉我们:"完成我们的工作!完成我们的工作!"

ICA 的一名工作人员把卡赞扎斯基的话当作歌词填进了约翰尼·卡什(Johnny Cash)的乡村歌曲《一往无前》(*I Walk the Line*)中:

我们与人类是一个整体,
所有的人是,将会是,并且永远是。
"你不能死,"死者在哭泣,

"完成我们的工作！完成我们的工作！"
我们选择去倾听历史的呐喊，
来自那些承担责任的先锋，
那些为他们没有看到的世界斗争的人，
"完成我们的工作！完成我们的工作！"

历史在我们日常生活中的重要性

邓肯·福尔摩斯曾经对自己的经历进行过反思，他认为尊重团队和个人的历史可以赋予人们新的能量：

在我共同工作过的团队里，历史都是个人的，通常没有团队历史或者故事。所有的都是个人的故事。历史线（或者叫作故事线，一种引导方法）帮助整个团队理解，是什么样的能量和努力将组织或者团队带到了现在这个时刻。当开始讲述团队的历史或者故事时，人们就可以放下过去走向未来了。如果"我的故事"或者"我的历史"不是团队的一部分，那么个人是无法前进的，有时甚至是"我"自己阻挡了团队的前行。

对于个人来说也是一样的。当我们通过遗忘（有意的或者无意的）排除我们自己的一部分故事或者历史时，我们就会失去我们故事的一部分、我们能量的一部分和我们激情的一部分。只有当我们认可所有时，我们才可以自由地走向未来。

有一些特定事件常常会成为我们历史的污点，那些事件往往会对我们的故事产生过于重大的影响。当我们与爱人分手时，我们会觉得决定我们关系的整个故事都毁灭了。其实，当我结束一段六个月的关系时，我意识到，其实我拥有的是 25 周的激动和快乐以及 1 周的痛苦。我必须回答一个问题："我想让这 1 周的痛苦淹没和抹掉 25 周的快乐吗？"我决定不那么做。后来当我谈论这段关系时，我谈论的总是 25 周和 1 周，它们都是整个故事的一部分。

同样，曾经有个朋友对她的工作极度不满。她因别人都得到晋升而感到郁闷。她停下来，回顾了一下这份工作。她意识到她曾经设立了一个目标，她目前完成得很好，现在是时候离开了。她从这个角度准备了辞职信，而不是郁闷的那个角度。她得到了一份给力的推荐信，帮助她找到了下一份工作。

在我父母结婚 60 周年庆典的两个月前，他们发生了一次激烈的争吵，谁都不愿意跟对方讲话。这是他们很久以来的第一次争吵。在准备他们的庆典时，我做了一本相册，里面是关于他们的出生、相遇、一起去过的地方，还有他们的孩子和孙子孙女的相片。我还为相册编了一个故事。在庆典后的一周，我接到了弟媳的电话。她告诉我父母又重新开始说话了。她说她所知道的唯一原因是他们坐下来一起看了相册，意识到他们的共同生活比争论重要多了。

今天，媒体趋向于由他们来创造我们的故事，以便让我们理解他们想创造的历史。我们能够记住的是他们报道过的和他们强调过的。那些媒体只为政客和某些人服务。他们能给我们的远远小于整个故事。我们被告知的历史往往是大写"H"的历史——那些胜利者的历史。现在的世界正在发生变化。不同团体通过书籍和网络展现了他们的故事。大写"H"的历史正在被重写。在加拿大，关于第二次世界大战的历史现在承认了政府曾经对不同文化的人进行了囚禁，这在某些年代是不可言说的。原住民的历史也在随着时代的进步而改变，更多的观点正在被听到。

当然，我们知道，很多为生活带来变化的人被遗忘了。就像庄美楷提醒我们的，在海地，全球范围内的妇女共同努力创建了中立区，在那里，孩子们可以远离贫穷、虐待、离散和战争。很少有人意识到这一点，但联合国和许多发展组织知道，妇女的参与对可持续发展至关重要。尽管只有极少数登上历史舞台的女士会被记得或者被历史所记录，其他绝大多数都消失了，消失在幕后或者名不见经传，但其实，未来是因为有了她们才变得不同。

我们该怎么总结这种对历史的参与呢？基本上，自觉地生活在历史舞台上包括了几个假设：

☆ 我们都参与了过去、现在和未来——每时每刻我们都在做着重要的决定。

☆ 我们个人的历史基于我们个人的决定而创造。这也包括那些造成我们生命回转的划时代事件，在这些事件的光芒下，我们书写了自己的历史，我们生活在我们精彩的故事中。

☆ 我们尊重过去，寻找着过去的智慧结晶，但我们总是生活在当下。从这个角度来说，我们远离过去——放下过去，欢迎未来，回应未来带来的问题。

☆ 用这种方式，我们自由地登上历史舞台，制造影响，改变我们的世界。

☆ 未来的挑战是不可避免的。无论我们决定做或者不做，都会对未来造成影响，也包括负面的影响。引用埃德蒙·博克（Edmund Burk）的话说："邪恶的胜利只需要好人什么事都不做。"

领导力挑战

作为领导者，其挑战部分在于我们决定以何种方式来创造历史——因为无论我们怎么做，甚至什么都不做，都会从一个或多个角度影响事件的发生。

另一个领导力挑战在于记住宏观看待历史的力量，用那些历史故事形成自己的观点。当我们谈论历史时，无论是我们的生活、家庭、组织、社会、国家或者世界的故事，我们都要尊重所有把我们带到此刻的事情。广泛的、全面的故事包括了我们自己的故事和整个团队的故事。当一个人在讲述自己的故事时，故事中的人就会释放他们的能量去创造历史的另一个篇章。他们会因为被尊重而又一次改变历史。一个领导者在叙事时，如果没有将整个团队考虑进去，他的视角就会变得狭窄。

下一章，我们将会检验一条道德标准：在义务和自由的张力中做出负责任的决定。

○ 练习 1

☆ 个人事件时间线工作表 ☆

列出你自己生命中的五个关键事件，放在以下时间线上，从你出生时开始。

出生　　　　　　　　　　　　　　　　　　　　现在
_____

从这条时间线上选择一件事，当你现在回想时，它是你生命中的划时代事件——一个改变你故事的决定。

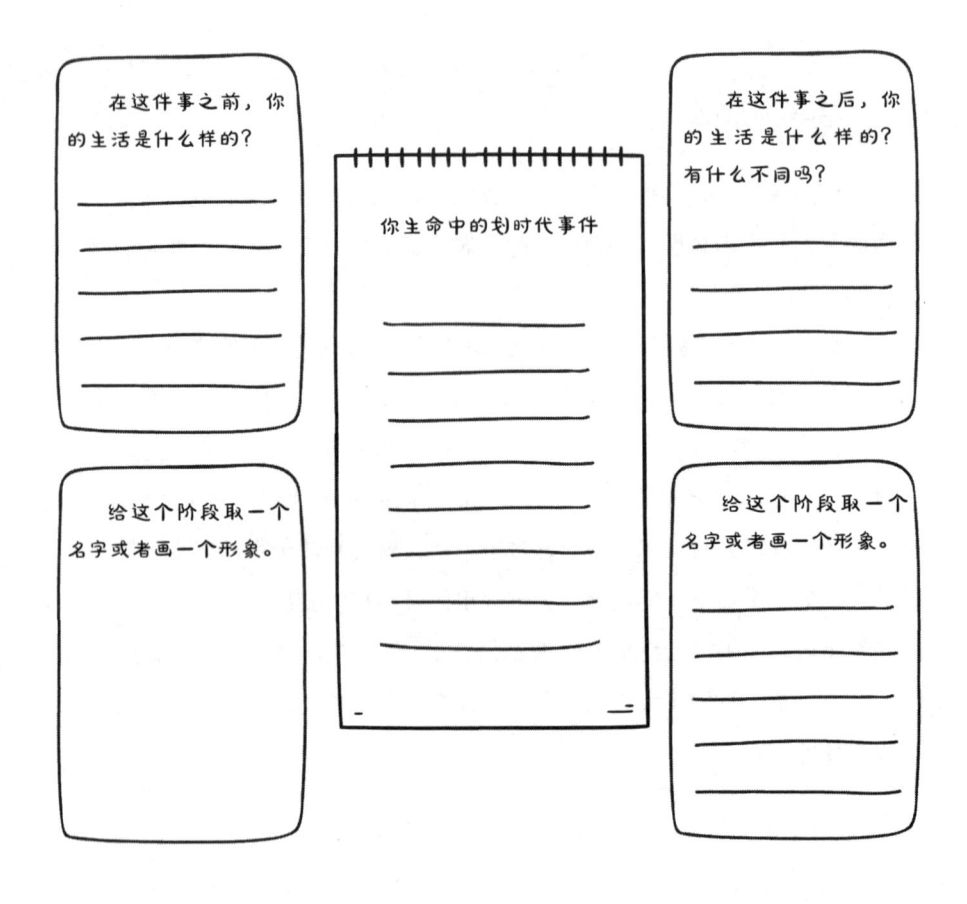

在这件事之前,你的生活是什么样的?

你生命中的划时代事件

在这件事之后,你的生活是什么样的?有什么不同吗?

给这个阶段取一个名字或者画一个形象。

给这个阶段取一个名字或者画一个形象。

○练习2

☆ 国家或全球时间线工作表 ☆

列出你的国家或者世界中的四五个关键事件,放在以下时间线上。

出生　　　　　　　　　　　　　　　　　　　现在

从这条时间线上选择一件事,当你现在回想时,它是你的国家或者世界的划时代事件——一个决定性的时刻。

147

在这件事之前，你的生活是什么样的？

国家或世界的划时代事件

在这件事之后，你的生活是什么样的？有什么不同吗？

给这个阶段取一个名字或者画一个形象。

给这个阶段取一个名字或者画一个形象。

第六章
广泛性责任

做 出 符 合 道 德 标 准 的 决 定

> 在责任中，服从和自由都实现了。
> ——潘霍华牧师（Dietrich Bonhoeffer）

将你的生命完全掌握在自己手中，然后会发生什么呢？最糟糕的事情是：你无法责备任何人了。
——埃里卡·钟（Erica Jong）

我从来不觉得我在受苦。我所做的事都是我自己选择的。我的儿子因为我的选择受苦了，但我为自己的选择负责。
——昂山素季（Aung San Suu Kyi）

道德隐喻

有一天，我沿着加拿大多伦多的丹佛斯大街散步，脑子里想着自己的事。这时，一个非常消瘦、蓬头垢面的人向我走过来讨要零钱。"哦！"我叫出声来，"这是今天第三个乞丐了！"虽然当年我在孟买居住时每天都能遇到乞丐，但还是没有办法习惯他们的存在。看起来每天我都会面临满足别人需求的问题。我该怎么做？我当然可以就按他的要求去做——给他钱。我也可以告诉他去找个工作，或者给他上一小堂课来教育他如何自立。我还可以帮他找一些可以帮助他的地方。最简单的是我什么都不做，忽略他，直接走开。我曾经试过所有这些方法来应对乞丐。我也问过其他人是怎么做的，他们的做法都基于他们的价值观。每个人的做法都不一样，好像只有一次我们出现过一致的做法。

我们新的道德隐喻

今天，我们中的很多人都觉得需要去调整、发展甚至重塑我们的道德体系。我们现在的那些道德标准，比如法律、人类的发明等等，都是相对的惯例。目前我们面临的是复杂的挑战，比简单地决定对与错更加复杂。在通常情况下，我们需要在对与对、错与错之间做出决定。就像加缪说的，在我们这个时代，我们清楚地知道，呼吁干净的双手、无辜和纯洁是在逃避现实生活。那些渴望道德纯洁的人可能会发现，他们必须痛苦地承认：世界上没有一双干净的手。事实上，我们现在的世界正在使用着不同的道德标准。我们往往还要面对没有规则的情况。我们只能靠自己的批判性智慧来决定真正需要做什么。今天，我们不会再问什么是对的，而会问什么是负责任的；不会说什么是好的或者坏的，而会说什么是合适或者恰当的。我们不论事情诚实、纯洁与否，只论是否必要。

不久前，我接到一个艰巨的任务。有一个同事的酗酒问题越来越严重，我被要求观察他参加酗酒复原项目的过程。当他回家后，我要陪他参加一系列匿名戒酒会，还要经常去看他，保证他按时服药。他年龄比我大，经验也比我丰富。我感到非常尴尬，因为我必须像对待孩子一样对待他。他也把我的出现看成一条看家犬在监视他。我感到很不舒服。我能感到我的自由主义倾向对他产生了无限的同情。我不想问他那些让他很难回答的问题。我只想做他的朋友——一个很好的、友善的、正常的朋友。

　　最后，我去见了我的主管，对他说："你知道这个任务迄今为止带给了我多少痛苦吗？"他回答道："看看，我就知道不容易。你想做他的朋友，对吗？你现在必须决定你是想做一个很好的人，还是想做一些必要的事情，把那个人从混乱中拉出来，让他恢复对他来说最好的生活？"

　　就这样，在第二个月，我每天都去拜访他，问他问题："好吧，杰克，你吃了药没有？"如果他没吃，我会坚持让他把药吃了，同时承受着他的怨恨。如果有人问我为什么可以经历这些与我本性完全相反的事情，我能说的就是："这是必须做的。"我感觉不到什么美德，我看起来就像一个混蛋。但我知道有些人在这样的环境下就是需要背负这些，为了杰克的未来，为了他家庭的未来，为了发挥他巨大的潜力。我的旧价值观——"做个好人""具有同情心"和"做一个好朋友"——都不能在这时帮到他。

　　当我们询问什么是必要的，而非什么是对错的时候，我们是在挑战道德标准。当我们询问历史需要我们做什么，或者社会和人类的需求是什么的时候，我们进入了一个不同的道德空间。在这个空间里，我们是这样考虑事情的：我需要去接孩子，还是再花点时间帮助他发展更多的独立性？一杯苏格兰威士忌会帮助我还是阻碍我完成我要做的事情？历史需要完全的诚实还是可以有一点点白色的谎言？我是否应该接受这份我不喜欢的工作，这样就可以偿还父母给我的高额学生贷款，还是应该接受那份我很热爱但工资低很多的工作？我是一名素食主义者，考虑到运输的环境成本以及世界其他地方的生产条件,所以我是否可以负担得起将有机食物和当地的食物纳入我的食物选择范围?如果负担不起,我还能否坚持成为素食主义者?以上这些问题揭示了责任伦理存在的广泛环境。

责任伦理

责任伦理意味着在历史和世界的全面背景下做出决定。当我试着理解这个概念时,潘霍华牧师的《伦理学》(*Ethics*)帮助了我。潘霍华牧师生于1906年,在两次世界大战之间,他在德国的普世运动中扮演了重要的角色。从1935年开始,他负责了一个非正式的神学院,这个神学院后来被判为非法。在他的教堂活动被纳粹禁止之后,他于1939年去了美国。之后他经历了一个痛苦的决定过程,思考是否留在美国这个避难所。最后,他还是决定在第二次世界大战爆发前返回德国,因为他感到他的人民需要他。

我想潘霍华牧师对如何做决定有深刻的了解,因为他在希特勒统治下的德国面临着那么多困难的处境。他应该去参军吗?他没有参军,精神领袖在任何时刻都可以证明使用暴力是不合理的。他应该离开德国吗?他离开了,在美国教学一年。离开德国后,他应该回去吗?回去后,他应该穿越封锁线,密谋反抗希特勒吗?他这样做了。他是否参与了暗杀行动?他也这样做了。我发现我非常信任这位信念明确并且愿意为这个信念而死的作家。

潘霍华牧师的书帮助我们理解,在同一个世界中,责任包含了义务和权利、服从和自由。在需要他高度负责的处境里,他不仅仅向我们展示了如何基于一个宏观背景做决定,而且显示了如何在自由和混沌中这样做,同时承担其后果。在自由和义务中间总是存在着一种张力。潘霍华牧师提醒我们,这种张力是被责任感控制的。在下图中,一根橡皮筋将义务和自由连在了一起。我们把橡皮筋拉得越紧,承担责任的可能性就越大。

```
      义务  ←——————  责任  ——————→  自由
```

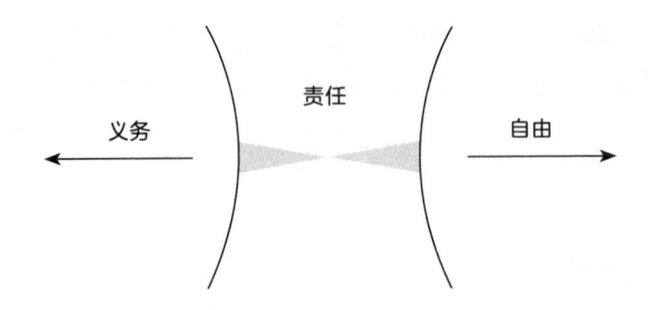

目前有一种趋势认为我们的义务就是责任（你会发现，这些术语有时可以交换使用）。生命教练经常谈到你总会面临选择。当你考虑自由时，你就是将自己置于一个选择的位置。在我们弄明白"责任"这个概念之前，我们需要弄明白义务和自由的本质。当然，这样的理解顺序有一定的危险性。重要的是记住无限的义务与无限的自由会产生对话。

义　务

义务是其他人对你的期望和需要。我的家庭、朋友、工作、社区或者国家期望和要求我做什么呢？我需要对这些人和组织做出什么承诺？地球的生物和生态系统要求我做什么？我被期望遵守什么样的宗旨、价值观或者法律？

作为人，我们有义务。其他的人和组织对我们不断提出要求，无论是政府要求的税收、哭泣的孩子要求的安慰、朋友要求的倾听的耳朵，还是主管要求的完成任务。各种情况下我们都被期望着，有义务去回应。我们的义务总是比我们希望做到的多得多。认识到义务的存在太容易了，最简单的就是我们对父母、孩子和工作的义务。但我们常常很难意识到自己更大的义务。这就提出了一个问题：我们到底有多少义务？

我们都知道，作为一名员工，我们对我们的工作承担义务，否则我们很可能会被炒鱿鱼。那么，我们的同事跟我们有关系吗？潘霍华牧师的答案是肯定的，我们自己的内心也说"是的"。我们都知道老板对所有的公司营运负责。我们呢？毋庸置疑，我们需要对领工资的这部分工作内容负责。那么我们与老板之间的关系应该是什么样的呢？潘霍华牧师说过，有很多时候，我们也需要关心老板。那我们需要经常关心同事吗？我们需要对组织的发展承担义务吗？关于我们居住的社区，我们对其承担义务吗？是的，这都是我们的义务。对区域和国家呢？当然也是。对巴西、刚果、海洋呢？答案仍然是：是的！在线聊天给了我们新的建立联系的渠道，同时也提出了要求。问题永远是："我们意识到的义务到底有多少？"潘霍华牧师强调，除非我们百分之百地承担义务，否则我们不能说承担了自己的责任。

一听到这些词，我们的压力就会迅速上升。现在，我注视着家里的书桌，那里有三个不同的健康组织寄来的基金申请；一封电子邮件希望我资助一名年轻的女孩子去坦桑尼亚做义工；另外一份电子邮件邀请我去参加会议；来自波斯尼亚的一名引导师正在等我的合同；我上了年纪的岳母需要我带她去看医生；住在18楼的老人家希望我帮他搬家；家里的猫需要去动物防疫站打针了；每天晚上我看新闻的时候，都可以看到地震、海啸、摧毁社区的火灾，听到阿富汗又发现了爆炸装置；在工作方面，我还有5 000字的文章要写，而周五是最后期限。

这就是我面临的全面的义务，看起来都是具体的事。挑战之处不是我需要回应所有义务，而是我需要在这么多不同的事情中承担义务。我可以面对它们，也可以躲起来。事实上，我们不可能完成所有的义务，因而我们会经常在承担某些义务的过程中犯错。这就是为什么我们需要做出选择、承担结果。实际上，面临的义务永远要比我们能处理的多。我现在还记得这种情况第一次发生在我身上时的情景。

那时，我们家刚刚关掉了旅馆。我们有一个码头和一艘开放式的18英尺长的快艇，我驾驶得相当好。一个当地商人开通了悉尼到小镇的第一条航线，运行的是第二次世界大战期间的桑德兰飞船。这种飞船需要降落在一条笔直的河段上。按照约定，他使用我家的码头作为终点站。在约好的一天，桑德兰飞船安全降落在河中间，下了锚。按道理，旅客和行李需要运到岸边，但关于这个部分合同签得不是很清楚。我父亲对我说："布莱恩，你最好开着快艇去把行李拖过来。"我想说："这不在我的能力范围内。"但我还是把快艇开到了飞船旁边。我的两个双胞胎姐姐跟我一起来了，满心期待，因为为了推销航线，飞船机翼上会举办一场泳衣时装秀。我和领航员对视了一下，他看着身高137厘米的我，怀疑地说："你是来拖行李的吗？别开玩笑了！好吧，准备装行李。"

我们尽可能地把船装满。那时我开始害怕了。一阵大风刮来，河上起了大浪。我的船装得满满的，行李离船舷只有3英寸。接着，又有四个人坐上了船。现在水已经开始漫过船舷了。我突然意识到，船、行李、旅客甚至这条航线的未来，现在就掌握在我手中了。船有可能在几分钟后沉没，旅客和行李都会漂在河面上！

好吧！我慢慢地发动了引擎，擦着浪花的边缘进入河流，一点一点靠近岸边。我的两个姐姐深深地被泳衣秀所吸引，完全没有意识到危险和我经历的一切。我穿过波浪，把船停到了岸边，把所有东西卸了下来。没有翻船，没有丢行李，没有乘客落水，没有毁了航线。在那个时间，我背负了整个世界和那条航线的未来。那一天，我体会到了单打独斗的感觉。

我是想逃避义务的，但那天的经历让我看到义务无处不在。对世界上各种各样的需求说一句"不关我的事"很容易，但事实上，那都是你的事。它就在那里，完全的、整体的。任何分裂它的企图都会失败。

在这么多义务之下，有没有时间留给我们自己做些决定呢？现在让我们进入人类对自由的渴望。

自　由

自由是我想要做的——我渴望去做、去成为和去思考。当我出于我的直觉、渴望和激情做事时，我就是在体验自由。当我敢于直视自己的内心时，我发现了自己的独一无二。第二次世界大战期间，我岳父在一块木头上刻下一句话,放在壁炉旁边。它诠释了他内心对自由的呐喊:"他可以自由地决定如何生活。"

作为一个人,我们发现处处有义务。但我们也可以发现自由。(我好像听到长舒一口气的声音。)我们可以自由地做出我们自己的决定;我们不会被过去所捆绑。我们无须按照以前的方式去完成一件事,只因为"以前总是这样做的"。我们不会被别人的期望所捆绑。在我们这个年纪,我们可以不用请求别人的允许而去做我们自己的决定。我们敢于承担风险。我们敢于行动。当我们被要求去完成某些事情时,我们可以问为什么。当旧的法律不再合适时,我们可以制定新的来替代它。

2010年,昂山素季从长达七年的家庭监禁中被释放出来。BBC记者约翰·辛普森问她:"走出这堵监禁的墙是什么感受?"她的回答值得铭记:"我知道人们可能不会相信,但我总是感到我是自由的。被关在自己家里并没有让我感到被限制。我有书、音乐和BBC。我依赖着我内心的源泉。我从来没有感觉到我是不自由的。"

辛普森接着询问她经受的苦难。她的回答是:"我从来不觉得我在受苦。我所做的事都是我自己选择的。我的儿子因为我的选择受苦了,但我为自己的选择负责。"

然后,她谈到监禁她的军事政府:"我没有诅咒他们。无论我有什么样的影响力,我都会保护他们的权力,就像保护我自己的权力一样。他们正义的权力与我正义的权力一样强大。我希望军队可以提升他们的专业程度。我希望军队可以主动成为把民主带到缅甸的英雄。为什么不呢?"

她冷静的陈述为我们展示了自由的力量——不恐惧,自我选择。这种对自由的理解可以让我们百分之百做不可复制的自我,做我们自己的决定,使我们不被其他人给我们的定义所限。它给了我们按照自己的意愿去创造生活的自由，自由地按照我们的决定去运用我们的时间和资源。

自由总是意识到，要抓住和运用某些东西。没有它，我们就会被其他人的道德所操纵。自由意味着我们建立了自己的道德体系，扮演了任何需要的角色。加缪提醒我们，我们可以扮演爱人的角色。我们可以决定去爱任何境况。作为老师，我们可以通过我们优秀的教学来爱那些孩子。我们可以成为一名演员，扮演任何需要的角色——需要幽默时扮演小丑，在混乱的环境中扮演组织者，或者有伤痕需要愈合时扮演一个具有同理心的倾听者。

感受自由就像吃了令人兴奋的药物——令人振奋，充满风险。它就像高台跳水或者提速到120迈①驾驶。另一种描述是我们像是生活在深渊之上。多伦多的电视塔高1 000英尺，在塔顶上有一部分地板是用6英寸厚的玻璃制成的。指示牌写明了走在地板上是安全的，地板的坚固度可以信任。有趣的是观察人们的反应。当我们站到那块地板上时，我们可以看到下面所有的景色，地面在深深的下方，我们就站在虚无之上。有些人不管怎么劝都不敢走上去。然而，很多孩子会立刻在上面蹦蹦跳跳。

很多人会拒绝生活在宽敞的自由空间，而宁愿生活在赫尔曼·黑塞（Hermann Hesse）所说的"可靠的铁轨"上。因为那是肯定的、确定的和安全的。我们可以在玛格丽特·劳伦斯（Margaret Lawrence）的小说《天使不流泪》（The Stone Angel）里看到这条铁轨的极端特征。故事里的主角夏甲将要走到生命的尽头。在反思她的一生时，她说："我躺在这里，试着回想我在90年人生里做的真正自由的事。我只能想到两件事，都是最近发生的。一件是一个玩笑……另外一件是一个谎言。"

在电影《假日》（Holiday）里，艾利丝被男朋友抛弃了，之后她与阿瑟斯聊天。阿瑟斯是一个退休的电影剧本作者。他对她说："艾利

---

① 1迈=1.609公里/小时。

丝，电影里通常会有女主角和最好的朋友。你是女主角，但出于某种原因，你在做最好的朋友要做的事。"艾利丝回答说："你说得太对了！我本来应该做我生活的女主角！看在上帝的份上，阿瑟斯，你太聪明了！聪明而直接！我已经与心理医生谈了三年了，她从来都没解释得这么清楚！"在影片的后半段，艾利丝一直在挣扎于这个意象。最后，她终于像女主角一样过自己的生活了。

责任感

对于责任感的定义可能不是你通常想的那样：

责任感是保持义务（别人对我的需求）和自由（我自己对生活的选择）之间的张力。责任感的核心是一个问题：我觉得什么是必要的？

在义务和自由之间有一个张力——这个张力只是生活结构的一部分。当然，我们不喜欢紧张。我们希望选择非白即黑、一成不变或者直截了当。在义务和自由之间的这个张力是困难的、含混不清的。我们一方面想保持我们的自由，另一方面想尊重我们的义务。在实际生活中，我们该怎么做？我们想寻找一些既能保持这个张力又能提供一些指导的东西。

在阅读了前面关于义务和自由的段落后，你可能在假想，当我们需要做决定时，我们会自动在义务和自由之间做出选择。但下面的这两句话值得你把它当作大标语写下来：

我们的选择不是自由或义务。挑战之处在于，我们所做的每一个决定都要同时承担100%的义务和100%的自由。

没有义务的自由

如果我们打破了义务和自由之间的张力,并且把自由作为我们的主要价值观,我们就遵循了"无忧无虑的天才"的伦理。也就是说,我们的生命之船在随波逐流,没有必要的愿景,只有无止境的自动程序,没有任何做选择的环境。

读大学时,我遇到了一个令人愉快的家伙。他有着很好笑的笑话和无穷无尽的点子。这一周他说他在学极客,下一周又加入了由考古部门赞助的挖掘活动。他告诉我他会去不丹做志愿者,下一周他又投入了对艺术教育的疯狂热爱中,发誓要做出一个陶器。就这样,他一直过着无忧无虑的天才的生活,奇怪的、狂野的、五味杂陈的生活。

没有义务的自由就像被自己的世界所囚禁,总是想着我、我、我。自我变成了有害的、失控的。这就像在一家糖果店吃掉了所有的巧克力而且想要更多;也像是希望得到绝对的权力,永远站在山顶藐视一切,或者做事时好像我的总是比你的好。没有义务的自由会让人经常评判别人,而其实那只是为了保护或者显示自己。

没有自由的义务

另外,如果我们让义务成为我们的主要价值观,我们就让责任大于了一切。我们完成被要求做的事,不是因为它是必要的,而是像阿道夫·艾希曼(Adolf Eichmann)一样,仅仅因为是别人告诉我们的。当年阿道夫·艾希曼被带上法庭,当被问到为什么杀死成千上万的犹太人时,他的回答是:"我仅仅是遵守命令。"

当我们因为要求太高而放弃自由,只是简单地完成别人要求我们做的事时,我们就成了奴隶。我们被监禁在别人的世界里。别人的行动、思想和决定变成了我们的行动、思想和决定。我们对情况做出反应,出于恐惧而行动，很容易变成别人意愿或决定的受害者。唯一的解药就是说"不"。

自由和义务兼顾的责任感

比尔·巴特曼（Bill Bartmann），鹰眼管道服务创始人，在《INC》杂志里描述了他如何看待自己的破产，当时他的公司背负了上千万债务。通常，人们面临这种情况时会申请破产保护或者与债务人达成一个清算协议，债务人可以拿回一部分钱。但巴特曼决定做一个最困难的选择：无论多长时间，偿还他全部的债务。他解释说："只是因为我觉得运用法律去逃避责任本质上是错误的。"

在公司倒闭之后，他足足用了两年半的时间进行债务偿还，而且他全部还清了。他说："商人很容易明白利润和回报的一面，但我觉得他们应该明白的是相反的一面。他们有义务去偿还债务，只要还有任何的资产可以偿还。"商人会有超越法律规定的责任感吗？巴特曼的回答是，是的。即使法律说了可以一笔勾销，但他仍然背负债务。巴特曼觉得他不能躲在任何东西后面去逃避自己的义务，即使是法律规定。当然，这样做的一部分痛苦来源于他看到有的债务人住豪宅、开豪车，但同时利用法律逃避债务，这些人的债权人只能拿回30%的债权，甚至什么都拿不到。做法律规定的事与承担责任是两回事。

巴特曼还说，人都会为自己的行为提供理由，无论是责任为先的人，还是自由为先的人。所以，如果我是责任为先的人，当有人问我为什么今天早晨去遛狗时，我会说："因为这是我的工作，我一直都恪尽职守。"自由为先的人遇到同样的问题时会回答："因为我喜欢这个，我总是做我喜欢的事。"

当你询问一个真正负责任的人为什么她要遛狗时，她的回答会是："这是必要的。狗需要遛，需要有人来做这件事。对我来说，在室外得到一些锻炼也是一件好事。"负责任的人不会为自己辩护，但会为事情的必要性辩护。有人会问，谁说这件事是必要的？好吧，她说是必要的。

我们在尝试平衡生活中的义务时，经常需要做出很多决定。试想一下，每周一晚上我需要给家里做晚饭，在某个周一下午 4:00 的时候，老板想让我留下来完成一份报告。两个义务在这时冲突了。老板在等我的回复。我应该自动向老板投降吗？那就是放弃自己的自由。我们怎么在承担义务的同时基于我们的自由来做出决定呢？

有人想用一些快速的战术思维来解决："布莱克先生，我今晚无法完成你的任务，因为我已经有了安排。但是我知道某个人可以帮助你完成这件事，这样可以吗？"如果布莱克是一个不能变通的人，他会说："嘿，这是付你工资需要你完成的！"如果我接受了，结果会是今晚家里没人做饭。如果因为是老板说的所以我必须完成额外的工作，那么我不再自由，我就是责任的奴隶，完全不理会家人的需求。

我到底该怎么处理这件事呢？我要先决定哪件事是必要的。可能，如果这种事情经常发生，我就直接回家做晚饭了；可能，我可以快速完成工作然后打车回家，还来得及做一顿晚餐，就是会晚一点吃饭；或者我可以直接从附近的餐馆打包回家；或者，我可以把工作拿回家去做。

做必要的决定

有时，含混不清和困惑令人难以忍受。我们必须看到事情的所有方面和相关的价值。我们需要考虑所有的相关人员，以及事情背后的用意。我们必须考虑所有的这些，权衡不同的选择，做出决定，然后行动。

一位有进取心的专业人士升职了，将被派往另一个国家。当她告诉丈夫她想接受这次升迁时（他和孩子也会一起迁移），丈夫说他不想搬家。在这种情况下，如果我们不想忽略任何一个人的感受，应该怎么解决问题呢？

在对由此产生的感受和需要进行多次讨论后，他们回到了最基本的点：这是我的职业还是我们的职业？孩子是我的孩子还是我们的孩子？我们是个人还是团队？我们的价值观是什么？这种灵魂上的探询改变了他们的关系。他明白了她的职业对他来说一样重要。她也再次确认，在她的价值观里，自己是家庭的一部分。重要的不是他们最后决定做什么，而是怎么做决定。他们勇敢地采取了重新确认的步骤，从内到外，面对真实的自己。

　　我们中的一些人很善于思考，但只停留在思考层面。有些人很善于权衡好坏，会因为看不清而无法做决定。有些人可以很快地做决定，但不去行动。有些人却习惯不做任何考虑就去行动。为了更好地做决定，我们需要检验我们的动机以及成功的前景。我们在无数的观点中做决定，就像潘霍华牧师所说的，我们站在"对和错之间的迷雾里"。

　　有时，我们还面临着在错与错之间做决定，而不是对与对之间。潘霍华牧师说过，作为一个自由的人，没有任何东西可以给我们答案或者帮我们开脱。没有一种法律可以判决什么是负责任的行为。作为一个负责任的人，我们不能等待权威。我们只能自己来做决定。我们只能确定契约，然后让历史决定它是"对或者错"。

　　一个家庭希望基于生命意愿来决定是否放弃抢救。他们从医生那里获取尽可能多的信息，同时了解自己的动力、价值观和内心意愿。他们必须决定是延长病人的生命还是终止他的痛苦。他们还知道自己是唯一可以做出决定的人。

　　埃利奥特·莱顿（Elliott Leyton）在《触火之恋》(*Touched by Fire*)中描述了无国界医生的工作。两个医生和一个护士在紧急情况下面临决定优先顺序的难题：

> 　　这里没有任何避免霍乱、痢疾和伤寒的欧洲卫生概念。我们说："你喝的水里有东西会让你生病，可能会杀死你和你的孩子，所以你必须将水烧开再喝。"但如果他们想烧开水，他们就必须花

更多的时间去捡木头生火——而这个时间对他们一家都很重要，他们需要时间去种庄稼养活一家人。要么他们有干净的水喝，但是没有吃的；要么他们有可能死于霍乱，而不是饥饿。

承担后果

要做出负责任的决定，其中最困难的部分是承担后果。责任并没有在做出决定的那一刻停止。无论我们的选择是什么，接下来都会有反响或者结果。这些都是与决定一起到来的。我们不能只是说："好吧，我已经做出了决定。这已经是最困难的部分了。你不能再要求我承担后果了。"不能这样。

在电影《救生船》（*Lifeboat*）里，沉船的幸存者们待在一条救生船上。有些人坐在船上，有些人待在水里，用手扒着船舷。船上的船员决定为这个处境承担起责任。船上人太多，快沉了。他让年轻一点的人跳到水里，扒着船舷。船上的人嫌他太霸道了而强烈反对。船员从船上带下来一把枪，说谁要不服从他的命令他就枪毙谁。他很清楚，船马上就要沉了。如果船沉了，多救两个可能导致谁也救不了。所以，他决定只救那些在船上的人。在整个过程中，他射杀了几个不听从命令的人。

因为船员的努力，救生船终于漂浮在了水面上。船上的人最终也都获救了。然后，其中有人跑到警察局控告船员谋杀。船员被捕了，在这几个乘客的指证下被判处了终身监禁。

或许当时还能找到别的方法保证乘客的生存，但是其他方法也会产生相应的后果———些能看到，一些看不到。这是个极端的例子，但说明了在任何情况下，任何形式的决定都会产生后果。

昂山素季承担了成为国家领袖的后果，结果是与丈夫和孩子分离很多年。当她的丈夫在英国即将去世时，她只能在电话里跟他告别，因为如果她离开缅甸就很有可能无法再次入境。这是他们一起做出的决定。

我们需要向经由我们的决定而承受痛苦的人请求宽恕。这是承担后果的一部分。我们也会因为我们做的某些决定而受伤。这时，我们需要反思，让我们在生活中再次经历深度的肯定。这个肯定允许我们再次看到生活的美好，并给予我们勇气，继续做出负责任的决定。我们会在第十章讨论关于反思的话题。

每日的责任

幸运的是，不是所有需要负责任的处境都必须做出戏剧性的选择。但是现在的系统性思维指的是所有的生物都存在内在联系，基于这一点，普通决策所影响的范围呈指数级扩展。我们爱护环境的意识将普通决策的影响延伸开来。当我们对购物、垃圾处理、能源利用或能源转换做决定时，都要考虑承担生态责任。

在我们想要购买一袋冷冻豌豆时，我们可能会看看标签，并且询问："这家公司有没有在中美洲赶走土著、霸占土地，以建立大型的种植园来供应冷冻食品？""他们是否使用了转基因种子？"或者我们在购买网球鞋时询问："这家印度尼西亚的工厂是否有雇佣童工？"

现在经常发生的情况是，我们需要在极其复杂的处境下做出困难的决定。为了避免复杂，我们接收难民时只信任一个信息来源，这样我们可以不用询问很多必要的问题。询问问题、验证信息和倾听反方观点需要更多的勇气。换句话说，在任何环境中，我们都可以做我们自己的功课，建立自己的观点。自动向主流观点屈服就是放弃责任。

环保主义者也需要考虑整体状况和综合因素。几年前，在美国太平洋西北地区发生了关于斑点猫头鹰的争议。通常，环保主义者都会提出更高的道德标准，因为他们想不惜代价地将斑点猫头鹰列为濒危野生动物。不幸的是，他们的提议将会导致木材厂和相关工业领域的大规模失业，还有几个小镇会因此变成鬼城。所以，一个全面的道德观应该将斑点猫头鹰、森林工人和他们的社区都考虑在内，形成一个整体的解决方案。

我们知道，老师和校长每天都要考虑课堂教学的效率，还要传递学校的价值观。这样的考虑会放在创造力、学习、合作和单纯的乐趣之前。很简单，当利益驱动变成商业的唯一价值观时，可以为工人带来舒适工作的良好环境就变成了成本。

当我们与其他人交流时，责任为先的人会问我们："其他人的需求是什么？"他可能需要你夸他的裤子很棒，或者说，他需要被肯定；他也可能需要一个反思的机会。其他人的需求与我喜欢做的往往是两回事。

倾听你的心声

读者可能会说，潘霍华牧师做决定的方式是非常理性的，或许是太过于逻辑了。理性分析并不能保证决定是正确的，正确率甚至超不过一个草率的决定。事实上，一个看似草率的决定往往有可能反映出一个人内心深处的直觉，这个直觉基于过去所有经验而形成。我们所需要的就是相信我们的内在智慧。

我们在生活中常常会遇到理性让位给感性的时候，那个时候我们就像在摸黑前进。我们凭理性分析情况分析到焦头烂额，然后才意识到我们还需要其他的信息。在我结婚前，我曾经反复权衡婚姻。我想找的人是充满魅力、公平公正、和我有共同生活目标的人。但事情的进展往往让我无法如愿。有一天晚上，我坐在桌子边，无所事事，拿着笔乱涂乱画。突然，就在那一刻，我灵光乍现，奋笔疾书道："7月4日，我要与珍妮特·马克斯结婚！"对于我们来说，7月4日是一个有象征意义的日子。那天是我的生日，而她是美国人，那一天也是她的国庆节。

此刻，我面临着一些问题。我们还从来没有约会过，而现在已经是6月了。我觉得我疯了。我没办法理解我要做的事，但我知道事情就应该发生在那一刻。我明确了我的想法。当然，我并不是说这是寻求婚姻的典型方式，但有时候就是需要靠强烈的直觉行事。当你心如鹿撞的时候，你就该倾听它了。

我的同事罗妮·西格伦讲过一个她妈妈的精彩故事。她妈妈住在养老院，但很不喜欢那里。事实上，她妈妈总是问什么时候可以回家。一个春天，在那里待了20个月之后，她妈妈因为严重的肺炎住院治疗后返回养老院。罗妮推着妈妈走到大厅尽头的落地窗前，注视着窗外落叶萧萧、溪水潺潺。这时，她妈妈自言自语道："如果你必须待在这里，那么这里就是你的家了。"从此以后，她妈妈的态度整个转变了。从那时起，养老院的工作人员一有空就喜欢在她妈妈的轮椅旁待着。护士长说："就好像玛丽的心打开了，她处于一种完全崭新的状态。"

有一次，我们在香港的全球会议上做出了一个重大决定。我理解对整个决定所做的分析，但就是觉得哪里不对。于是我要求休息20分钟。在这20分钟里，我想我要提出完全不同的建议。我邀请其他有可能也觉得不对的人聊了一下。15分钟后，我们找到了问题所在，并提出了改变建议。

相信内在智慧会为更全面地做决定提供帮助。它结合了外部世界的信息和观点，以及内部世界的价值观、梦想、信念和学习。

领导力挑战

我们讨论了有意识地参与历史、在全面视角下承担责任。在这种宏观角度下，领导力挑战在于，我们要在自由和义务之间的张力处做决定。每次皆是如此。

挑战之处在于，领导者需要一直站在选择的位置上——我们在选择需要承担的义务、责任和任务时，始终保有自由去做什么和不做什么。放弃这种自由，只是站在那里说"我们没有任何选择"，这实在是太容易了。其实，所有的情况总是会有选择的。做出选择意味着我们在参与历史。

我们的历史、我们的世界和我们对自己角色的定义影响了我们做出的决定。作为领导者，我们一直受到挑战。挑战之处在于，我们要从最全面的角度去行动，甚至要理解任何观点都是相对局限的。我们需要培养一种能力，在考虑过去的同时考虑来自未来的挑战。在做出决定前，我们要问自己："什么是必要的？"

在下一部分与社会的关系中，关键问题是：在社会、工作、社区和家庭的变迁中，我希望扮演什么样的角色？

○ 练习 1

☆ 回顾一个你过去做过的决定 ☆

这个练习是帮助你反思你做决定的过程。回答每个问题，看看你可以发现什么模式。如果可以，与别人分享你的发现。

1. 写出一些你在生命中做过的重大决定，从中选一个决定用来反思。

2. 当时你都面临哪些选择？

3. 你做出了什么决定？

4. 导致你做出这个决定的因素有哪些——好的和坏的？

5. 这个决定带来了什么后果？

○ 练习 2

☆ 需要做出的决定 ☆

你目前需要做出什么决定?

与这个决定相关的义务有哪些?	与这个决定相关的你的自由有什么?

你可以做出哪些决定?

A.

B.

C.

决定 A 会带来什么后果?	决定 B 会带来什么后果?	决定 C 会带来什么后果?

在这种情况下,什么是必要的或者负责任的决定?

每个人都需要对生命是什么有一个宏观的认识。每个人都需要一张可以浏览生命波折和生存技能的精美地图。

第三部分
与社会的关系

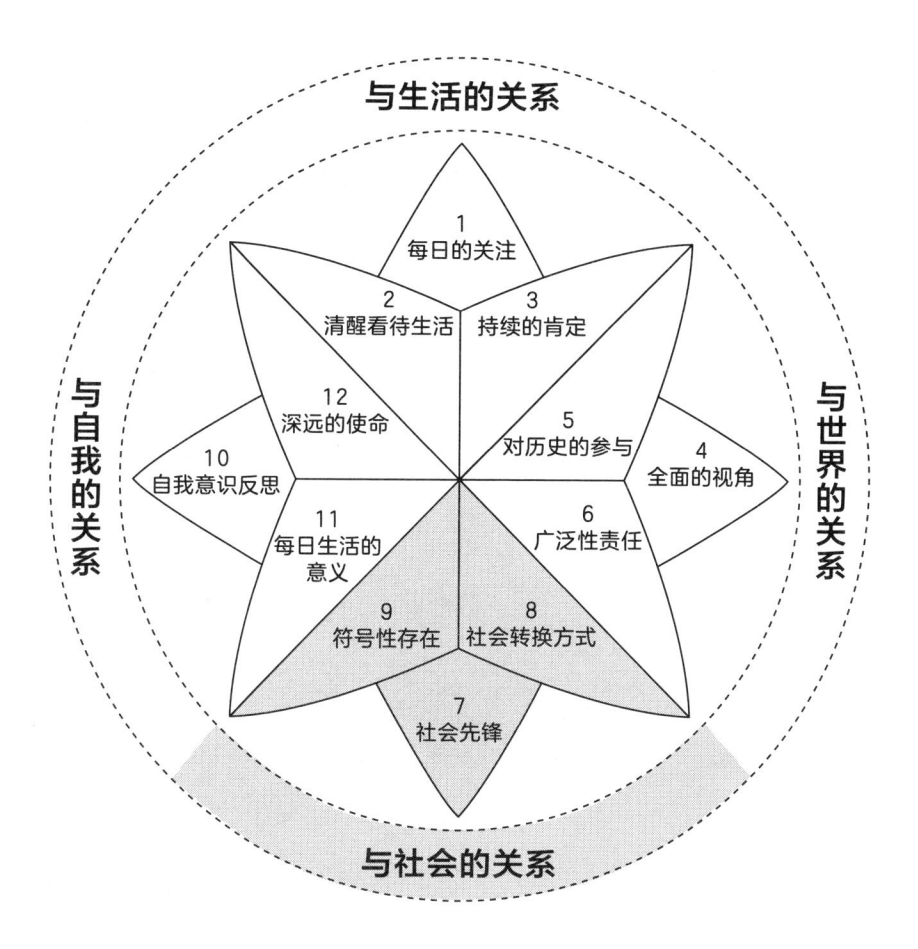

与生活的关系

与世界的关系

与社会的关系

与自我的关系

1 每日的关注
2 清醒看待生活
3 持续的肯定
4 全面的视角
5 对历史的参与
6 广泛性责任
7 社会先锋
8 社会转换方式
9 符号性存在
10 自我意识反思
11 每日生活的意义
12 深远的使命

在社会、工作、社区和家庭的变迁中,我希望扮演什么角色?

与 社 会 的 关 系

这一部分是关于社会中先锋性的、积极的变化。换句话说，它简要描述了关心社会的方式：如何促进社会的变化，如何创建新的架构，如何提升我们自己和他人的生活质量。

社会先锋不同于大多数改变世界的路径，它并不是革命性的、不切实际的社会改革或者修修补补的解决方案，也不是单纯去指责政府或者只去推动单一问题的解决。它是通过对社会发展趋势和所出现问题的综合分析来推动社会的发展。

社会先锋推动社会前进的方式不是通过对抗和震荡，而是试图让人们达成共识，了解什么是必要的。社会先锋者试图整合所有人的智慧来创造有效替代方案，这些人身处同样的社会矛盾中。

社会先锋者非常依赖于合作。基于此，他们会寻找有丰富经验的人来共同工作，一起追求达成更好的结果并进行分享。

第七章
社会先锋

创造积极正向的改变

是的,我们可以做到。如果我们只是等待别人或者其他更好的时间,改变永远不会到来。我们就是我们一直等待的人。我们就是我们一直寻求的改变。

——巴拉克·奥巴马(Barack Obama)

我知道世界上有很多饥饿的人,但让我难过的是,之前我不知道什么时候可以去帮助他们。其实事情非常简单,就是现在行动,去结束这种苦难。

——阿德里安娜·阿拉尼亚(Adriana Aranha)

边界存在于已知和未知之间，存在于令我们厌烦的太过熟悉的事情和令我们困惑的非常陌生的事情之间。边界是一个区域，超出了我们的舒适区，它是高强度的、非常不稳定的、具有创造性和革新性的。

——梅·伊斯特（May East）

我有这份勇气吗？

14岁的威廉·坎库遏巴来自非洲的马拉维，他有一个关于电和自来水的梦想。威廉与他的家庭生活在一个小村子的农场里。那是2002年，马拉维正遭受严重的干旱。农场里的庄稼日渐干枯，威廉不得不辍学。整个家庭处于饥饿中。

不在农场干活的时候，威廉经常去当地的图书馆读书。他被科学所深深吸引。有一天，当他翻阅到一本破烂的教科书，看到一张风车的照片后，他的生命改变了。他说："当我看到风车可以发电和泵出水时，我产生了浓厚的兴趣。我想这可能是一种可以抵御饥饿的办法。我是不是能自己建一个呢？"

利用他从当地图书馆的两本教科书上学到的知识，以及当地可获得的价值2 200马拉维克瓦查的材料，威廉开始在他那位于马斯卡拉村的小小屋子外建造一个5米高的风车。他说："所有人都觉得我疯了。"但他坚持下来了。两个月之后，他建起了一座风车，可以为他的二十口之家提供两个灯泡和一台收音机的供电。威廉的邻居很快注意到从他家里传出的马拉维雷鬼音乐声。

现在，威廉已经建造了第二座更大的风车，可以提供交流电和直流电，还能给电池充电，以便没风的时候也有电可以用。威廉还在自家院子里安装了太阳能板、更明亮的照明设备，挖了一口深水井。他开始在马斯卡拉村的其他地方建造风车。从非洲领导力学院毕业后，威廉说："我想成立一个风车公司，为全非洲的人提供能源。"

威廉是社会先锋的一个优秀例子。他在一种非常困难的处境里做出改变，决定为他自己和家人创造一个新的未来。

代表未来

我们身边有着各种各样的社会问题。这一点我们中的绝大多数人都可以感受得到。我们可以在报纸上看到不公平，在工作中遇到不公平。我们注意到无家可归的人冬天睡在外面或长期住在大街上。我们发现环境问题日益严重。我们会问："我们应该为这些做点什么吗？"但这些念头很快一闪而过。我们忙于自己的生活，或者仅仅是不知道该做些什么。有时候，我们会为自己找借口，想着社会和世界都离我们太远了，我们可以忽略它们。我们假设把自己的日子过好就行了。

又有些时候，我们自己的生活都乱七八糟的。我们试图说："创造未来！我的天哪，对我来说每天早晨送孩子去学校和工作已经够够的了。每天结束时我都累得够呛！社会先锋？你在开玩笑吧！"所以，有时候确实需要忽略其他人的苦难，把这些东西屏蔽在外面一阵子。我们可以去登山、打高尔夫，让自己的世界整洁、美好，这些是我们可以控制的。我们可以决定自己接收多少信息。但如果我们总是只生活在自己的世界里，我们最终会失去敏感性。

从另一方面来说，我们的关注又在召唤我们：我们会发现，这个世界急需我们，而我们做得永远不够。有时候可能是老师们需要你与他们一起来提升教育质量，有时候可能是地球需要你保持低碳生活。

创建新的模式和体系

在每一个组织和社区，总会有人致力于构建新的模式和体系。他们看到有些方法行不通，便自己承担责任，代表其他人来创造未来。这些先锋者敢于基于新的设想去行动，为貌似无法解决的问题找到解决办法。

我的澳大利亚朋友弗兰克·布雷姆内提到过"社会跳板"的概念，意思是我们正走在其他人为我们搭建好的跳板上。那我们可以为下一代搭建什么样的跳板呢？无论跳板大小，搭建这些跳板就是社会先锋者的任务。弗兰克说的是我们每天生活所依赖的体系、产品、规律、基础设施、价值观、设想和惯例。这些跳板从个人工作和集体工作中演化而来。现在是时候为我们的世界创建出必需的解决方案和设想了。

我们的家也需要社会先锋的努力。香农·海耶斯博士，一名可持续农业发展专家，写下了她要成为"激进型家庭主妇"的决定：

> 我在可持续农业发展方面拿到了很高的学位，这与我自身的农场背景有关。同时，我对地区性食物发展也很感兴趣。我在获得博士学位后组建了家庭，然后我开始感到困惑。我越是明白小农场和地区的食物在营养、生态和社会方面的价值，就越质疑朝九晚五的工作。如果我和丈夫都去上班但又养育孩子的话，很明显，我们家庭的运作会产生一系列的生态影响。我们需要两辆车、专门的橱柜以及方便食品，来弥补我们在厨房中损失的时间……我们得去买食物，而不是种植、收获和储存。
>
> 从经济上来看也有问题。我们两个都工作的话，收入会很高，但支出也会很高，特别是把看护孩子的支出也计算在内的话。后来，我辞了职，回到了小农场，和父母团聚，成了家庭主妇。从那时起到现在差不多十年了，我们吃自己种植的有机食品，还支持了当地的小企业。我们从不去那些大型超市，但我们支撑了四口之家的生活，同时还节省了钱。

这样的关注无处不在。如果我们在政府部门待一段时间，我们会注意到，总会有三两个人一直在寻找改变体系的方法，来更好地帮助低收入家庭、失业者、生病或者年老的居民。在小学里，我们总会发现有两三个老师会为新来的家庭提供英文教学帮助。在公园里，我们则会看到义工在种树或保护湿地。

在大企业里，少数经理人可能经常在午餐时聚在一起，寻找更好的废物处理的方法。多年前兴建的化工厂正在转换它们的商业模式，从以石油化工为基础转为生产新的更利于保护环境的产品。企业和环境保护方面的非政府组织之间的合作也已经开始了，因为企业认识到了自身发展和环境保护之间的联系，它们必须保护供它们饮水的整个水源基础，它们必须关注供它们和竞争对手生存的渔业资源，它们也不想水资源和渔业资源枯竭。

认识到我们城市里正在增长的对食物的需求后，人们开始在自己院子里甚至邻居的院子里进行蔬菜种植。在大型工厂里，少数工人在特殊的机器运作前自发检查一些安全隐患。

以上状况的相同因素，是有一部分人试图寻找新的办法来解决特定的社会问题和环境问题。在社会的各个领域，都会有一些人对需求很敏感，他们敢于代表整个社会、社区和组织来对需求进行回应。他们的回应通常包括了冒着风险去满足整体的需求。

范达娜·湿婆（Vandana Shiva），一名印度的环境学家和物理学家，1995年试图阻止国家签订关税及贸易总协定，因为大公司将会因此免费得到印度农村的生物基因专利。她失败了，但自从签订了关税及贸易总协定以来，她一直在与被她称作"生物剽窃"的斗争中扮演着领导者的角色。她认为印度的传统植物种植专利应该作为一种全球的知识产权。她帮助了印度巴斯马蒂米的专利申请，也帮助了尼木树的专利申请。在印度，尼木树被视作伟大精神的象征，也具备一定的治疗属性，被称为印度的"生命之树"。但之前国外有公司宣称它们是这些植物的"发明者"，试图逼迫人们向它们支付种子的费用，即使这些种子已经存在上百年了。

因为没有办法说服政府阻止这些行为，湿婆训练了一队年轻的律师。这些律师奔走于印度国内，帮助农民们从他们所处的环境里收集每一粒种子样本。他们在社区种子注册处为这些种子编辑了目录，这些种子将永远属于社区，这样就可以避开私人公司的专利制度。因为没有办法控制植物种子飘移，跨国公司正在拼命争抢资源，不仅仅在印度，这种活动也席卷了非洲和拉美。的确，当地人的决心是世界上最大的希望，但总是需要有人发起。

社会先锋的任务

当我们决定成为社会先锋时，我们就是在用我们生命未知的结果承担新的使命。就像宇航员飞向月球，我们就是我们的使命本身。

自从有了时间的概念，人们就开始同心协力地完成各种任务来改变现状、建造未来：从新石器时代的人们在巨石阵上刻下信息，到中国文人走遍千山万水给农人带去新的知识，再到中世纪欧洲修道院和公会为旅行者和商人提供服务。今天，不同的义务社区和实践社区在用新的方式为个人、家庭甚至地球提供照顾。总会有人知道他们的使命是照亮现实，为未来创建新的社会结构，或者实践一种新的生活方式。赫尔曼·赫斯（Hermann Hesse）把这种活跃性叫作"联盟"（The League）。肯尼斯·博尔丁（Kenneth Boulding）把它叫作"无形的学院"（The Invisible College）。保罗·雷（Paul Ray）把这些人叫作"文化创新者——我们这个时代的整体文化的标准承担者"。

所以，社会先锋会做什么？对他们来说，挑战在哪里？

在"不再是"和"未发生"之间

下面这个对社会先锋的比喻对我还是很有帮助的。大卫·赫伯特·劳伦斯在《一名有经历的男人之歌》（Song of a Man Who Has Come Through）中写道："一个漂亮的精致的凿子，镶嵌着楔形刀片。"楔形刀片就代表了历史发展进入的方向。

当我们决定要像社会先锋那样行动时，我们就站在了楔形刀片的最前沿。例如，如果我们决定去帮助无家可归的人，我们会发现旧的模式包括依赖于国家或者被国家放弃。而当我们试图为这些人找到新的解决方案时，我们有可能被另一些人指责，因为有的人觉得依赖于国家很好，有的人觉得国家就应该放弃这些人。

历史总是在"不再是"和"未发生"之间被创造的。在"不再是"里面，有很多已经存在的生活方式和生活结构。一部分人的关注和能量直接用在了维持现有状态上，有些人需要这样做，而且我们所有人确实都依赖于祖先为我们创造的体系、结构和习惯来生活。在天平的另一边是"未发生"：那些需要从现在开始去创造的未来，这个未来需要同时满足现实中面对的挑战和将来一代的需求。"未发生"总是某些人丰富的思想中的一个梦想。如果没有人预见我们需要努力去把它创造出来，未来（还未发生的一切）突然到来时就会呈现出它的不可预料性。人们会发现旧的结构不再有用，那时人们无法面对这个未来，只能承受痛苦。

所以，在集合了这些线、概念和形象后，我们得到下面这个综合图形。

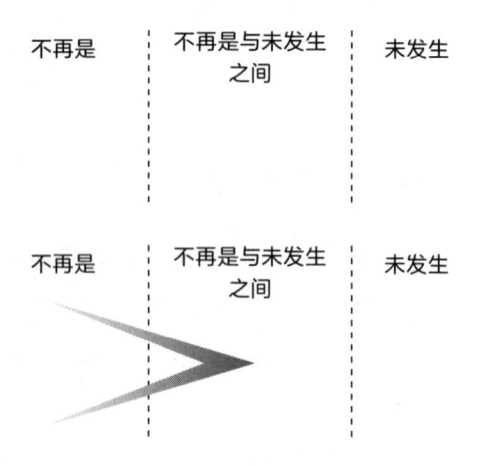

| 不再是 | 不再是与未发生之间 | 未发生 |

| 不再是 | 不再是与未发生之间 | 未发生 |

另外一个社会先锋的形象是他们在前沿——已知和未知的交互点上——工作。通过促进联合和对抗，设计者可以通过不同的运作模式、权力结构、文化、物理环境和世界观，使不同社会群体之间的边界最大化。当我们探索边界的可创造性时，我们体会到更多的能量、兴奋和承诺。当桥梁被搭建、可渗透的人脉网络被编织后，新的生存可能性就浮现了。

当我们承诺自己生活在已知和未知之间的交汇点后，我们整个人就好像站在前沿的尖峰上创造新的需求。人们只有意识到自己的渴望才会这样做。对现状和未来的关注激励着我们。当我们作为社会先锋在行动时，我们是想代表未来去创造。在这个过程中，我们会很高兴有人与我们携手同行，共同努力。

找到主要的社会问题

我们知道很多代表未来生活的人，比如美国的马丁·路德·金、孟加拉国的谢赫·哈西娜（Sheikh Hasina）、埃及的胡达·沙拉维（Huda Shaarawi）。当然，我们周围的很多人也在做着同样的事，即使他们没有上过新闻。

萨能·古斯塔新是一名原住民。她住在加拿大安大略省阿塔瓦皮斯基特村。她在15岁就遭遇车祸而亡。但在她短短的一生里，她促使原住民学校和教育基金一直以来的短缺问题提上了加拿大国会议程。

萨能从来没见过一所真正的学校。阿塔瓦皮斯基特村的孩子们一直以来都是在一辆破旧的拖车里学习，拖车停在有毒的棕色土地上，旁边是一个繁忙的简易机场。在萨能13岁的时候，她带领一群学生从他们被隔离的社区詹姆斯海湾来到了渥太华。他们想要质问联邦政府，为什么在承诺为孩子们兴建一所真正的学校后又反悔了。她还邀请那些非原住民的孩子写信给联邦政府，要求政府为所有的原住民孩子提供正式的学校和平等的教育。上千名非原住民儿童响应了她的号召。萨能的运动激发了加拿大历史上最大的一次儿童权利得以落实……国会议员查理·安格斯解释说："萨能激励了全加拿大非原住民儿童为原住民孩子的权利站了出来。这个年轻的小姑娘拥有胆量和做决定的勇气。她让他们相信，站出来就可以促成改变。"原住民儿童和家庭关怀组织的执行总裁辛迪·布莱克斯托克（Cindy Blackstock）说："她想要的就是争取与其他孩子同等的权利——她的要求不过分！"

萨能没有活到她梦想实现——在阿塔瓦皮斯基特村兴建了一所真正的学校——的那一天。她也没有亲眼看到原住民孩子得到同样的教育基金。但被她的愿景所激励，原住民领袖、教育工作者、劳动和人权组织以及原住民和非原住民的孩子及青少年都联合在一起，开始了萨能的梦想行动。

埃及妇女在改变社会的行动上已经有悠久的历史。胡达·沙拉维在1920年代做出了一个行动，当时她的父亲刚去世不久，她在欧洲参加完一个妇女会议后坐火车返回埃及，月台上满是拥挤的人群，她当着这群人的面取下了面纱。人们惊呆了，一片寂静。接着，前来迎接她的妇女们爆发出了热烈的掌声，有人也取下了她们的面纱。对沙拉维来说，这是她的公开宣战，对于妇女的私人领域和男人的公共领域之间的隔绝传统的宣战。对她来说，这是恢复早期伊斯兰教妇女权力的决定。这次宣告行动开启了沙拉维作为女性运动领导者的新的使命。她创建了埃及妇女联合会，成功地发起了提升妇女受教育权利和健康保护的运动，并把女孩结婚年龄提高到了16岁。她带领埃及妇女代表团参加了世界妇女大会，为其他阿拉伯国家的妇女组织了会议。1944年，她建立了阿拉伯世界妇女联盟。在任何地方,她都是为妇女权力而斗争的代表。

有几个亿万富翁,比如美国的沃伦·巴菲特、比尔·盖茨和梅琳达·盖茨,把他们大部分的财富捐赠给了慈善机构。这种行为也对其他亿万富翁提出了挑战。巴菲特在他的首次捐赠仪式上解释了自己为什么这么做:

> 究其核心,捐赠誓言是在要求富有家庭对于所拥有的财富和如何使用这些财富进行对话。让我们激动的是,这么多人进行了捐赠,还有很多人决定不仅仅捐赠一次。他们将捐赠总额提到了全部财富的50%,这远远高于捐赠誓言的要求。

这群人中的很多人参与解决一些重要的健康问题、教育问题和现阶段人类所面临的发展问题。他们采取了与其他组织合作的方式。"人们一直在等,准备到了快退休的时候再回报社会,但为什么要等待呢?现在就有这么多事情要做。"马克·扎克伯格这样说,"随着年轻一代在公司中蓬勃发展,我们中的很多人有很多机会在生命的早期阶段就对社会进行回报。我们可以看到我们的慈善行为所带来的影响。"

迄今为止,已经有69个家族将其财富中的大部分捐了出来。当然,这个行为并不只限于亿万富翁。彼得·辛格(Peter Singer)是普林斯顿大学人类价值观中心的生物伦理学教授、《你可以拯救的生命》(*The Life You Can Save*)一书的作者、旨在消除世界贫困的同名捐赠网站的创建者。他说:

> 捐赠誓言改变了捐赠文化。调查显示,当人们知道别人也在进行捐赠时,他们会更愿意去捐赠。所以,公开的捐赠仪式可以鼓励更多人捐赠。这对亿万富翁以及我们这些尚未处于富裕阶层的人来

说都是一样的。我们所有人都可以做出改变，为世界变得更美好而尽一份力量。

肯尼亚南由基社区的马赛族领导者发起了一项运动，为艾滋病的教育和测试寻找基金。南由基的领导者找到了 ICA 加拿大。他们希望获得帮助，提高对艾滋病防范的宣传，创建测试和关怀体系。2009 年，这个项目被凯瑟琳·哈格曼所记录，当时她是多伦多大学社区发展和全球健康专业的学生。凯瑟琳说：

> 艾滋病曾经被认为是一种诅咒，现在人们知道它只是一种疾病。患者越早了解自己的处境，就会活得越长。人们不再害怕测试和治疗了。社区为那些原本等待死亡的人提供了治疗和援助。年轻人开始考虑在结婚或发生性关系前去进行测试和治疗。围绕艾滋病的沉默和无知被打破了。
>
> 马赛族领导者告诉我们，南由基社区做这件事是因为自身的理念和目标。"我们做的其他项目都是已经安排好的。只有这个项目，我们没有安排好任何事情。但我们共同完成了。我们做到了。我们考虑了我们的文化。事情成功的原因在于，这个项目的目标是特别的、清晰的——怎么去挽救人们的生命。"
>
> 当出现救助机会时，他们就会分享知识，并将其运用到其他社区。他们的项目"南由基行动"——一种团结当地社区和民间社会组织合作控制艾滋病的新方式——在肯尼亚众所周知。

互联网也在被一种新型社会结构维护和发展，这种结构是建立在勤勉、友好和信任基础上的。"有很多网络高手在自发保持网络世界的整洁和运作，"哈佛大学顶尖的互联网律师乔纳森·斯特兰（Jonathan Zittrain）说，"互联网的传输方式是分解数据并且进行跳跃式的传输，这种方式使得互联网变得'娇气而脆弱',容易被攻击或者犯错。"那些无名英雄则用"随机善举"来保证网络处于良好的运转状态。网络的脆弱性源于它的根本。创建起初,它就被赋予了"带来巨大自由的巨大限制"。限制在于他们没有钱,但同时因为不需要钱,他们拥有了很大的自由。网络不是商业计划,从来不是。没有一个总裁、没有一个公司能够独立建设它并靠它赚钱。

社会思潮已经把互联网变得非常脆弱,就像一只蜜蜂引发的问题可能带来整个蜂巢的大麻烦。斯特兰举了一个例子:

> 2008年,巴基斯坦电信把油管(YouTube)网站屏蔽了。因为一段"亵渎神明"的视频,巴基斯坦政府要求电信部门封锁这一网站。然而,一个网络错误导致了全球网络问题,不到两分钟,油管被完全屏蔽了。一个由著名公司所运营的著名网站就这样消失了,而且油管和谷歌完全无能为力。最后,问题在2个小时后解决了。解决者是一个不为人知的组织,叫作"北美网络运营团队"(NANOG),一些电脑和技术工程师通过这一组织来分享技术信息。他们一起寻找问题并修复油管网站,完全义务地把油管放回了网络。
>
> 这就像你的房子着火了。坏消息是没有消防队,好消息是有一群人跑出来救火,而且不要任何报酬地离开了。同样的社会结构——特别的、友好的和彼此信任的——造就了维基百科这样的网站。就像宇宙里的暗物质,你看不到它们,但它们在你身边大量存在着,极大地影响着这个物理世界。

社会先锋的品质

决定成为社会先锋意味着什么呢?有以下四种描述:

- ☆ 是一个孤独的决定
- ☆ 因为有风险而使我们感到脆弱
- ☆ 要求我们使用内部资源
- ☆ 要求我们有持续的承诺

作为一个孤独的个体，我们发现自己在以自己的方式活着。我们会发现自己不停地遇到道德问题，而这些问题只有自己可以解决。纳尔逊·曼德拉在罗本岛上的监狱里说过："我感觉自己就像旁观者，已经错过了生活本身。"有个同事曾经对我说：

> 斯坦福尔德，如果你是那种需要朋友的赞赏和理解的人，那你最好待在社会先锋这条线之外不要跨进来了。

我学习到：成为社会先锋是自己的决定，不依赖于其他任何人。

我们会无法看清前进的方向。就像在玩一场棒球赛，有时我们需要在棒球还在持续飞行时就做出决定。社会先锋需要成为混乱中的基石、中流砥柱。这并不是说，作为社会先锋，我们没有同伴，只是即使有人与我们目标相同，我们也不会选择他们。他们有可能对我们故意刁难，没有安慰和支持，反而给了我们更多的挑战和破坏。他们以一种奇怪的方式加深了我们的孤独。

社会先锋也是脆弱的。并没有可以信任的老师会在"不再是"和"未发生"之间给我们悉心提示。我们从来无法确认自己做的事情是否正确。对于社会先锋来说，勇气是唯一可以依靠的力量。

几年前，我和一个同事找到一名参议员，为一系列的社区论坛活动筹集资金。他看着我们两个身高都没到158厘米的人说："你们确定可以胜任吗？"我马上回答："哦，当然是的，参议员，我们有一个完美的计划。"当我回到家时，我说："我的天哪，我真的知道自己在干什么吗？"我觉得自己很弱小，无力成事。第二天，当我起床再次面对这个世界时，那个问题又回来了："我真的知道自己在做什么吗？"我得一次次对自己说："我当然知道自己在做什么，我能看清前面的每一步。"

社会先锋会发现他们必须充分应用自己的内在力量。自我意识和自我反思变得非常重要。除了处在"不再是"和"未发生"之间，还有一些对承担风险的实实在在的奖励。如果这些奖励会阻碍成功的到来，社会先锋会放弃奖励。他们知道最美好的愿望也可能被误解，对他们来说失败和成功一样可能。但其实还存在着一种不寻常的内部奖励——经过理性思考后的一种安心。那是对试验中出现的问题有所预料的安心，无法用言语描述，但它像是一种用你的手深深地触摸生命的喜悦。

社会先锋经常会发现，他们的工作描述里会出现持续行动的承诺。当你承担了一种挑战，任务便会接踵而来。就像抚养孩子，你永远没有完工的一天。社会先锋这个职业没有失业一说。他们会一直努力完成他们选择的任务，因为那就是他们的生活方式。决定成为一名社会先锋是一种激进的选择。它意味着直到80岁的时候你仍然是一名先锋，除非你活到105岁。不存在半途而废，这是使命中的使命。只要我们活着、工作着、持续寻找自己，任务就会永远在那里。

索米妮·圣古塔讲了一些生活在战乱中的利比里亚妇女在战后20年的生活。

> 在世界的某一处，一个十几岁的男孩子会很快变得瘦骨嶙峋，眼睛红红的，手里拿着枪。这幅惊人的景象就出现在首都的主要街道上。
>
> 雨季，倾盆大雨的一天，在世界上最潮湿的城市之一的一片空地上，有一小群妇女。她们几乎都穿着白色长袍，将手臂伸向天空，舞蹈着，吟唱着。她们不时弯腰用头触地，呼喊着祈求上帝结

束战争……"我们累了，我们疲倦了，我们不想再承受苦难，所以我们来到骄阳下，来到大雨中，向上帝祈求。我们知道他不会来，但他会派人来拯救我们。"

她们的祈求是实际的。她们希望世界和平组织来阻止杀戮。"告诉我们的国际弟兄快点来，"吐温女士说，"如果他们可以听到我们的祈求，现在就来，马上就来，如果此刻他们就来了，我们该多么高兴啊。"

"我们希望国内对妇女的压迫立刻停止，"吐温女士继续说，"现在发生的这些事，对孩子的强奸和绑架，就是我们站在大街上的原因。"这个地方的妇女，包括修女与她们的穆斯林姐妹们一起，去泰勒总统的办公室日夜抗议……

今天早上依旧大雨倾盆，又有几个人踏着泥泞加入她们。她们弯着膝盖，手掌向上，一只脚轻轻踏步，另外一只脚在泥地里轻柔地起舞。她们湿漉漉的衬衣贴在身上，脚趾在湿地上蜷缩着。偶尔会有车辆鸣笛以示支持。带领大家唱歌的是一名穿棕色裙子的女人。她的一条胳膊因为车祸齐肘而断。

这次努力的背后催化剂是莱伊曼·古博韦（Leymah Ghowee），一名社会活动家。在她17岁时，利比里亚内战爆发。她很快成为妇女和平建设网络的领导者，并将克里斯蒂安教堂的妇女们联合起来为和平而战，接着她们又与穆斯林妇女们结成联盟。她们叫自己为"利比里亚和平运动群众联盟"。2011年，因为她做出的努力，她获得了诺贝尔和平奖。

社会先锋的任务

简而言之，社会先锋的任务是为社会结构和人们的生活创造积极的改变，是对于人的治愈和释放，让人们得以真诚地生活；是唤醒人们，让他们充分意识到自己的潜能，从而重新打造社会结构以照顾地球和地球上所有的生物，那是一种慈悲的表现。

当我们唤醒他人时，我们是在传递一种让人们作为人去生活的形象。当我们环顾四周时，我们看到很多人就像在一瘸一拐地行走：我没那么好；我太害羞了；我不够聪明；我不够能言善辩；我头疼；我太懒了。我们怎么能告诉他们每个人都有充分生活的能力？我们可以看到各种逃避人生的借口：我太矮了；我太胖了；我太不重要了。只有我们放弃这些借口，藏在后面的自由才会被释放出来。当我们看到人们因为自我评判而生活在别人的评价中画地为牢时，我们可以告诉他们要完全接纳自己，不要有任何借口。我们都有能力去完成超乎寻常的事。有些人可以很直接、很好地回应，有些人更喜欢不做直接回应，这都没有关系。无论怎样，我们都可以找到办法帮人们开启可能性，去表现对生活的热爱，治愈羞愧和玩世不恭，并释放他们的潜能。

热爱生活的关键是表现出肯定的态度。

我还记得在印度的第一个早晨。我和珍妮特在床虱的骚扰中熬了一夜，几乎整夜无眠。我糊里糊涂地走出房间，想灌下整杯咖啡，迎接我在印度的第一天。我在走廊里听到了乔·斯里克的大嗓门，他是地区发展办公室成员："早上好，布莱恩！今天怎么样？要不要来杯咖啡？"他喊着。我内心的第一反应是："别这么大声了，乔！"我知道乔在提醒我这就是生活。即使在周围都是床虱的时候，生活也是这样来欢迎你。所以我记住的就是，生活是好的，就是这个样子。即使你被床虱咬了，整夜睡不着，这还是一个好的生活。

当我们谈到重新打造社会架构来照顾所有人时，我们是在说健康的环境维护体系、全面优质的教育体系、对所有人都公平的政府、双赢的经济体系、易获取的社会服务体系、着眼于预防和治疗的健康保障体系、适当的可持续的雇佣体系、提供多方位视角的诚信媒体以及创造和维护家庭与社区的项目。

多罗西·戈尔丁·罗森伯格（Dorothy Goldin Rosenberg），加拿大多伦多大学教授、社会活动家和安大略教育研究所的电影制作人，致力于揭示恶化的环境对妇女儿童的健康所产生的影响。她说：

> 因为环境恶化和经济发展，乳腺癌和其他相关疾病大规模地流行开来。女权主义者对此发出了挑战。她们呼吁尊重地球和地球上的所有生物。许多人要求医疗机构停止孤立的机器测试和药物治疗，取而代之以更加平衡、公正和全面的健康方案。

多罗西是一名妇女健康环境网络的义务教育协调员。她是纪录片《曝光：环境与肺癌的联系》（Exposure: Environmental Links to Breast Cancer）的首席研究顾问和联合出品人。她最近还出品了《有毒的侵入》（Toxic Trespass），一部关于儿童健康和环境的纪录片。

多罗西扮演了社会先锋的角色。她的领域是持续发现环境污染的危险性，对医疗体系提出要求，要求医疗体系考虑我们居住的星球，因为战争、对战争的准备（核反应堆、核弹）、气候变化和其他环境因素对人类和生态系统的健康都产生了直接的影响。

那些建立和维护社会公平体系的组织开始为个人护理创建相应的系统。这种深度护理从内部寻找结构的更新，这种更新会通过一些人作为社会先锋的工作来完成：计划和战略的制定以及执行。

当我们决定成为社会先锋后，我们会永远直面危机。当社会处于经济萧条和大规模裁员时，需要有人站出来创建他们自己的支持机制。社会先锋会寻找当地零售商和供应商来满足社区的需要，建立工作交换项目，并参与当地的文化倡议。

我们可以在团队或组织中的任何职位上找到社会先锋。雷·安德森（Ray C. Anderson），英特飞公司的创始人，被誉为"美国最绿色的首席执行官"。他将环境问题与公司的决策成功地结合起来。安德森证明了环保也会为大企业带来成长。

当安德森刚刚在佐治亚州的首府亚特兰大创建英特飞公司时，他没有想过环境问题。他在格鲁吉亚技术学院获得了一个学位，在迪林·米利肯和卡拉威·米尔公司工作了超过14年，然后将自己的地毯公司做到了全球最大。他成功了。英特飞公司每年的收入达到十亿美元，但同时也付出了代价：每年产出上千吨的废水和将近900种污染物。

安德森读了保罗·霍克斯（Paul Hawkens）的《商业生态》(*The Ecology of Commerce*)。这本书讲到工业正在系统性地毁灭这个星球，唯一能阻止这种毁灭的是企业家自己。这本书彻底改变了安德森的观点。"茅塞顿开。"他说。几乎是立刻，他开始将英特飞转变成对环境友好的企业。

他开始逐步减少公司的浪费，通过回收来节约能源。在英特飞位于拉格朗日的工厂，以前每天会丢弃6吨地毯废料。1997年，这个数字为0。浪费减少了，利润增加了。

安德森也把环保的概念拓展到了其他公司和世界范围内的消费者身上。他为节能联盟提供了基金，帮助孩子们开展为学校设计能源节省项目的活动。他通过频繁的演讲和自己写的书《中期修正：持续发展的英特飞模式》(*Mid-course Correction: Toward a Sustainable Enterprise: The Interface Model*)证明，企业可以在保持利润增长的同时保护环境。他说："我们希望成为下一代工业革命的先锋——对地球友善和温柔的人。"

安德森的努力已经开始有了回报。太阳石油公司、美国银行、宝丽来公司和通用汽车公司现在经常向环境责任经济联盟进行咨询，做出对环境有利的发展策略。施乐公司现在也将其商业机器用于租赁，旧的设备和零件进行回收，不再像以前那样简单丢弃。

安德森承认，他自己的公司仍然有很多工作需要完成。英特飞公司距离其最终目标只有四分之一的路程。员工把他们的最终目标描述为"持续发展的高山之巅"。安德森知道环保的浪潮是不可逆转的,就像他对《渥太华公民报》(Ottawa Citizen)所说的:"这是一个正在形成的浪潮。我不知道这个浪潮的形成多么迅速、多么宏大,但不去顺应这个浪潮的商业都会被淘汰。"

1984年创建于温哥华的ENF(Entre Nous Femmes,字面意思为"我们中的女性")住房协会也是一个引起重大改变的例子,这是一个关于单亲妈妈的组织。单亲状况会给生活带来剧烈的变化。对大多数加拿大妇女来说,成为单亲妈妈意味着收入减少、家庭照顾质量下降和责任的加重。

在温哥华,有一群单亲妈妈想生活在一个安全的环境中,她们希望作为女人和单亲妈妈可以得到认可和尊重。她们本来希望能找到一个组织做这样的事,但后来意识到,温哥华从来没有人试着规划、开发和管理专为单亲妈妈提供的经济适用房,甚至也没有单亲妈妈想到过这样做。她们没有任何经验可以借鉴,但又确实想创建一个这样的环境。她们需要克服来自他人的冷漠、怀疑和拒绝才能完成这件事。最终,她们坚持下来了。她们从政府和当地议会成员那里寻求到了资金和支持,然后又在本地和国际上采取行动。她们创建了一个非营利系统,坚持拿出一半的公寓用来资助单亲妈妈。

阿尔玛·布莱克威尔公寓社区的设计确保了每个居民的独立性,同时又在居民中形成了互动和沟通。其建筑理念包括了一间用于会议、聚会、工作坊和手工集市的社区活动室,从洗衣房看出去可以看到孩子们的玩耍区域。

从无到有的过程让人"身处众多要求的张力之中,包括无穷无尽的会议和对共识的一种持续寻求"。成员们坚定不移地坚持着他们的愿景,无视任何外部的阻碍。这种经历"充分说明了你可以创建一套体系"。一名一开始就在业主委员会工作的居民说:"它给了我无穷的希望去完成必须完成的事情,学习必要的知识。当然,其中包含了大量的可怕工作。"

两年之后，项目开始产生影响，超过半数的原本只能靠政府救济生活的居民变得可以自我支持了。25年后，温哥华发展出了超过9个这样的社区，展现了学习、授权和社会行动整合的显著效果。

当我们像这些单亲妈妈一样行动时，我们会注意到，其他人会加入进来做同样的事，而且充满了干劲。无辜的人遭受的痛苦点亮了新的需求。在这最后一个例子里，行动起来的是那些辛苦工作、试图在不可能的情况下养育孩子、得不到资助的女性。无辜地受苦是社会先锋的指示符号。它总是指向需求的改变和新的习惯的出现。如果我们向周围看看，会发现一些旧的社会习惯已经不再适应人们的需求。社会上到处都需要我们付出能量来满足更多的人性和关怀。

我该如何开始？

我们中的很多人每天都会听到一些需要解决的问题。我们为环境和人担忧，也想找到解决办法，但我们不知道做什么和怎么做。

其实很多时候，我们只需要邀请两个三个人坐下来喝杯茶，聊聊某个待解决的问题。如果我们住在公寓里，同一楼层的人互不相识，那甚至可以邀请全部的人来喝茶，这样他们就可以彼此认识了。在这个过程中，我们会发现有谁需要特别的照顾或者人们可以怎样互相帮助。有一个老人住在老年社区，她注意到身边的老年人总是有很多抱怨，所以决定做些什么。她组织了学习小组、运动小组、乐队、诗歌比赛和公共演讲小组。很快，整个社区充满了创造力。如果工作环境中有困扰，我们也可以为此做些什么。我们可以和老板沟通，告诉他们问题是什么，自己已经准备好去解决这个问题了。

在《多伦多之星》(Toronto Star)的最新一版里，凡妮莎·陆（Vanessa Lu）描述了一些社区活动，这些活动来自一个叫作玛丽－玛格丽特·麦克马洪（Mary-Margaret McMahon）的市议员。她的哲学观点是

"致力于建立人们之间的联系,保证三赢的结果"。以下是麦克马洪的一些活动:

☆ 组织一个类似街道集市、无车日或者街道巡游的社区活动;
☆ 建立一个社区花园或者与你的邻居分享你花园里长出的蔬菜;
☆ 组织一次用壁画覆盖涂鸦的活动;
☆ 种树;
☆ 组织"一杯糖"活动:让邻居们分享工具、书籍、报纸,互相赠送衣服、玩具或者单车;
☆ 把家里多余的东西分享给需要的人、老年人或者新手父母;
☆ 捡垃圾或者组织一次邻居清扫活动;
☆ 在本地购物特别是采购当地的农产品;
☆ 保持微笑并欢迎你的邻居。

想象一下,有多少人每天回家时脑子里还装满了工作中遇到的问题,他们向合作伙伴倾吐,但仍然无法解决问题。作为社会先锋,我们可以坚持做一些事来解决问题。我们可以决定投身其中,花时间来考虑全盘,询问真正的问题是什么,然后组建一个团队来解决它。暂时不知道做什么是可以理解的,但是就像俗语所说,点亮蜡烛要好过诅咒黑暗。如果花了很多能量在诅咒问题上,就没有多少能量留下来解决问题了。

任何人都可以成为社会先锋。当你看到有个问题需要解决时,这里有个简单的"123 方法"可以帮助你：

1. 想象一下最好的解决方案会是什么。
2. 看看是什么阻止了解决方案的实行。
3. 做出一个有三点或四点的计划并予以实行。

例如，我们居住的公寓大楼的走廊温度不统一，有些地方太热，有些地方太冷。我们不仅会为此多花钱，而且对地球来说也不好。那么我们可以组建一个小组进行温度监控，每天三次，然后从中发现温度变化的规律，将它汇报给大厦经理，之后经理就可以指导工程师来进行调整。这样做，事情会相对容易解决，同时团队成员也满意。

领导力挑战

一个领导力挑战是参与创建有创新性的解决方案。它决定了你准备从社会生活的哪个方面做出改变。它意味着你敢于思考一种转型性的未来并去创造它。

另外一个挑战是引导和激励别人开始他们的社会先锋之旅。第三个挑战是，在创造积极变化的紧张生活中，照顾你自己。我们会在本书的最后一章讨论这个挑战。

这一章鼓励我们每一个人付出时间和精力，过一种有创造性的生活，去唤醒人们的潜能，代表未来的一代重新创建社会结构。

○ 练习 1

☆ 创建我的社会先锋清单 ☆

回想你知道的社会先锋，完成以下的表格，或许你可以与他人分享你的反思。

写下你认为是社会先锋和为未来的一代创造新的解决方案的人，包括社会名人和你身边的人。

在你的工作场所	在你的社区	在你的国家	在全世界

这些人身上的什么特质让你觉得他们是社会先锋？

哪些特质对你来说最容易？	哪些特质对你来说最困难？

○ 练习 2

☆ 探索改变的主动性 ☆

现在聚焦于你自己的经历，看看社会先锋的经历在哪些方面可以唤醒你改变世界的渴望？

在这个练习中，"跳板"的意思是我们每天生活所依赖的体系、产品、习俗、基础设施、价值观、设想和习惯。

之前的社会先锋创建了很多"跳板"，你会站在什么样的"跳板"上？	你是如何为下一代建立"跳板"的？
选一个你参与建设的"跳板"来阐述你参与的热情在哪里。	
哪些"跳板"是你的朋友们关心的和正在建设的？	
对于为未来建设"跳板"，挑战在哪里？	

○ 练习 3

☆ 123 解决路径 ☆

试着遵循这个简单的步骤,像社会先锋一样行动一次。首先,找到一个在你的企业或社区中你所注意的问题。

1. 设想一下,如果问题解决了会是什么样的状况?

2. 问问自己是什么阻碍了问题的解决?

3. 写下一个有三四点的解决方案,写下你可以找到的同盟军的名字。

执行你的计划。只要你完成了一次,你就能用这个方法解决其他一切问题。

第八章
社会转换方式

行动中的社会先锋

在正确和错误之间有一片田野，
我会与你在那里相见。

——鲁米（Rumi）

并不是说我们需要建立新的组织。简单来说，我们只是要唤醒新的思考方式。我觉得我们没有理由耗费很多时间去攻击现在。我们可以去建立一个新的模式……为了继续延伸和加快速度，我们可以为走向未来的重大突破创造必要条件。

——唐·贝克博士（Dr. Don Beck）

如果你只是来帮助我，那你是在浪费时间。如果你来是因为这里是你的热情所在，那么让我们一起工作吧！

——澳大利亚昆士兰的原住民活动组织

"有所为"的立场

两年前，由于城市排污系统容量有限，一些城镇居民的地下室在一场大暴雨中被淹了。这些人非常郁闷。当时正好有个地产商递交了一份计划书，准备在这片街道兴建一栋有50个单元的公寓楼。他的计划符合政府的要求，但妨碍了排水问题的解决。这些居民把怨气转嫁到了地产商的身上。有些人摘了他销售处的牌子。为了保护社区健康发展，人们举行了社区会议，市议会和媒体也都参与了进来。几个月之后，一些社区居民与发展商召开了协调会议，最后达成了一个对整个街道都有帮助的排水解决方案。在这个协调会议上，主持人就扮演了一个活生生的社会先锋的角色。在这一章，我们会描述以"转换型方式"解决问题的途径。

许多引导团队谈话的领导者都赞同一个观点：实现社会变革的最大障碍是对抗性态度——我是对的，你是错的，而且我要证明这一点。如果我们从社会改变的角度出发去思考问题，自然会这样想，因为我们觉得我们必须作为一种特定的政治力量、一个组织、一种经济体系或者一个人来对抗另一方。但是如果站在无辜受害者的角度考虑问题时，社会先锋总会因为某些事站出来，去为每个人更加美好的未来创造些什么。创造新的未来需要创新力、创造力和可以使用任何资源的意愿。

通常来说，为了系统性改变的发生，我们都需要带着新的设想转换到运用一种新的"游戏"方式。例如，巴西的贝洛奥里藏特市决定采用一种新的居民饥饿救助体系。弗朗西斯·摩尔·拉佩描述了这一行动。1993年，新任政府发现，在这个拥有250万人口的城市，有11%的人还生活在绝对的饥饿中，而几乎 20% 的儿童在忍饥挨饿。作为回应，市议会宣布拥有足够的食物是市民的权利。他们宣告：即使人们因为贫穷而买不起食物，但这个城市仍然会接纳你。

该城市实施了几十个创新措施来保证市民要求获得食物的权利，特别是把农场和消费者的利益捆绑在了一起。城市提供了很多零售场所。当地的家庭农场可以在那里把农产品卖给市民，这样做减去了大型零售商的中间加价，而之前没有零售商愿意降价。对于穷人来说，这样可以用更低的价格得到新鲜健康的食品。一名管理低价食品市场的经理、巴西活动家阿德里安娜·阿拉尼亚解释说：

> 有些人说国家的管理很糟糕，管理者是无能的。我们在与这种观念作斗争。我们证明这个国家不需要政府提供所有的东西。我们可以通过创建渠道来引导人们自己找到解决办法。我知道世界上还有很多人在挨饿，这让很多人心烦意乱。我没有想到的是，问题这么容易就得到了解决，这么容易就结束了我们眼前的饥饿。

有些时候，我们会需要一个更大的愿景。一个叫作"沙漠技术"（DESERTEC）的非政府组织基金会想在欧洲、中东和其他地区创建一个稳定的未来。其中一名创始人格哈德·尼斯博士分享了他们对潜在能量的描述："在 6 小时内，沙漠从太阳那里吸收的能量超过了人类一年所消耗的能量。""沙漠技术"分享了一个像宇航员登陆月球一样大胆而富有想象力的途径，试图提供一个可以在全球快速执行的全面方案。这个方案既可以用以应对全球变暖，又可以保证可靠的能源供应，促进发展以及安全。

"沙漠技术"的第一个工业倡议涉及欧洲和几个中东国家的政府之间的合作。项目从摩洛哥、突尼斯和埃及开始。为了支持这个项目，这几个国家聚焦于技能培训和创造就业机会。

作为培训者，他们"聚焦于让埃及和突尼斯的学生大规模集中参与，使他们具备扩大可再生能源的技能"，"沙漠技术"基金会项目经理纳吉·暹罗说。

中东和北非的 20 所大学承诺让他们的年轻学生学习再生能源项目的执行。纳吉·暹罗说"沙漠技术"基金会认为这个项目可以"通过建立稳定发展的工业和经济、创造工作机会来加强地区建设。除此之外，它还提供了丰富的能源，甚至超过了整个北非国家所有的电力消费。这些能源还可以出口到欧洲，用以交换北非国家急需的海水淡化设备"。

建制阵营、废除阵营和转换阵营

一直以来，社会上用"建立"来描述控制的力量，最近我们用"废除"来描述那些对抗这些力量的行动。但对于社会上其他活跃着的行动，我们没有词语来形容。所以 ICA 创造了两个新词：建制阵营（pro-establishment）和转换阵营（transestablishment）。

建制阵营指的是社会上那些守卫现状的部分。他们致力于维护和守卫已有的制度，以维持家庭秩序，防止瓦解。建制阵营的代表有银行家、律师、当选的代表、主教、商业领袖等领导者和我们常说的"支柱"。在本章开头谈到的街道排水问题的那个例子中，持有执照的地产商就是建制阵营的代表。

废除阵营通常总是站在已被接受的社会结构和社会传统的对立面。所以，它与建制阵营之间总是紧张的关系。废除阵营要求建制阵营是可以被问责的，包括所建立的体系在内。在关于街道排水问题的例子里，那些冲到地产商销售处门口集会和摘掉销售处牌子的人就是废除阵营的。

建制阵营和废除阵营中间的张力是社会的常态。从某种意义上说，建制阵营和废除阵营都是在"建立"，都聚焦于现实的存在，无论是试图维护，还是想去制止和废除。

第三种角色是转换阵营。当废除阵营和建制阵营在现在和过去之间争执不休时，转换阵营代表其他人问出了具有未来性的问题，敢于设想一些不同的东西。我们可以想一下关于街道排水问题的例子中的调停者，他成功地扮演了转换阵营成员的角色。转换阵营在考虑建制阵营和废除阵营的想法的同时，尊重每个人的天赋和智慧，创建新的模式以解决问题。它召唤人们找到新的运作方法，寻求在过去经验的基础上进行创建，同时超越过去的极限。

当废除阵营在为低工资和他们不满意的教学质量罢工时，建制阵营试图粉饰太平，维护已有的秩序，而转换阵营则是在结构的内部工作，推动创建新的模式，从内部提升教育质量。

宏观来看，社会需要这三种阵营。没有建制阵营就不会有稳定的运作体系，也就没有一个结构来让转换阵营去创建新的东西，当然也不会出现废除阵营。没有废除阵营，建制阵营就永远不会面对改变的问责。没有转换阵营或者废除阵营，社会将停滞不前。

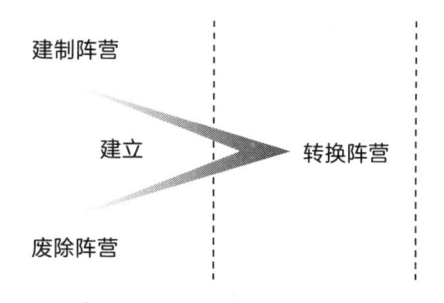

转换阵营

如果个人或团队希望以转换阵营的方式进行工作，与其他人一起为问题创建新的回应，那他们经常需要静静地待在幕后。如果我们站在转换阵营，我们需要放弃好人和坏人、朋友和敌人的二元论。如果我们站在转换阵营，我们要设想所有的人都是潜在的同盟。我们会在每一点上寻求合作、伙伴关系和协作。就像亚伯拉罕·林肯曾经说过的："当我把敌人变成朋友时，我就消灭了敌人。"

几年前，在多伦多，有些批判者（废除阵营）说政府（建制阵营）在玻璃瓶、罐子、塑料和纸类回收方面无所作为。接着，一个转换阵营的团队出现了。他们没有参与打嘴仗，而是基于自己能运用的有限资源在试验区里创建路边蓝箱回收站。在解决了最初的困难后，他们能以实际的示范来说："这个可以做！"政府看到了蓝箱的价值，决定在安大略省的许多城市和小镇设立回收站。在多伦多，这个项目现在涵盖了家庭和公寓回收站，还增加了食物和花园废弃物的回收站。目前，大约45%的垃圾不再被送往填埋场。整个项目的目标是减少70%的垃圾。多伦多市政府网站上对这个项目进行了以下描述：

> 回收是一个魔法。把还不错的纸张回收用于制作厕纸给了废纸新的生命！这就是在拯救树木。用回收纸比用树木纤维制造新纸节省了75%的能源和50%的水。回收铝节省了原料（生产1吨铝需要耗费超过7吨的原料）。用回收罐制造铝可以节省95%的原料。扔掉1个铝罐相当于扔掉6盎司汽油。

我们目前的沟通体系或许最需要的是转换阵营。我们习惯于激进的选举、研究性的报告、用批评带来改变、相互指责、在会议上进行争论以及用这种或那种方式扼杀反对意见。我们倾向于用斗争或批判的方式对社会问题进行回应。那些无辜受害者往往在争论的激流中迷失。在这种情况下，我们对应该做什么失去了自己的观点。我们会更纠结于这些问题如何影响到我们个人的秩序感和舒适度，而不是如何影响到整体社会，影响到我们周围的人。我们和自然界的关系就是我们看不到的最严重的问题之一。

2010年5月,加拿大最大的一些造纸公司与一些环保组织达成了一个看似不可能达成的协议。他们之间已争斗多年。协议是关于停止对北部濒危的2 900万公顷森林的砍伐的。这个协议被称作"世界上最大的保护协议"。谈判进行了三年。加拿大林业公司对不列颠哥伦比亚省、阿尔伯塔省、曼尼托巴省和安大略省的森林退化承担了责任。在一系列密集的公关活动之后,加拿大寒带森林协议通过了。

宣布协议通过后,环境保护组织的谈判团队和工业企业领导者们都着重指出了协议是开创先河的。他们呼吁建立一个世界领先的环境标准,保护濒危物种、应对气候变化。在环保方面,九个环保组织暂停了针对签订了协议的公司的"不要购买"行动。

加拿大森林产品联合会主席兼CEO阿芙兰姆·拉扎尔解释说:

> 以前的思路不是环境就是经济,双方不能兼得。曾经的敌对双方在看到妥协的好处之后进行了妥协。同样,伐木工人需要树木来维持生活,同时林地驯鹿也需要靠森林来活着,我们可以说这两方面都能满足。

整个协议保证了7 200万公顷的寒带森林的可持续发展。

这个结果证明,当矛盾双方抛开争斗、一起解决问题时会发生什么。因为双方都有转换阵营的人,没有一方放弃,最后他们找到了好的解决办法。

有时,一个组织中可能会有不是领导者的人扮演转换阵营成员的角色。

我曾经有个同事叫海蒂·福尔摩斯。她担任过一个公司的经理,那个公司是为家庭里的老人提供护理服务的。有一次,她被叫进执行总裁的办公室,被告知家庭护理预算将会砍掉10%。当海蒂阅读将要砍掉的预算清单时,她注意到清单里有一项是裁员。这会是个麻烦。她询问这个清单是否必须执行。执行总裁告诉她,她需要决定清单上的项目,以达到削减预算的目的。海蒂询问多久之内需要做出最后的决定,答案是72小时。海蒂继续询问她是否可以去寻找其他办法。在得到肯定的答复后,她去找了团队成员,将问题摆在了大家面前。"我们必须削减预算的10%。这个清单只是建议计划,我觉得我们可以找到更好的方法。"成员们讨论后决定试一下。第二天,成员们拿来一份完全不同的计划,里面没有裁员。海蒂把方案交给了执行总裁,总裁同意了。第二种方案带来的问题会少得多,也不会引起投诉。

以下的一些指导可以帮助那些试着使用转换阵营方式的人:

☆ 坚持主动,而不只是被动反应。
☆ 寻求协作与结盟,而非对抗。
☆ 通过结构性的人际网络争取权力的支持,这比疏远他们要好。
☆ 以解决矛盾为导向采取行动,从而实现愿景。
☆ 聚焦于改变人们内心深处的负面形象。

主动性

主动性有可能是一个被过度使用的词语,但它几乎成了转换阵营行动风格的代名词。从这个词,我们能感受到进步和积极的能量。主动性意味着行动。仅仅反对什么是远远不够的,主动的人还会制订一个解决问题的计划。

在澳大利亚教学的时候，我学到了主动性的第一课。当时我养成了一个习惯，那就是将我观察到的学校问题汇报给校长罗伯特先生。每次汇报完毕时我都有一种做了好事的感觉。一天，我又到校长那里汇报我刚发现的问题：学校的厕所堵了。他突然恼火了，他说："斯坦福尔德，我不想再听你汇报各种问题了。我想让你告诉我你为解决这些问题做了什么。下次你如果再向我汇报问题，请带着你的解决方案一起来，我希望方案里能有你的三到四点行动计划。"我被极大地震撼了，这个事件深深印在我的脑海里。

史蒂芬·柯维（Stephen Covey）在《高效能人士的七个习惯》(*The 7 Habits of Highly Effective People*) 里有非常经典的关于主动性的阐述。"高主动性的人，"他说，"从来不责怪境况、别人或促使他们行动的条件。他们的行为是他们意识的产物，基于他们的价值观而产生，而不是基于他们感觉的产物。"当然，主动性的对立面就是被动反应。

有一个市民参加了安大略省萨德伯里市的一个会议。他反思了自己的思想转变历程，当时他们正在讨论实施城市经济多样性项目：

> 我们必须决定为我们自己的历史负责。我们不再抱怨问题中的其他人、其他政府和其他太阳能系统。我们回顾过去时会发现，抱怨别人是我们首要的政治运动。如果没有准备好为解决问题负责任，你就不能真正开始解决问题。我觉得这种领悟是萨德伯里市真正作为一个城市的开始……在一种特定程度上，对未来负责需要一定程度上停止怀疑。你要相信你可以飞跃高楼；你要相信你能够爬上任何一座高山，涉过任何一条河流。

"如果我们想看到更多的好消息而不是坏消息，"查理·汉迪（Charles Handy）在《饥饿精神》(*The Hungry Spirit*) 中说，"我们不得不自己来做。等待不确定的'他们'来修复我们的世界是没用的。"

汉迪举了英国东部的海伦·泰勒－汤普森和密尔德梅医院的例子继续说明：

> 1982年，密尔德梅医院，一家地区性综合医院，即将被关闭。海伦·泰勒－汤普森已经在这家医院工作了30年，她决定阻止医院的关闭。经过长期的努力，她说服了市政府允许医院的归属权脱离国家健康管理系统，并以极地的价格（象征性的）租给了她。
>
> 不久之后，密尔德梅医院在艾滋病关怀方面成了主导中心，并且因为它的创新能力而享誉世界。1988年，它成为欧洲第一家艾滋病临终关怀医院。它拥有32套为艾滋病患者建立的临终关怀病房，病房安置在旧的维多利亚医院。除此之外，它还有为艾滋病人治疗的特别仪器。这里的病人不用与他们的孩子隔离。现在，密尔德梅医院在很多地方都拥有治疗中心，包括在东欧地区和乌干达、坦桑尼亚等5个非洲国家。就这样，在一个女人的创业精神下，密尔德梅医院从20年前被认为毫无价值的机构变成了现在世界级的机构。

转换阵营的人是改变的先驱者，他们设计了新的方式，为那些被社会机会排除在外的人提供支持和发展。转换阵营的人们经常发现，在追寻超越自我的东西时，对自己有了更多的了解。这样的人不会满足于现状。他们渴望做出改变。

改变者总是在寻找着社区和组织里有主动性的力量。曾经有一个发展机构发现了一种有趣的方法可以确认哪里存在主动性。当时，机构成员们不想再像以前一样用发传单的办法来促进当地发展了，他们觉得这种方法对提高人们的参与性一点用处都没有。所以，他们决定尝试一些新的办法。这个机构曾经收到过大笔基金，可以用于国内贫穷城镇的发展。机构成员决定用其中一部分钱购买一大批混凝土。他们将混凝土装车,然后拉到每个城镇,将一堆混凝土倒在某一处空地上。卡车一个城镇一个城镇地跑,都做了同样的事。过了一段时间,机构去检查每个城镇用这些混凝土做了什么。如果有城镇拿它们修建了一些东西,这些城镇就会变成优先获得帮助的城镇,因为它们表现出了主动性。

合作性

当我们想为社区做些贡献时,一个人去做可以称之为勇敢,但如果我们觉得一个人可以完成所有的事,那简直就是疯了。我们需要一个团队——伙伴或者同盟。然而,出于某种原因,或是因为怀疑,或是因为害怕,人们不愿意与其他人分享项目信息。如果一个人想与其他人达成高效合作,有些思维模式是需要克服的:

☆ "我是一座孤岛"——个人和团队会纠结于自己的个性和身份。为此,他们会因为执着于自己的原则、价值观、途径和方法而过于死板。

☆ "他们和我们"——我们没有受过训练,可以在一场争论中同时倾听两个对立面的观点,更不用说倾听第三方面、第四方面的观点了。社会流程更倾向于分边站而不是联合,这一点做得很不好。我们已经把对立面之间的紧张关系发展成了一种高级艺术形式。我们总是把自己这方看作对的,其他人是错的,或者说得好听点是他们做得还不够。

☆ "让我们一起来进行斗争"——在任何主题上的斗争,传统说法是争吵。人们试图用一场争论来解决另一场争论,甚至鼓捣出调解的方式。这种方式并不能带来最终的解决方案,还常常把赌注推得更高。

☆ "我听到了我所说的"——当我们转达一场对话时,往往在告诉别人自己所说的。真正听到别人的观点不是一件容易的事,特别是当我们自己的想法淹没了一切的时候。

☆ "谁有权"——我们之间的联系和社会体系往往建立在力量对比上。解决困难和做出决定已经变成了争夺或者舞弄权力的事。

☆ "我们需要找到解决办法而且我找到了"——我们试图从自己所处的位置出发来完成很多工作。正像电视连续剧《陆军野战医院》(M*A*S*H)里波特上尉所说的:"要记住,做每一件事都有正确的方式和错误的方式,而错误的方式是不断尝试让别人用正确的方法去做。"

为了克服这些思维模式,转换阵营一直在表明与各种不同性格的人一起工作的意愿。转换阵营的领导者在开会时是开放的,接受所有人的参与。这样的领导者会接受会议中提供的每一条信息或每一个问题,只要这些信息和问题确实来自真实的经历。团队中的每一个人都明白自己手里拿着拼图中的一块。每个人都拥有自己的智慧。领导者在聆听和理解了每一个观点的基础上产生最后的画面。他们收集的信息是全面的而不是筛选过的。人们看到关于一个问题的多种观点可以让他们超越二元论，也能看到一幅更大的画面。就这样，当一个问题被重新定义后，可能的有效解决方式就浮现了。

1998年，加拿大的一次彩票和博彩游戏大会提出了一种担忧，即对政府资助的博彩游戏所带来的负面影响。大会请ICA举办了两次工作坊，一个是关于省里彩票和博彩游戏带来的正面影响和负面影响，另一个是关于如何加强正面影响、减少负面影响。

这两个工作坊表明人们对于整体性解决问题的期望，这恰恰是问题的关键。在第一次工作坊中，参与者一次性提出了所有的观点，在卡片上写下来并且在整个团队面前进行了卡片排序。整个流程清楚表明了确实有正面影响和负面影响，在这一点上没有争论。接着，会议流程要求人们用他们的创造力来解决整个问题，而不是简单的一边与另一边的争论。这样就避免了最后的结果只是来源于声音大的或者政治敏锐的人，而且可以将每个人的能量引导到寻找最好的解决方法上。最后，人们被自己和别人的创造力惊呆了。每个人的付出都被贴在了墙上。每个人都对解决方案说了"是"。有些人因为ICA没有给他们机会去控制会议产生的结果而失望，更多的人因看到其他人的想法而感到高兴。

参加转换阵营领导者会议或者工作坊的人不一定全是领导者设想的理想人选。他们有可能像电影《潜艇总动员》(Down Periscope)里的古怪的人。在电影里，汤姆·道吉，一个拥有不寻常指挥风格的潜艇舰长，带着一个直来直去、狂野风格的团队，最后以奇怪的战略赢得了一场战争。

在这里，最令人纠结的地方在于你要相信你的团队就是最恰当的团队。这个团队可以与当下的问题进行斗争。就像转换阵营领导者不会去控制其他人对问题的反应，在一个自主的环境里，我们也不会去试着控制主动性。我们相信出现的人就是有观点且有动力去解决问题的人。

结构性的人际网络

体现转换阵营的领导力的一个重要方式是打造框架，或者为一个进行改变的项目建立支持和授权的网络。转换阵营的角度是寻求支持和授权，然后继续前进。沃尔特·温克（Walter Wink）在《这就是权力》（The Powers That Be）一书中写道："认识权力，是社会行动中不可或缺的一部分。"或者，像一句印度谚语所说的："如果你住在河里，那么就去与鳄鱼交朋友。"

权力可以使任何社会改变项目半途而废，但如果掌权者一直被知会，他们也可以很有效地使改变的道路变得通畅。至少我们需要从权力那里获得足够的"是"来支持我们前进。

当然，这不意味着简单地听从。结构性的人际网络吸引那些大权在握的人，让他们产生兴趣甚至可以参与到建设中来。接下来，我们就可以把他们变成我们的同盟军，共同创造改变。例如，我们几年前召开了北美地区的社区论坛和城镇会议，我们打电话给市长们，让他们知道我们的计划。我们也邀请他们为开幕式致辞。他们中的许多人感觉到被尊重和被赋能。

每个社区、组织或者社会结构都有现行权力。只有特定的人或者角色愿意做，事情才会在社区内发生。这就是生活的真相。然而，真正的权力不一定是在市长或议会手里。有一些组织被一些看不到的人所操纵，而不是官方领导。在一个企业里，对于一个有创造力的项目，无论你得到了多少来自总裁的支持，只有得到财务部门、技术部门，甚至有时是传达室的支持，你才能将其真正开展。你有可能觉得是董事会或者某个中层经理阻碍了你的努力，但其实完全不是。任何的社区和组织都是这样的。你的任务是发现你需要获得哪些授权，公开的或者背后的。

重要的是，人们要知道你到底想做什么，你需要策略性地做一些拜访和会见的计划。

在一个我曾经工作过的社区，权力掌握在一个叫作费利西蒂的人手里。费利西蒂已经与这个社区合作了20年，她是社区里众所周知的人物，所有的人都认识她。她致力于让事情变得更好，但她很不喜欢其他人的介入。那种感觉就像她坐在一个社交大网的中间。在那个社区，如果没有她的参与或者至少是出现，你什么事也做不成。在这种情况下，你可以烦恼和大惊小怪，但其实于事无补。这就是你遇到的一个现实，你需要与她合作，否则就会陷入困境。所以，你最好在社区中心的门外拦住费利西蒂，问问她是否能给你一分钟，告诉她你在公园的一日工程计划。费利西蒂会点着头说："听起来是个好主意。"就是这样。我还记得，有一次我们打算用一天的时间整理公园空地，但没有告诉费利西蒂。出于某种原因，义工们全都没有出现，我们也没有从公园管理处借到任何工具。

乔·纳尔逊，ICA的一名引导师，谈到得州的两个社区对当地发展商进行的两种截然不同的行为。一个社区的办法是与业主进行斗争，之后他们开始彼此争斗。他们什么目的也没有达到。另一个社区在发展社区方面争取到了业主的支持。他们的社区项目至今仍然在轰轰烈烈地进行。

以矛盾为出发点的行动

有人说："没有愿景，人类将会消亡。"社会变化总是从看到渴望的未来开始的。积极正向就是我们想要创造和发展的未来。地方性的先锋总是持续地创造或回归他们的实践愿景。在基本实践中，这可以帮助他们从新的角度来看待整体。有些组织或者组织中的一部分没有明确的愿景，还有些只是听从命令。你可以通过询问他们的希望和梦想在哪里、他们需要的和寻求的东西是什么以及他们盼望的是什么来辨别愿景。

然而，仅仅有愿景是不够的。我们试着去实现愿景的时候就跳进了矛盾的河流里：面对实现愿景的阻碍因素，就像面对河流里的大堵塞。原木从切割区顺着河流流向磨坊，如果有几根原木堵在了石头上或者河底，很快那里就会有一大堆原木堵在那里。除非这个大堵塞崩塌掉，否则没有一根原木可以在河流中移动。这就是矛盾。

与矛盾一起工作和简单解决问题是相对立的。威廉姆·莱德勒（William Lederer）和尤金·伯迪克（Eugene Burdick）在《丑陋的美国人》（The Ugly American）里谈到了一封信。这封信是长冬镇的老人代表写给一名工程师的妻子的。这个小镇的老人长久以来忍受着弯腰驼背所带来的痛苦。他们一直以为人老了就会这样，而这也成为他们害怕衰老的原因之一。这名工程师的妻子观察了老人们的工作状态。她注意到这些老人都是弯着腰并且手拿短柄扫帚扫地的，之后她把长柄扫帚介绍给了这些老人并教给他们使用方法。信里面说："你会很高兴地看到，现在镇里的老人只有几个是弯腰驼背的了。"鼓励老人们做锻炼来改变身体状态就是简单解决症状。而工程师的妻子找到了症状背后的原因：短柄扫帚。

无论我们的愿景多么宏大，不解决矛盾就不可能成功。我们解决矛盾的方法将真正的改变者与只是玩玩的人区分开来。如果我们不考虑路上的任何矛盾，大部分人都会觉得很顺。但一旦遇到阻碍或者矛盾，我们中的一些人就会停止前进，然后原地兜圈圈了。或许我们希望小睡一会儿或者打场高尔夫，等我们回来时矛盾就可以自己走掉。可是，经常发生的情况是它还在那里，在我们脑海里可能还变得更大了。如果我们只把能量用在对抗矛盾上，或者不停地考虑这些问题造成多大的麻烦，那就是浪费精力。我们错过了重点。因为，从战略上来讲，矛盾所在就是通向未来的大门。

保罗·霍肯（Paul Hawken）在他的《商业生态学》（The Eology of Commerce）一书中写过的一个故事可以证明这一点。这个故事发生在巴西东南部的城市库里蒂巴：

巴西，1973 年，当建筑师杰米·勒纳担任库里蒂巴的市长时，这是个迅速发展的城市，拥有 50 万人口，贫民窟在不断蔓延。贫民窟带来了很多问题，其中最不显眼的是，因为到处都是狭窄的街道甚至很多地方没有街道，垃圾车根本进不去，垃圾到处堆积如山。垃圾会吸引小的啮齿类动物从而带来疾病。勒纳的解决办法是在贫民窟摆放回收箱，付钱给孩子们，让他们定时将回收箱内的垃圾带到城市垃圾处理站去，区分可回收垃圾和不可回收垃圾。对于那些可以用来给土地增加肥力的有机物，他会用食物交换。策略实行得非常好。孩子们清理了贫民窟的垃圾，还学会了对聚苯二甲酸瓶子和高密度聚乙烯瓶子进行分类。这些措施使贫困的市民有办法离开贫民窟，出去工作，同时又促进了城市整洁、节俭以及废物的回收和再次利用。

当我们接触矛盾时，它会把我们的组织或整个社会带向未来，就像"恶毒的殖民地盐税"为甘地的印度革命打开了大门。

基本上，人们看到的和感觉到的问题很少是真正的问题。当我们进行更深入的探究时，我们会发现这些问题凝聚成了一块儿或者说是一群。这些问题模块给了我们看清社会基本现实的线索，这些基本现实阻碍了我们有效率地实现愿景。当我们认识到造成这些阻碍的因素时，我们就会找到潜在的矛盾。我们必须去挖掘这些矛盾。当我们遇到一系列的问题并且为它们命名的时候，我们必须一直询问，它们为什么会发生。

例如，头脑风暴一下一个中等规模的企业会遇到的问题：

- ☆ 资金链需要重点关注；
- ☆ 人们不满意工作环境；
- ☆ 费力地实施财务和会计控制；

☆ 官僚主义；
☆ 谴责管理层的霸权；
☆ 工作上没有主动权；
☆ 旷工。

这一系列问题是一个团队进行头脑风暴以后得出的结论。接着，这个团队继续就每个问题询问"为什么"，最终他们找到了深度矛盾并把它命名为"没有把人力资源当作企业的资产"。

用更准确的词语来解释"矛盾"，应该是做些什么来解决问题。在这个案例里，企业需要找到办法来将它的人力资源作为首要资产。如果企业想要在五年内实现它的计划并占据适当的市场份额，它必须实现一些明显的转变。

聚焦于人们内心深处的负面形象

为了使社会持续变化，转换阵营会聚焦于阻碍人们改变的内心深处的消极之处，而不是简单的一两个表面问题。例如，即使贫穷人口的居住和健康服务得到了改进，但并没有任何行动去减轻他们内心深处的自卑感，这些帮助也是有限和短期的。虽然地方经济水平对人有很大的影响，但只用提高经济收入的办法是解决不了人们内心深处的消极问题的。我们必须要认识到扎根于组织或社会深处的那些阻碍。有时，这种阻碍会是一种思维方式，人们在面对外部因素时抱有不可能解决的想法。有时，阻碍会是受到挫折后的顺从，那是几代人徒劳的努力后所带来的。有时，阻碍又会是因为过去在某些方面遇到困难而阻止了个人独特天赋的发展。

在一次社区会议上,人们意识到,在他们的印象里,现在的社区"市民道德颓废",或者像一个人说的"有灿烂的过去,然而没有未来"。他们进行了很多讨论,直到克服了"城市正在慢慢死去"的想法,他们才愿意行动起来去创造城市的未来。这个社区因为人们观点的改变而采取了很多行动。他们为城市创造了一个象征符号,举行了城市庆典,进行了重要的公共建设,组织了文化俱乐部,建设了社区安保系统,还有其他很多措施。这些初步的行动直接或间接地消除了"有灿烂的过去,然而没有未来"的形象。人们内心消极的想法和故事被跨越了。

迪克·理查德(Dick Richards)在《精巧的工作》(*Artful Work*)一书中谈到今天的组织最需要的是什么:

> 我们熟知的信仰导致我们接受了无限可能的技术进化。我们尝试被目标所管理,寻求卓越,写下愿景描述,打造自我管理的团队,提出质量和服务的概念,现在又开始重新设计。我们从一个解决方案转到另一个,而我们的解决方案又经常没有什么效果,因为这些方案经常只是解决了表面问题,而不是根本。问题就在于我们改变了我们的点子和技术,但没有改变我们的信仰。

ICA第五城市社区重组项目提供了一个很好的例子。这个项目解决了人们内心深处的负面意象。该项目的内容是全面发展芝加哥西部一个包含十条街道的社区。项目的全面之处在于它基于解决所有人——从幼儿到老人——的所有问题,从经济方面到政治和文化方面,也包括内心的消极之处。在这个社区里,当地的领导者希望改变人们对于犯罪的态度。那里的人们之前觉得对于犯罪无能为力。第五城市和它的幼儿园(见第四章)在很多国家成为"可能"的符号,尤其对于参观过它或者听说过它的人来说。社区重组项目对于很多有类似尝试的人来说成了一个模型。

领导力挑战

对于一名希望从转换阵营的角度做事的领导者来说,挑战之处在于他要在任何过程中理解不同的观点,鼓励人们参与。他们需要去理解这些观点的可取之处,并且懂得没有一个观点是完全正确或者完全错误的。

作为领导者,我们可以利用改变,利用社会的需求和人们的能量,在不同的团队间建立合作关系以更好地完成工作,让人们拥有未来。当人们尝试改变时,他们的生命就增加了意义。

当我们没有担任领导职务时,挑战之处在于我们要做好准备,在必要时提出建议、方向、问题,觉察一种新的理解。

本章解释了带来社会变化的转换阵营的社会先锋如何进行工作。

○ 练习

☆ 成为转换阵营的强大存在 ☆

1. 人们在你的社区或者工作场所里都扮演了什么角色?
2. 谁是建制阵营?他们做了什么?
3. 谁是废除阵营?他们做了什么?
4. 谁扮演了转换阵营的角色?他们做了什么?
5. 在哪些情况下,你是建制阵营?
6. 在哪些情况下,你是废除阵营?
7. 在哪些情况下,你是转换阵营?
8. 当你读到转换阵营的角色守则时,你觉得自己面临了什么挑战?

- 坚持主动,而不只是被动反应。
- 尝试合作和伙伴模式会比对抗要好。

- 通过结构性的人际网络去争取权力的支持,这比疏远他们要好。
- 以解决矛盾为导向采取行动,从而实现愿景。
- 聚焦于改变人们内心深处的负面形象。

9. 在你的社区或工作场所,成为一名强大的转换阵营角色都包括什么?

10. 对于你来说,可能需要什么样的个人改变?

第九章
符号性存在

展 示 真 诚 的 生 活

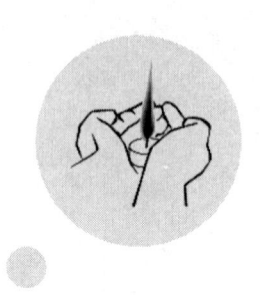

当我们让自己的光芒闪耀时,我们在不知不觉地鼓舞着别人。
当我们从自己的恐惧中解放出来时,我们用真诚的存在来释放别人。
——玛丽安·威廉姆森(Marianne Williamson)

治愈性存在是一种有意识地、慈悲地与另外一个人或者很多人一起活在当下的情况。在这种情况下,你对别人充满了信任,完全认可他们全部的潜能。
——苏珊·卡特肖(Susan Cutshall)和詹姆斯·米勒(James E. Miller)

感激打开了生活,

它将我们拥有的变得足够,甚至超出所需。

它将否认转化为接纳,混乱变成秩序,困惑变成明晰,

它将普通的饭菜变成饕餮盛宴,将房子变成家,

将陌生人变成朋友……

感恩赋予过去以意义,赋予现在以平静,赋予未来以憧憬。

——麦乐迪·贝蒂(Melody Beattie)

对于生命的陈述

拉里·金(Larry King)在《强大的祈祷者》(*Powerful Prayers*)里讲了一个非常棒的故事,那是对斯瓦米·萨其达南达的一段采访,他是弗吉尼亚州整体瑜伽学院的创始人。斯瓦米询问拉里每天早晨起床时都会想什么,拉里说不出来。斯瓦米有点惊奇地问:"你居然没有表达过感恩?""没有!"

斯瓦米指出,感恩的心态可以让他过好每一天的生活。如果这样做,拉里将会成为这一天时间的参与者,而不仅仅是一个旁观者。"让我们来假设一下,"斯瓦米建议道,"在快餐店里,你点了烤面包,然而你拿到的是个烤煳了的面包,你会怎么办?"拉里说他会跟店员吵一架,因为他为烤面包付过钱了,吵一架可以帮助快餐店更好地做出烤面包。斯瓦米劝说拉里,问他为什么不感谢厨师,然后他可以向他们要求重新烤一个,并且也接受这个烤煳的面包以免浪费。

拉里被斯瓦米的建议噎住了,控制室里笑声一片。接下来,斯瓦米指出,当拉里嚷嚷和吵闹时,拉里其实是伤害了拉里自己与厨师之间的联系。斯瓦米询问拉里,是否可以不吵闹,而是把他的怨气化为一种建议,并且在离开快餐店时把那里变得比他进来时更好。这样做就是对快餐店生活的参与,而不是削弱它的能量。

公交车司机在我们投币时说声"你好"会有什么不同？我们在下车时对司机说声"谢谢"会有什么不同？我们和司机的情绪都会因此而轻松愉快，因为我们是在尊重彼此。在一个家庭里，父母之间或者父母和孩子之间一个小小的友善行为又会带来什么改变？无论在哪里，如果我们真正对别人显示出感激（不仅仅是一种负债感或者责任感），就会让每个人都焕发活力。有时感激是会传染的，当我们抬头看时，我们会发现感激比比皆是。我们的存在可以带来改变。

成为一个符号性存在

当我还是住在父母开的旅馆里的小男孩时，我很敬佩的一个客人每到学校假期就会来旅馆住一段时间。他叫伯特·托尔斯比，是我们家的朋友和客人。当伯特和他的妻子去小河边钓鱼时，他们总是邀请我一起去坐船。他非常地绅士，说话声音小小的，看起来对自己和生活都很放松。而且，看起来他很吸引鱼的到来。我们最喜欢去的是黑斯廷斯河一个叫作哈曲的支流。每次我们总是带着满满的白鱼和萨科鱼回来。他提醒我对待小鱼要温柔，钓上来后要把它们放回去，让它们长到法律规定的尺寸甚至更大。陪伴在他身边，我总是感到很富有。他拥有我认识的其他人身上少有的品格。现在回想起来，在他身上，我看到一种特别的存在感。今天我会把它叫作自信。自信的人会做深呼吸，对生命中发生的事情进行提炼并把它们呈现在当下。自信的人知道，比起付出能量，人们更需要汲取能量。

符号性存在的人会向其他人显示出真实生活状态的可能。他们坚信没有人可以逃避对生命的责任。他们展示了作为一名普通人该如何承担关注的重担并将其视为礼物。他们实践了一种真诚的生活，让自己生活中的每时每刻都充满意义。

我们存在的活力不仅仅来源于丰富的维生素、足够的睡眠和身体锻炼。当你付出多一些，再多一些，你会惊奇地发现更多的生命体验涌进来。资深教师约瑟夫·史力克写下了相关的体验：

> 我还记得我在学校的第一次赛跑。他们把我带到起跑线，让我开始跑。那是我第一次赛跑，我跑啊跑啊跑啊，根本不知道赛跑的正确方法。不过，感谢上帝，好像别人也不知道。跑着跑着，我开始感觉到了疼痛，我觉得全身哪里都痛，我开始喘不上气来。我真不知道后面会发生什么，反正就是一个劲儿地跑。最后应该是所有人都赢了，因为我觉得我们是同时倒在终点的。突然，一种兴奋感涌上心头。我完成了赛跑！更好的是，我还活着！力量就在我疲惫而疼痛的身体中。

我们知道，当我们放弃对生活的贪恋，放弃对它的阻止或者保护，并且给予生命充分的自由后，生命就会回报我们。能量开始释放，生命开始流动。我们可能还记得劳伦斯的那首诗《我们是传播者》："……生命，更多的生命，涌向我们去传递，去做好准备，我们每天都在传播生命。"

就像一种不属于我们的力量从宇宙中心呈现并进入我们的生命，这是一种奇怪的力量，看起来无处可寻而又在我们内心涌动。当我们身体上极度疲倦、想要彻底放弃的时候，新的生命能量就会出现。

出于某种原因，我们有可能会问，这种生命的付出与工作狂的工作有什么不同。不同之处在于，社会先锋虽然用他们的生命为社会做事，代表未来的一代解决矛盾，但他们一样具有放松的能力，该放手时则放手。他们经常按下暂停键去反思或者庆祝。工作狂则不一样。他们不能承受任何的停止，因为工作已经填满了他们生活的每一个空间。如果工作停止了，他们的内心就会感到空虚。游戏到此结束。工作狂必须做出改变，或者他们需要学会面对自己真正的生活。

实践可能性

并不是只有个人可以证明符号性存在。组织或者社区也可以成为强大的符号，去证明可能性。

存在的"符号"性是很重要的。在这个形象很重要的世界里，当研究生而为人的意义时，我们通过观察其他人的行为学习比通过阅读学习要快得多。今天，我们需要的是越来越多的人愿意真诚地做人。他们会成为可能性符号，就像甘地之于印度、马丁·路德·金之于美国；就像埃拉·巴特（Ela R. Bhatt）在小额贷款方面之于印度，以及格拉萨·马谢尔（Graca Machel）在儿童和妇女权益方面之于南非。

社区和组织也可以成为强大的符号，经常会有团队为世界提供一种新的运作方式，体现一种新的可能性。

当世界各国的球队在为2010年南非世界杯做准备的时候，加沙足球队只能看着，因为他们知道他们不可能得到许可去参加比赛。在可预见的未来，加沙参与国际体育赛事和许多其他活动几乎是不可能的。可以说加沙基本上被世界排除了。

为什么在人与人之间还存在着这么多误解，而人们其实只要做一些小小的努力就能发现彼此拥有的共同之处？土木工程师阿什拉夫·哈马德和美国救援人员帕特里克·麦克格兰恩，在加沙组织了一场足球比赛。当时只是为了简单地相互了解，他们邀请了他们尊敬的邻居和外国朋友一起来玩。在2009年11月美丽的一天，他们一起分享了快乐。

从第一次比赛开始，茶水煮上了，水烟抽起来了，友谊也在篱笆墙两边的人们之间建立起来了。在人们一起度过越来越多的时间以后，他们的谈话转向让城市里更多的人参与游戏。他们希望帮助更多的人走到一起去发掘可以分享的东西。就这样，"加沙世界杯"诞生了。

2010年5月，加沙世界杯持续了两周，有16支队伍参加。在这些队伍里，有12支队伍以参加南非世界杯的国家名命名。还有4个国家也加入了进来：巴勒斯坦、约旦、埃及和土耳其。这些比赛在加沙的两个体育场进行，赞助商为联合国开发计划署、股份青年论坛、马沙克印刷公司、百事可乐公司和巴勒斯坦银行。

有大概250个外国人在加沙的国际性公司工作，其中的50人参加了加沙世界杯。巴勒斯坦球员来自全国各个政治集团。他们没有被政治集团所影响，即使他们属于哈马斯、法塔赫、伊斯兰圣战、人民阵线或其他政治组织。

加沙世界杯对于世界来说是一个简单的提醒，就像帕特里克·麦克格兰恩说的："这向全世界表明，加沙不是一个糟糕的地方……把它堵在墙后并不是一个解决问题的好办法……如果世界可以看到加沙通过运动的力量所展现的美好一面，那么也许，只是也许，世界可以开始与这里的人对话。"

安德鲁·雷夫金最近报道了发生在不丹的故事。这是一个小小的喜马拉雅王国。这个国家从不同的角度诠释了人民福利。通常，经济学家会用国内生产总值来衡量国家发展结果和人民生活福利，这也是一个客观的幸福衡量指标，但不丹尝试用不同的方式进行衡量。安德鲁是这样描述的：

> 1972年，考虑到其他发展中国家只关注经济增长所带来的各种问题，不丹新加冕的国王吉格梅·辛格·旺楚克（Jigmi Singye Wanchack）决定把国家优先的衡量标准由国内生产总值改为国民幸福指数。
>
> 不丹国王说，繁荣和发展需要被整个社会所分享，同时又要与保护文化传统、保护环境和维持一个负责任的政府相平衡。现在，不丹的例子仍在演化中，促进了关于全民福利的广泛讨论。
>
> 在世界范围内，越来越多的经济学家、社会学家、企业领导者和官员们正在尝试建立一个衡量标准。这个标准不仅仅包括金钱，

还包括健康护理、家庭时间、自然资源的保护和其他非经济因素在内。

确实，投资者们在问：合乎道德的投资是可能发生的吗？他们可以去看看世界上那些合乎道德的投资，然后再看看自己。你能在不降低森林面积的前提下生产纸浆吗？人们正在用麻来代替保证生态系统健康的森林。人们有能力改变正在衰落的社区吗？看看这里或那里正在发生的事吧。这就是为什么社会的方方面面都需要示范性的努力。他们为那些旁观者发送了可能性的信号，然后旁观者可能会说："好吧，我的天哪，看看这个！他们居然做到了，我们也可以做到！"

符号性存在的品质

当我们观察那些有着符号性存在的人时，我们可以看到他们具有几个基本的品格。

首先，存在就是简单的出现。伍迪·艾伦（Woody Allen）说过："你出现就意味着80%的成功。"存在的一个基本表现就是出现，出现体现在你的日程表上或者需要你出现的地方。其中蕴含着力量。每天我都会经过一个中国人身旁，他是主街和斯万维克大街交叉口的交通管理员。他总是在那里，做着交通管理员应该做的事——抓紧手里的小红旗，吹响哨子，带着学校的孩子们过马路，或者告诉他们什么时候该停下来等待。这些保证了过马路的人的安全。他成为结构性关注的一个象征。没有任何行为表明他是快乐的或是痛苦的。他就是在那里——每个学校上课的日子——没有一天缺岗。这就是最基本的存在。

汤姆·华盛顿（Tom Washington）曾是芝加哥西部第五城市社区重组项目的领导者。他是非常普通的一个人，但他决定成为社区的一个关怀式存在。每天清晨5:00，他总是喝杯咖啡，然后开始巡视整个街区。

他保持着一种稳健的步伐，只有在发现哪里需要关注的时候才会停下来查看：一辆废弃的汽车、一些回家太晚的年轻人、一些倒了的垃圾桶。那些早起的人都认识汤姆，也知道他在做什么。他每天都准时出现。年复一年，直到他老得走不动了。他就是这个社区关怀的象征。

存在是内部自律。有些人将存在看作魅力，那种可以吸引别人的特别的领导者个人魅力。那是一种很好的天赋，但这里所说的存在是一种内部自律，而不是天生的魅力。芝加哥某学院的院长约瑟夫·马修斯（Joesph Mathews）解释了其中的不同：

> 当别人讨论魅力型领导者的时候，我特别生气。他们说得就好像魅力是天生的一样，有些人生下来就有，而其他人根本不会有。多年以来我一直认为，魅力的来源就是一天天坚持站在缺水的沙漠深处的能力，这个人倒下了，那个人消失了，而你就是能一天一天地站下去。这才是魅力。如果年轻的你们觉得有点魅力是一件有趣的事，那么很简单，你就一天一天地站下去。炮弹到处都是，很多人开始抱怨，抱怨，而你则放弃了抱怨的权利，全力以赴去完成任务。这就是内部自律，就是这么简单。

用另外的话来说，存在并不是特别的名人印记，如基努·里维斯（Keanu Reeves）或者奥普拉·温弗瑞（Oprah Winfrey）拥有而其他人没有。存在是虽然面对失望、拒绝、绝望和背叛，但仍然决定每天都对生命给予关注。存在是早上很早起床，一个接一个地处理与家庭的关系、各种任务、与各种人会见，然后很晚回家，继续思考第二天要解决哪些问题。换而言之，存在来自对堆积如山的事情给予充分的参与，日复一日。它来自个人自由意识和需要付出的关心之间不间断的徘徊。它来自对生命和生活的肯定，来自面对生命的复杂性，去接受苦大于乐的无尽的旅程。就这样生活20年、40年、60年后，你会留下印记——存在的印记。这种存在是少去评论，召唤别人充分地活着。

存在也是一种不可避免的悲伤。即使人们经历着为世界提供服务的喜悦，悲伤仍然存在于肯定和喜悦之下。悲伤来自知道地球千千万万的人可能永远不会看到自己的潜能，更不用说拥有足够的食物、衣服或者住所。也就是说，悲伤来自知道生命是一场不可避免的悲剧。这种存在不仅仅是个人魅力，像泡腾片那样自然地冒泡和散去。我并不是说有这种深刻存在的人会缺乏幽默感，事实上，他们的觉醒帮助他们在生活中发现幽默，只是他们的愉悦并不是对那些无辜的受苦者视而不见。

斯蒂芬妮·诺伦（Stephanie Nolen）作为《环球邮报》（Th Globe and Mail）的非洲新闻记者工作了很多年，她在报道非洲的艾滋病肆虐时感到了深深的悲伤。她写过一本关于非洲的书，叫作《有关艾滋病的28个故事》（28 Stories of AIDS）。斯蒂芬妮·诺伦用一种有感染力的、易懂的和简朴的写法让我们倾听、理解和关注。通过一系列的故事——每个故事都来自非洲千万艾滋病人中的一个，斯蒂芬妮·诺伦探索了这种传染病的影响。这本书客观地传递了非洲艾滋病的现状，也明确地让我们看到自己是如何一直忽视非洲艾滋病的增长的，这种忽视仅仅是因为我们感到自己有危险，在道德上无法忍受。

存在也包括了在艰难的生活中仍然愿意付出。它是一种无视任何个人困难、坚定服务世界的决心。它是一种精神上的慷慨，相信生命就是这样，无所谓困难不困难。我们平常认为的困难只是生活以这个样子出现在我们面前而已。困难往往会成为挑战的意义，而不是要躲避的烦恼。

卡洛琳·密斯（Caroline Myss）在她的《精神解剖》（Anatomy of Spirit）一书中谈到了创伤症候群，这类人会一直停留在过去给他们造成的伤害上：

> 我们已经丧失了成为我们想成为的人的勇气。我们已经丢掉了

努力实践的习惯而只是懒懒地等待着。我们需要勇气去说:"我受到的伤害是有价值的。我热爱我走过的路程,我害怕放弃过去。"我们也要对我们爱着的人说:"我已经看着你舔舐伤口太久了,是时候放开了,因为它在浪费你的每个细胞。我不会再帮助你了。你没有在珍惜生命。你只是沉迷于痛苦,而我认为这完全帮不到你。"治愈是让创伤过去的勇气,不是一直留着它,让你所有的生活都围绕着这个伤口打转。那不是治愈。

对于充分活在当下的人们来说,如果他们的关注只是锁定在自己的痛苦之上的话,他们不可能对世界付出关心。每天的反思给了我们时间去消化和吸收那些生命给予我们的"失望的打击"。反思可以帮助我们处理每日新增的伤口——可能是失望,或是来自别人的风言风语,也可能是意识到自己犯了错误而带来的疼痛感。反思帮助我们坦然面对自己的摔倒,并从中学习,然后将它们抛之脑后。如果没有这种持续的反思过程,我们没有愈合的伤口会越来越多并且连成一片,直到成为一道鸿沟。我们每天的目标可以小到只是保护自己。当你决定治愈某种境况时,挑战之处在于你需要放开很多的防卫、失望、伤害和敌意。

伯瑞·丹尼伯格(Barry Denenburg)在他为纳尔逊·曼德拉写的传记《曼德拉:艰难地走向自由》(*Nelson Manadela: No Easy Walk to Freedom*)中描述了曼德拉如何在监狱中超越自己的痛苦去照顾其他犯人的故事。

他保持着每天早晨运动的习惯。囚犯们白天的工作是挖出石灰板并装上卡车,曼德拉也是这样。晚上他会学习。他通过邮件学习了法律,自学了南非的荷兰人的历史和语言。他的学习许可一度被撤销了四年。对他来说,这是难熬的四年时光。他从来没有向监狱单调的生活投降。他把每天都当成一个新的机会。他不断地结交新朋友，与他们分享彼此的经历和故事，同时计划着将来。曼德拉帮助很多人在监狱中活了下来。他鼓励他们去自学。

曲嘉·仲巴分享了如何解锁生命赋予我们的能量。这些线索让我们看到了认真对待生命的强大力量。这种力量可以影响我们对生命持续的肯定，可以让我们散发出新的光芒。

☆ 克服困难，以生而为人感到骄傲。
☆ 对我们自己保持开放和诚实的态度，继而我们可以学着对别人开放。
☆ 明白一个基本原理，即没有东西可以威胁或改变我们的观点和看法，如同阳光不会表达赞成或反对。
☆ 包容我们作为人的悲伤和弱点，我们还会看到人性中的无畏和慈悲。
☆ 意识到我们有充分的权利生活在这个宇宙，不用为我们生而为人感到抱歉。
☆ 不要把我们的想法和帮助强加于人。
☆ 拒绝因为任何人或任何处境而放弃。

那些长期探索精神世界的人都会建立出神秘的存在。他们有可能留辫子，或者穿粉色的衣服，或者问人们奇怪的问题。他们会是问心无愧的挑衅者。他们不追随任何生活方式或去寻求别人的关注，但他们关注生命带来的挑战。

符号性存在的角色

作为一个符号性存在，我们决定为别人释放生命的能量，我们也会像一名演员一样扮演不同的角色。我们可能需要想象自己走进一家牙医诊所，注意到那里一片愁云惨雾，然后我们会用自己最愉快的声音说："早上好！今天过得怎么样？多美好的一天啊！"有时候，人们会因为一些有魔力的词而苏醒过来；有时候，你需要给予他们更多的能量才能激活他们。

很多角色可以很好地给予人们能量。这些永远的领导者的角色包括：

☆ 长者
☆ 讲故事的人
☆ 照顾者
☆ 勇士
☆ 聪明的傻瓜

长 者

长者会传授见解、支持和观点，这些都是基于他们多年的经历进行的总结。有时这些智慧来源于我们在生命中遇到的前辈，有时是我们假想的，有时我们甚至能够从孩子的话语中看到同样的智慧。

长者就像一盏灯，可以照亮生命的真相，这些真相通常藏在错觉和迷惑的黑暗中。这些前辈会注意到在这个不确定的世界中一些不可否认的真相。他们知道怎样将困惑转化为常识，将漠不关心转化为热情。他们可以用从过去经验中得到的智慧揭示现在的秘密，或者看到隐藏的信号。他们的智慧传递给我们的是对生命深度和广度的探索。

最近，一个全球杰出领导人的独立组织成立了，他们给自己起的名字是"长者"（The Elders）。这个组织由两个貌似不搭的人建立：企业家理查德·布兰森（Richard Branson）和音乐家彼得·加布里埃尔（Peter Gabriel）。"长者"在和平建设和促进人权发展方面提供了集体的影响力和经验。

我记得我在教高中时经历过一段困难时期。当时桌上堆满了学生需要评分的作业和我待完成的大学论文，同时我还卷入了一件在校方看来极不光彩的事情之中。我觉得自己还差一根稻草就要被压垮了。有一天，我坐在教师办公室的桌子前发呆，一位老教师轻轻走到我面前对我说："你知道吗？生活不仅仅在学校之内。你应该给自己放个假，走出去，看看电影什么的。不要在这里为难自己。"那个建议真是救了我。我去看了电影，学着放松，然后对生命的想法奇迹般地改变了。那个建议提醒我，将自己百分之百地投入工作中意味着崩溃，因为我没有时间给自己充电。每个人在生命的某个时刻都需要来自长者的建议，有些时刻我们也需要给别人建议些什么。

决定成为这种存在会冒一些风险——我们不确定人们会不会听取我们的建议。也许他们会说："听着，这个不关你事，不要多管闲事！"也许他们什么也不说，而我们会担心他们根本没听进去。无论如何，我们要给人们时间思考我们所说的话，不要太多地打扰他们。成为这种智慧的存在需要保持淡定。通常来说，人们不会一晚上就做出改变，有可能十年之后他们才会反省我们跟他们说过的话。长者明白这一点，他们也明白一次次重复这些信息的重要性。

讲故事的人

讲故事的人可以用散文或诗歌来讲故事，也许还会用隐喻，也许用历史或是歌曲，任何方式都为了给人们观点和鼓励。娜欧米·克莱因就用讲故事的方式向我们描绘了一幅全球化和资本主义带来影响的全景画面。那些世界各地的原住民则用舞蹈、诗歌、仪式、绘画或故事的形式来传承本民族的文化和智慧。他们以此教导年轻一代为创造未来做好准备。苏斯博士（Dr. Seuss）和《芝麻街》（Sesame Street）为一代代儿童扮演了这样的角色，他们通过提供生命的景象让孩子们受益终身。

阿尔伯塔省埃德蒙顿市的一所学校让孩子们完成一个项目，项目是设计一枚徽章。鲁本·詹姆斯－绍杜－威廉姆是学校里一名14岁的男孩。他非常用心地设计了他的徽章，但老师拒绝将他的作品与同学们的作品一起展出，因为他的设计里包含了一个药轮（加拿大原住民的传统符号）。他非常不理解为什么他的作品不能展出。后来他想也许老师是害怕了，她不理解药轮的意义。所以，这个孩子写了一首诗，向老师介绍他民族的鼓、土地、他的祖先和他作为原住民的骄傲。这里是其中的几行：

我不咬人

我只是想让你看到土地

感受草原

我感到愉悦

我是一棵伟大的树

我深深扎根于真实深处

他选择了教育而不是报复。通过他的诗歌，他成为一名讲故事的人。

故事或者诗歌可以像音乐一样唤醒潜伏在每个生命中的智慧。讲故事的人就地取材，任何的语言和形象都可以用来解释生命中那些言语无法表达的真相。他们让人们拥有新的梦想或者将困难变成有声有色的经历，这些可以超越时间和空间。他们提供的景象给予了我们希望的源泉和生命中的创造力，召唤我们也成为讲故事的人。

我的一个同事给我讲了一个故事，是关于在老人之家表演的事。那里的员工请求她做些什么为老人之家注入活力。当时老人之家里发生了太多的争吵和非难，老人们对工作人员不满意，工作人员对老人们的抱怨不满意。必须做些事来振奋人们的精神了。当时我的同事正尝试将歌舞表演作为一种艺术形式来唤醒人们的愉悦感。她答应了请求。

老人们开始激动地准备在歌舞表演中展示才艺。有些人接受了专业剧团的培训，还为自己缝制了舞蹈裙；有些人编了模仿老人之家生活的小品；还有些人准备了灯光和舞台。他们选了一个司仪，进行练习和走台。终于，演出的日子到来了。演出相当成功！当音乐响起，一群"十七八岁的女孩"穿着多彩的舞蹈服开始开场演出，整个演出场地沸腾了。随着节目的进行，老人之家生活的各个方面都被滑稽地模仿，工作人员和居民们为他们表现出的人类的愚蠢和伟大又哭又笑。

这些人和他们的家再也不像从前那样了。他们听到和看到言语无法表达的景象：希望的源泉和创造力又一次出现在他们的生命中。

照顾者

第三种符号性存在的角色是照顾者。我们发现这些人通过不同的形象存在于社会中，比如护士、公交车司机、办公室职员、警察或清洁工。照顾像生机勃勃的火苗一样温暖人心。照顾者通过自己向我们显示出如何以一种充分的、毫无疑问的和有意义的方式生活。他们在日常的劳动中发掘出一个奇迹般的世界，一个充满问题但又满是希望的世界。通过发现生命中的可能性和拥抱生活中的痛楚，他们体现了美好生活的可能性，并且呼唤我们也去这样生活。

我的好朋友贝伍·帕克向我显示了照顾的力量。晚年她担任了义工，总是为ICA加拿大的董事会会议准备超棒的食物，还考虑每个人不同的需求，因为有些人吃素，有些人减肥。每周，她会去一个老朋友家里好几次，帮他做家务和做饭。她让生活中的每件事情都增添了希望的光芒，从来没有抱怨。如果你问贝伍今天过得怎么样，她会谈到她正在织的披肩、她去照顾的孩子、她与朋友一起在木栈道上的散步、她正在为其辅导英语的中国人、她与一家有倒闭风险的健康食品店老板的谈话，还有她小小花园里生长得歪歪扭扭的紫色豆子。贝伍总是与地球和谐相处。她屋子的角角落落放满了从世界各地带回来的石头，每块石头都有一个故事。她始终觉得生命是美好的，生命的美好使贝伍可以更好地照顾他人。

勇士

第四种角色是勇士，像一阵清新的风唤醒团队的荣誉感和信心。他们可以激发整个团队的责任感。勇士保持和象征了整个团队的信念。他们警惕每一个行动的含义，在任务的每个节点感受机会和危险，他们召唤我们成为勇士。

缅甸知名的女英雄、诺贝尔奖获得者昂山素季，为了她的国家拥有民主的未来战斗了好几十年，这些斗争经常导致她与政府之间关系紧张。有一天，当她在一次竞选的拜访活动中与几个追随者一起走上街头时，有6个士兵在军队长官的命令下跳下一辆吉普车，用枪瞄准了她。她示意她的追随者等在人行道上，然后自己直直地穿过街道向士兵走去。"为他们提供一个瞄准目标比几个目标要容易。"她说。这时命令发布者解除了命令。她的无畏给她的追随者们带来了一种罕见的勇气。

当然，勇士们也有很家常的一面。布朗女士给她儿子学校的几个家长打电话约下午茶，目的是解决学校里的毒品问题。她只是一个普通居民，但她决定说服其他家长一起做点什么，而他们正是可以采取行动的那些人。

聪明的傻瓜

有时，最有帮助的角色是扮演滑稽演员，也被称为聪明的傻瓜。播音员乔恩·斯图尔特在他的"每日脱口秀"（Daily Show）里扮演了这个角色。"每日脱口秀"是一种为了讽刺政治的荒谬性而采取的喜剧新闻播报方式，以喜剧为背景来传播真理。杰里·赛因菲尔德也扮演过类似的角色，展现生活中细节的欢乐之处。欢笑是高境界的娱乐，同时又给予我们思考。

聪明的傻瓜并不是傻子。他们就像莎士比亚戏剧中的那些傻子，在戏剧的终了，他们往往体现出整个戏剧所发掘的智慧，让我们得到经典的笑料。一个经典的聪明的傻瓜形象是疯子。在简·瓦格纳（Jane Wagner）和莉莉·汤姆琳（Lily Tomlin）的《宇宙中的智慧生命调查》（The Search for Intelligent Life in the Universe）一书中，特鲁迪，一个露宿街头的女人，讲述了她经历的"一种苏格拉底所说的疯狂，一种神圣的灵魂从习俗和惯例的枷锁中解放出来"。特鲁迪是一名现代的聪明的傻瓜，失去理智使她打开了无限的喜剧感：

> 人类的思想就是这样……
> 就像一个皮纳塔，①
> 当它被打破时，
> 里面会出现无限的惊喜。
> 只要你了解皮纳塔的概念，
> 你就可以看到你从未想过的东西，
> 简直可以算作一个高峰体验。

这些人用愚蠢的表演来帮助我们，让我们笑自己的过分认真，笑自己的道德感和自以为是。当我们承担自己不可能完成的任务时，他们可以减轻我们的荒谬和狂妄。当事情变得越来越糟糕，每个人开始担心

---

① 一种纸糊的容器，其内装满玩具与糖果，于节庆或生日宴会上被悬挂起来，让人用棍棒打击，它被打破后，玩具与糖果会掉落下来。——译者注

时，就是时候用愚弄的方式来看清境况了。它会照亮道路，减轻我们由于缺乏信任而产生的焦虑。卡罗尔·皮尔森（Carol Pearson）在《唤醒内部的英雄》（*Awakening the Heroes Within*）中给了愚弄者的角色更多的光彩。

最低水平的漫画只是表现出滑稽。最高水平的漫画则可以让我们笑着享受和庆祝人生中艰难的时刻，让我们与"别人"一起享受那可怜人性的共同纽带，并以此来检测那些愚蠢的观点。聪明的傻瓜让我们享受生命，每时每刻。没有评判，没有错觉。没有这些傻瓜在我们周围，我们会认为自己很重要而自我膨胀。傻瓜可以带走我们的错觉，提醒我们偶然性和死亡的存在，轻轻一点就可以让我们的精神持续前行。

领导力挑战

作为领导者，我们遇到的挑战是发展出一种自觉的态度，时刻准备好去行动，用一种感恩的姿态关注细节。这种态度需要内在的清醒，包括一种冷静的肯定和尊重，以及对发生的意外保持开放。通过简单的存在，领导者把世界变得更加美好。我们面对的挑战是，我们要以这样的方式参与事务：当我们出现时，我们就要创造出一种符号性的积极的不同。

在这本书的最后一部分，我们会一起来探寻这个问题：我们怎么持续地发展和信任我们的内在智慧？

○ 练习 1

☆ 成为一个典范 ☆

1. 列出五个对于你来说是符号性存在的人,包括两三个认识的人。

2. 列出每个人身上激励你的素质。

3. 当某个人削弱团队的能量时会发生什么?人们减弱了前进的激情后会做些什么?

4. 什么时候你释放了生命给予的能量? 有什么线索可以看出团队在经历生命给予的能量?

5. 什么时候你发现对于别人来说你是一种符号性的存在——在你的家庭、工作或者社区?

6. 那是一种什么样的感觉? 你发现自己扮演的是什么样的角色?

7. 你认为要通过哪些步骤来强化你的存在,把生命的能量带给当下?

○ 练习 2

☆ 符号性存在的角色 ☆

1. 看看这个角色清单:

- 长者
- 讲故事的人
- 照顾者
- 勇士

- 聪明的傻瓜

2. 你最喜欢扮演的是哪个角色？
3. 哪个角色对你来说最困难？
4. 在什么情况下，你发现自己扮演着这些不同的角色？

> 当你阅读这本书时，请问你自己一个问题：这本书是在谈论你自己的生命经历吗？

第四部分
与自我的关系

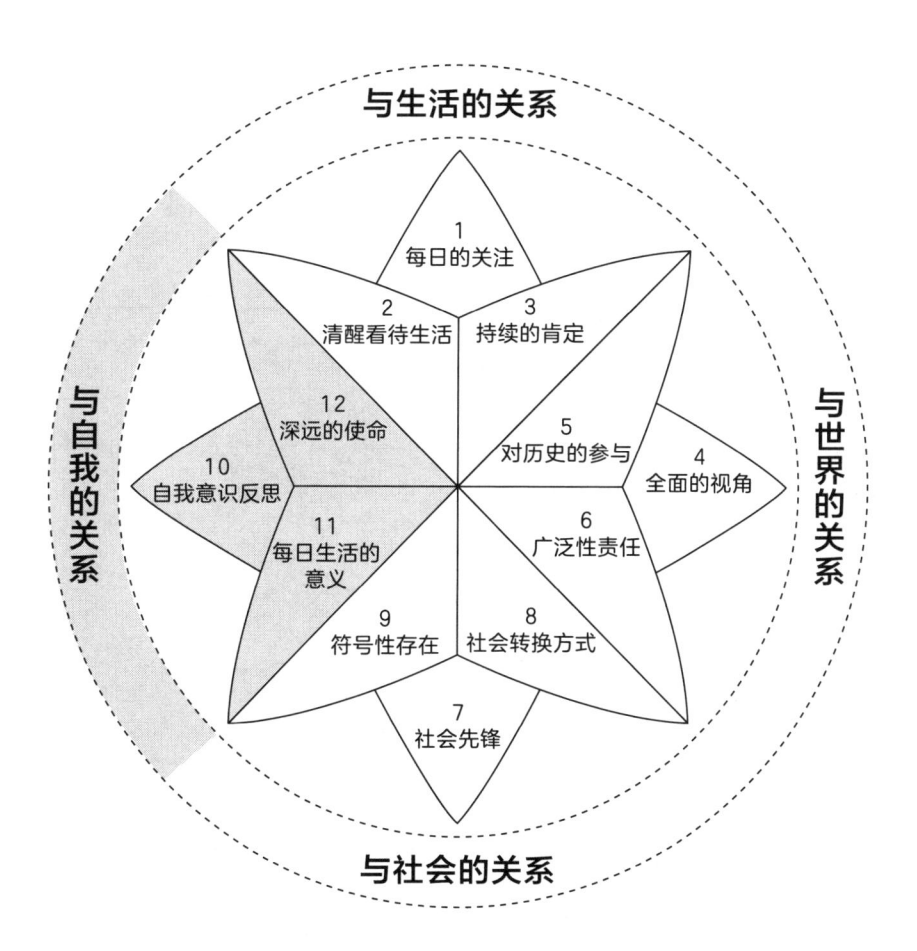

与生活的关系

1 每日的关注
2 清醒看待生活
3 持续的肯定
12 深远的使命
5 对历史的参与
4 全面的视角
10 自我意识反思
11 每日生活的意义
6 广泛性责任
9 符号性存在
8 社会转换方式
7 社会先锋

与自我的关系

与世界的关系

与社会的关系

我怎样从自身的经历中学习,并且相信我的内在智慧?

与 自 我 的 关 系

我怎样从自身的经历中学习并且相信我的内在智慧？

这部分是关于我们如何照顾好自己，以便持续地照顾他人和我们的地球。照顾自己包括：从我们生命中发生的成功和失败中持续进行学习；相信和倾听我们的内在智慧。这样，我们才能基于内心深处真正的信仰去行动。照顾自己还包括花时间反思，这样，我们才能够成为家庭、工作和社会中一个肯定性的存在。

我们都是参与社会进程的人。每天各种各样的痛苦、气愤、玩世不恭和负罪感掩盖了我们的内部智慧。我们有可能屡试屡败。虽然我们有良好的意愿，但有时，我们所做的事情可能会伤害到别人。问题常常会伴随成功而来。我们如此着迷于我们创造出的成果，把精力花在保护我们的成果上，而不是花时间去培训和信任别人。有时，我们也确实会感到疲惫，这时候，我们的思想和心灵会蒙上迷雾。我们需要停下来拨开心灵的迷雾，为潜力的发挥腾出足够的空间。

在与自我的关系这一部分，我们会发现，自我反思可以帮助我们梳理和提炼每天发生的事情。第十章提出了一个问题：如何让我们的经历成为我们的老师？在第十一章"每日生活的意义"，我们会研究如何充分地活在当下，对所有遇到的人保持开放的心态。我们会研究用诗歌和比喻的方式治愈痛苦，在最激动的时刻也能保持清醒。比喻可以帮助我们将极端的经历进行内化，获得创造积极生命故事的机会。最后，我们会发现自己"深远的使命"，学习如何让我们的生命与众不同。

你会发现，比起本书的其他章节，这一部分会有更多的练习，这是为了帮助你持续地发展和相信自己的内在智慧。你需要安排出足够的时间来完成它们。

第十章
自我意识反思

经 历 你 的 经 历

> 我热爱人们。我热爱我的家庭、我的孩子……但在我内心深处永远有一块独居之处,在那里可以更新永不枯竭的生命之泉。
>
> ——赛珍珠(Pearl Buck)

> 浑浑噩噩的生活不值得继续。
>
> ——苏格拉底(Socrates)

生命邀请反思

我还记得自己第一次意识到需要反思的时刻,那是一个充满恐惧而又有一点点迷人的时刻。那时我七岁,我家有个小旅馆,位于哈斯丁河进入太平洋入海口边的海湾。从旅馆前面的走廊可以看到整个海湾、防波堤和远处的大海。海湾远远的另一边,有一艘叫作哈斯丁的两端白色的领航船停在那里。每周有几次,驾驶员会驾着船越过两个防波堤之间的浅滩。他注意着海水的深度,把船驶出大海,然后再带回海湾。我的爸爸与驾驶员是好朋友,他们约好了每个周一早上一起出海,我也会跟着去。我总是无比激动地盼望着周一的到来。在一个周一的早晨,爸爸下楼时踏空台阶崴了脚,所以没法去航行了,但没有人告诉我这个消息。当时我站在走廊里,看着船从防波堤中间慢慢驶出,而我却不在船上。我立刻觉得自己被落下了,开始大哭大闹,直到我姐姐把我拉进屋踢了一脚,告诉我爸爸也没走。爸爸正翘着一只脚躺在床上呢。

可怕的是,那天那艘船再也没有回来,没有人知道到底发生了什么。那艘船的船底是软木的,所以即使翻船也应该会立刻翻回来。但是,人们只是在北边的沙滩上找到了船只的残骸碎片。我的反思是:如果那个早晨我的爸爸没有扭伤脚,我们都会被淹死,因为三个人都不会游泳。我吓坏了。有种神秘的力量保护我免于葬身大海,我幸运地活下来了。

没有什么能像这种有惊无险的事情一样可以集中我们的思想,唤醒反思。生命的路上充满了各种事情,有些是大事,有些是小事,但当我们花时间进行反思时,所有的事情都是有意义的。

ICA 的同事韦恩·尼尔森给过我一个例子,那是他对一个寻常周末所发生的事件的反思:

> 一个星期天下午,我沿着多伦多安大略湖的海滩骑单车。现在

正是海滩的繁忙时段，到处都是玩轮滑的人，有一副滑板差点把我推倒；带着小孩和老人的家庭站在自行车道中间聊天；野餐的食物残渣在人行道上随处可见。因为我需要不停地避开人群，我走走停停，有时还需要转到小路上，让玩轮滑的人横冲直撞地从我身边经过。

我越来越郁闷了。"为什么人们就是不能在路上规规矩矩的呢？"我咆哮着。这时，我看到一个年轻人将自行车横在路上，他没有下车，弯下腰检查他的轮胎。这逼着我停了下来。"对不起！"我说，"你能别挡路吗？"他回答道："嘿，冷静点，今天是星期天！"我回了一句："蠢货！"我气得快冒烟了，但是他的话又在某种程度上提醒了我：对呀，今天是星期天，应该是休息日，应该是放松的日子。

太阳高挂在天上，在湖面洒下灿烂的金光。一艘艘游艇停在海滩边。小孩子们对着冰激凌垂涎欲滴。我自忖道：发生了什么，这些人怎么会玩得这么开心？是的，今天是星期天。那我又为什么有这么多的抱怨和怒气呢？谁说过这条自行车道是我私人所有的呢？！这里是整个世界，而我只是其中的一分子。这里的人们正在得其所乐，嘿，加入他们吧！

突然间，我觉得那个年轻人说的是对的，我需要放松。这是星期天，一个有着不同节奏的一天，一个我需要加入的一天。我太执着于自己的对错观了。从另一方面来说，我其实可以允许各种事情的发生。我完全可以以我的速度乐享其中。我应该生活在我所在的生活中，而不是与它做斗争。

反思流程

上述这些故事里所发生的就是深度反思，是对生命中大大小小的事进行的深度反思。就像我们走路时袜子里钻进了草籽和芒刺，那些留在我们记忆中的特别事件会刺痛我们，这表示它们值得去关注。如果我们可以进行反思，这些经历就会变成我们的路标。

以下是反思流程（哲学家会把它叫作"现象学流程"），这个流程可以帮助我们消化那些事件。有些人可能在 ICA 的书或者之前的工作坊中学习过这个四步流程。四步流程中的每一步都可以强化之前的那一步，这样到了第四步时就会达到最好的效果。这四个步骤可以应用在各种情况下。

1. 客观事实：外部发生的事。
2. 内在反应：它立刻触发了内部的反应（情感上的和记忆中的）。
3. 发掘意义：用洞察力揭示其意。
4. 整合经历：所有的步骤都成为我们生命的一部分。

第一阶段：了解正在发生的事，包括事件本身和其中的所有要素，例如那些年轻的轮滑玩家占了我的道。

第二阶段：认识到这件事唤醒了自己内在的反应。我们承认自己内心的反应，还有事件带来的"哇哦"，包括随之而来的情绪，比如生气、害怕、着迷、震惊、觉醒、嫉妒、困惑等。情绪往往会触发联系、记忆和过去的故事。这个阶段包括坦白承认事情给我们的身体和情绪所带来的影响，而且我们要尽可能准确地为那些身体上和感觉上的反应命名。这个阶段是重要的，不能操之过急，否则会忽略我们的内心感受。

第三阶段：整合事件和我们的内在反应，以便发掘事件中的含义、可取之处、给我们带来的启发和对我们生命的意义。在这一步，我们有可能会问："为什么我会生气、悲伤、不安或沮丧？为什么这些图像、记忆或者联系会回到我的脑海？"将我们的记忆和感觉从第二步推进到第三步可能会是一种挑战。这个过程会费些时间。在第四步到来之前，我们通常需要暂停。

第四阶段：将事件与我们的生命结合起来，连同我们从中发掘到的意义一起。如果我们将这件事写在卡片上，我们可能会发现自己能够写出一些很有智慧的语句。通过一个简单的反思过程，我们可以把我们的日常经历提炼成金子般的思想。

客观事实
内在反应
发掘意义
整合经历

反思鼓励我们把每天的琐事变成我们自己的老师。反思流程可以在我们酿成大错之前提醒我们。反思生活中的事对我们个人的发展来说非常重要。如果年轻的律师莫汉达斯·甘地，在彼得马里茨堡因为他的肤色而被扔下火车后没有进行反思，而只是说，"好吧，我就知道事情是这样的，如果我铤而走险的话，就会有这样的结果"，那么印度和南非的历史就会有很大的不同。

如果我们不在生活中应用反思，我们会错过大好的机会。学习和改变不会随便出现。甘地在那个火车站度过了一个晚上。他躲在一个角落里，一边瑟瑟发抖，一边思考着所发生的事。在晚年，他认为他的政治使命就是开始于彼得马里茨堡火车站的那个夜晚。

反思和学习

如果我们不停下来进行反思，我们就是自己最大的敌人。我们可能太乐意卷入日常的匆忙中——匆忙的早餐、匆忙的工作、匆忙地完成每天的工作,然后是工作中的快速沟通、加班、赶回家。当我们赶来赶去的时候,我们的生活看起来很重要。也许我们停下来时会觉得自己有点空虚。到了晚上,我们会扑到床上,对当天不反思,也不提炼。第二天再重来一次。我们总会逃避反思,有时会用发呆来逃避,有时会用没完没了地看电视或者玩电脑来逃避,又或者用其他我们喜欢的方式,总之是想从无尽的思想负担中解脱。

没有反思,我们有可能在生命中一次次犯下基本错误。没有反思就没有真正的学习。黑貂岛距离新斯科舍省海岸大概200公里,那里有一片辽阔的沙滩,一部分露了出来,一部分藏在海面之下。在过去的200年里,有超过200艘船只由于各种各样的原因在那里失事:有的是因为糟糕的船岸通信,有的是因为大西洋风暴、浓雾、电流或者错误记录。黑貂岛在我的记忆中成为一个象征,象征着在同一个地方不断地犯同样的简单错误。

有时,没有反思的生命反而成为媒体褒奖的对象。不久前,我看了一个知名四驱车品牌的广告。在广告里,这辆车冲下山坡,围着一队骑单车的人打转,还要面对一辆偏离路线的拖拉机撒下的原木,接着司机又成功地躲过了崩塌的岩石,在连续克服了一系列困难之后,终于停在了家门口。然而,在成功地避免了这么多危险之后,司机做了什么呢?返回去查看一下拖拉机的司机怎么样了?看看单车手们安全与否?赶紧打电话给警察报告岩石崩塌的情况?都没有。广告里的这个司机什么也没做,只是去自己的信箱取走信件。在广告里,司机被描绘成一个警觉的、能干的、掌控一切的人,非常率性,非常酷。在经历这么多挑战后,她没有一点点大难不死的庆幸,马上做的是——检查信箱!在我看来,这则广告其实描绘了一个反思方面的巨大失败:既没有对经历反思,又没有采取任何负责任的行动。

这种学习上的失败在人类历史上比比皆是。历史学家芭芭拉·塔奇曼(Barbara Tuchman)在她那本发人深省的书《八月炮火》(*The March of Folly*）中质问了政府重大决定中显示出的绝对的愚蠢。她问道：

> 在特洛伊木马事件中，为什么尽管人们有很多理由怀疑这是个希腊诡计，但统治者们没有对木马进行检查就把它拉进了城墙？为什么那么多参赞再三建议乔治三世用怀柔的方式统治北美殖民地（因为这样的收益会大于压迫手段），而乔治三世还是使用了压迫？为什么希特勒不管前任经历的失败仍然入侵苏联呢？为什么美国商业政策坚持不惜代价地增长，即使这种增长的成本包括了损害人类赖以生存的三大要素——土地、水和无污染的空气？

塔奇曼继续分析这些愚蠢的举措：

> 之所以发生这些愚蠢行为，一方面是因为拒绝从负面结果中吸取教训……包括只凭直觉做事或者出现危险想法时不能停下来想一想……不去比较，不去思考逻辑上的错误……

当然，不愿意进行反思有很多理由。反思会揭示改变的需要，而改变一般都是痛苦和严苛的，所以我们会逃避对生命或社会进行反思。史蒂芬·克兰（Stephen Crane）描述过这种情况：

> 我身处黑暗，
> 我看不到我的言语，
> 看不到我心中的愿望，
> 突然
> 出现一道光芒，
> ——我又一次进入黑暗。

关 注

那么我们怎么进行反思呢？首先，关注正在发生的。如果上面四驱车广告中的司机进行反思的话，她进入自家停车位时就是最好的时刻。反思的基本行为是：我刚才看到了什么？人们是如何反应的？我需要做什么？这是很简单地对生活进行关注，对发生的事进行关注。奥尔德斯·赫胥黎（Aldous Huxley）的《岛》（Island）中描述了文明社会中的八哥鸟如何持续地唤醒居民的注意力：

> 注意了，注意了
> 此时此地，男孩们！
> 此时此地！

关注是觉醒的一个功能。电视连续剧《哥伦布》（Columbo）刻画了一位侦探的形象，他开着一辆破旧不堪的车，总是皱着眉头，疲惫不堪。看起来一千年他都破不了一个案子，但是他有一个特别突出的能力，他可以注意到周围发生的任何事，比如被犯罪嫌疑人偷偷捡起的康乃馨、一个平常的墙上的钟表、一只颤抖的手、在一个奇怪的地方发现的烟灰。

当我还是一个小男孩的时候，我爸爸经常鼓励我与他一起工作。他训练我猜测和预计他将使用的下一个工具：榔头、镊子、螺丝刀或者锯。常常没过一会我就了无兴趣了，然后思绪开始飘走。突然，一个尖锐的声音会响起："集中注意力！"这句话的意思是："醒醒，注意看正在发生的事。不要再做白日梦了，递给我下一个工具！"

关注还意味着要倾听别人在说什么，而且要用"第三只耳朵"来听——听听弦外之音的意思。特别可以注意一个人对事情的身体反应。有时我们会发现，由于某个人说了某句话或者在电视上看到了某个镜头,我们的手会颤抖或者变得汗津津的。有时,当我对着电脑屏幕敲键盘的时候,我会进入轻微打盹的状态,然后当我回看我写的东西时会发现少了一些内容。我觉得,如果当时我写的是生命中困难的事情,打盹意味着我不想面对它,我想把注意力关掉。这类事情的发生在提醒我们应该予以关注。经过几次打盹后,我们会发现一些规律——揭示我们如何与生命产生联系的规律。

慢下来,停下来

要关注,要自觉地进行反思,我们必须让自己慢下来,集中精力。我想起一个关于安德烈·吉德的故事。吉德是殖民时代的一位探险者,他习惯飞速穿越非洲的丛林。一天早晨,当地的向导坐在一个圆圈里拒绝离开营地。当吉德催促他们时,他们看着他严肃地说:"不要催促我们——我们正在等待我们的灵魂赶上来。"正像故事中的人们一样,我们中的很多人也已经远远甩掉了自己的灵魂。我们一直忙于赶路,但反思是需要距离的——要从我们正在做的事所在处后退几步。它需要自主决定回放我们的生活,以便我们可以看到什么在发生、我们如何回应以及可能需要改变之处在哪里。换而言之,我们不得不停下来回答托马斯·斯特恩斯·艾略特(T. S. Eliot)所提的问题:"生活中,我们在哪里迷失了自己的生命?"

报纸《多伦多之星》(*Toronto Star*)上曾经登过一篇文章,是伊莱恩·凯里对一名成功商人的采访。那名商人买了宝马车和摩托车环游世界,还尝试过滑翔伞,但他觉得这些都还不够。他说:"到现在为止,我以为自己已经做过了所有想做的。但其实不是,取而代之,我一直对自己说:'这不是我想要的。'"文章里还讲述了这个商人参加了在千岛隐居 5 天的活动,他希望借此整理好自己的内心。

《时代》(*Times*)杂志上有一篇文章叫作"住进修道院"。文章讲述了天主教修道院和其他修道院被想要隐居的申请包围了,一些隐居名额在几个月之前就报满了。有些人早上 2:25 起床，遵循修道院的正常休息。有些人则简单地享受修道院的平静：祈祷、反思、写日记和解决内心的问题。有个人说："来的时候我躁动不安，是修道院的经历使我平静下来。"另外一个参与者说他经历了早课带给他的"压舱物和船舵"，他使用海员的说法来解释内心的感受，那就是找到了内心的稳定和生命的方向。

越来越多的人意识到了停下来的重要性——从习惯和惯例中停下来，找到一个地方用新的眼光打量自己的生活。这就是为什么摇滚巨星艾拉妮丝·莫莉塞特（Alanis Morissette）会去印度待一年，在那里，她体验了禅坐，感受了印度式的超然感。魁北克诗人和演员莱昂纳德·科恩（Leonard Cohen）也曾经突然去加利福尼亚的禅修院度过了一段时光。没有这些独处的时间，你很难真正体验到自己的经历，很难接触到您所过的真实生活，并从中看到自己生命中最需要的是什么。

我听说过一位名叫拉里的咨询师，他非常忙碌，日程安排得很紧，但他每年仍然抽出 60 天时间静修。他曾与微软公司的一个团队共同工作。有一次，他在电梯里遇到了比尔·盖茨。盖茨也认识拉里，他突然问拉里："你能送我一句话吗？"拉里很简单地对盖茨说："停下来！"然后他就走出了电梯，盖茨的反应不得而知。

玛雅·安吉罗总结过，我们总是在考虑大大小小的事情，而且总是持续的和事无巨细的，否则我们的世界会瓦解，我们会在宇宙中无立足之地。安吉洛谈到她会给自己设定一个"离开的日子"，借由这个日子，她可以解开捆绑她的束缚。在"离开的日子"那一天之前，她会通知她的室友、家人和亲密的朋友她将消失 24 小时，然后她会关掉手机。"每个人，"她说，"都需要一天离开的日子，一天可以分割过去和未来的日子。少了任何一个人，工作、爱人、家庭、雇员和朋友完全可以正常度过。"

周末隐居一天或者独自反思一天都是"暂停一天"或"离开一天"可以采取的形式。它也意味着休假。越来越多的人意识到，持续前进不放松只可能经历递减法则——工作越来越辛苦，但产生的有价值的东西却越来越少。筋疲力尽的人是不能成为社会进步的创造者的。

有时，只是简单地设立一个安静的空间就可以建立必要的独自反思。在担任联合国秘书长时，达格·哈马舍尔德设立了一间非宗教性的禅坐室。参加代表大会的任何一个人都可以去那里进行反思。我的妻子珍妮特在我们的起居室里也设立了一个反思区，那里常年摆放着一把椅子，背对着其他东西，旁边还放了一个边桌和一个录音机。当她晚上待在那把椅子上的时候，我知道那时不能打扰她。看起来，当与特定空间和特定时间联系起来时，反思会进行得很顺利。

按自己的想法做事

我们会遇到危机和异常复杂的时刻，那时生命会呼唤我们反思整个人生并且推动我们找到明确的答案，即使那样会使我们彻夜难眠。对我们来说，我们需要一心一意思考的能力，这样才能找到明确的方向和解决办法。否则，我们就有可能不停地被各种麻烦所包围。没有任何东西可以代替我们的独立反思。柏拉图在《会饮篇》（The Symposium）中讲述了有关苏格拉底的非凡的坚持：

> 有一天早晨，苏格拉底在思考着一件他无法解决的事，他不肯放弃，所以从清早想到中午——他站在那里一动也不动，陷入了沉思。到了中午，人们注意到了他，来来往往的人传说着苏格拉底从天一亮就站在那里想事情。最后，天黑下来以后，有几个伊奥尼亚人出于好奇，搬来他们的铺盖，睡在露天里，为的是要守着苏格拉底，看他究竟会不会站一整夜。他就站在这里，一直到第二天早晨。天亮以后，他向着太阳做了祈祷，才走开了。

索伦·克尔恺郭尔也描述过我们是多么容易失去自己：

> 最大的危险，是失去自己，
> 有可能很安静地不见了，好像什么也没有发生。
> 而当我们失去一只胳膊、一条腿或者只是五块钱的时候，
> 我们反而更容易注意到。

在现代社会，我们都知道身份盗窃问题，会有人在网上窃取我们的信用卡信息或者个人信息，而在史蒂芬·科维（Stephen Covey）的书《第三种选择：解决生命中最困难的问题》（*The 3rd Alternative: Solving Life's Most Difficult Problems*）中，他提到更加严重的身份盗窃——我们被别人给我们的定义吞没了。他说，如果我们不按照自己的想法做事，我们就把权力交到了别人手里，我们允许自己的身份被别人的想法所取代，我们失去了"一个独特的、有价值的、强大的个体的真实身份"。

反思的形象

对自我经历的反思就像与一个雷达屏幕相互作用。当我们看到屏幕时，一开始它可能是黑屏，然后突然会出现一个亮点，接着是另一个亮点，再来一个，又来一个。当我们回顾自己的经历时，我们就是在看着雷达屏幕上的亮点，那些具有特别意义的事件以及与之相关的一切，包括与之产生的各种关系等等。就像你在办公室度过了平常的一天，只见了一个客户，这时有人走过来对你说："戴夫，你对那个顾客有点不理不睬的，这样对我们公司的声誉会有影响。"这时，一个亮点就出现在我们的雷达屏幕上，值得注意。

第二次世界大战期间，海军利用声呐来探测敌方潜艇的位置。这种技术是用一系列的电子脉冲探测水下，这些脉冲在一定的时间间隔内发

出有规律的"砰"的声音。如果有潜艇靠近,"砰"出现的间隔就会缩短,一直到成为"砰,砰,砰,砰,砰",这时候就应该采取行动了。在现代社会,我们就像是被不断的瞬间信息"砰""砰"地提醒着。

有些时候,你意识到你的生活中出现了一系列"砰"的声音。一天结束后,当你觉得疲倦、烦乱、困惑,觉得需要从"砰"开始回顾这一天时,试着去一个一个独立地回顾这些"砰"的事件和状况。忽略这些生活的信号而继续第二天的生活是不明智的。《练习手册》里本章对应的练习1可以帮到你。

体验我们的经历

反思是我们对意识的照顾。没有反思,意识会凝固、硬化,很快我们会发现自己像个机器人一样。反思给了我们机会与我们的生活进行互动,而不只是用祝愿、梦想和幻想的方式去生活。反思可以治愈我们的伤口,使我们接受真实的生活,走向未来。

所以,我们该怎样体验我们的经历呢?有一天,我坐在办公室里,优雅地轻敲着键盘。突然,一个同事走进来,没有任何寒暄便开始质问:"我就想让你知道,昨天你在会议上说的有关同事关系的那些话让我很生气!"说完他就转身走了。我的第一个想法是:"啊?发生了什么?"第二个想法是:"他说的是什么意思?"第三个想法是试图将事情合理化:"好吧,人们很容易被激怒。"然后我就回到我的工作中,好像什么都没有发生。那天晚上睡觉前,我开始反思整件事了。午夜,我醒来仔细回想他所说的话,意识到他的话对我产生了一些影响。我决定起床记日记,详细写下发生了什么,包括昨天的会议内容和我说过的话,我想知道是什么激怒了我的同事,并决定找他谈谈。次日谈话结束后,我在日记里补充了更多的内容。我觉得我在会议上的发言没有经过充分考虑。我决定第二天告诉同事我的评论是不妥当的。

通过这样的方式,我们与生活进行了对话,使其产生意义。回应生活中发生的事很容易，用发呆的方式度过一生也很容易，但我们生命中的每一秒都是我们的生活，反思可以帮助我们面对其中的每个时刻。我们不是因为生活发生重大变故或者有重大收益才产生感受，我们产生感受才能体验我们的经历。如果我们感觉很糟糕，如果我们感觉到失败，试着去发现什么对我们来说很重要。

内在反应

生活中的很多事情就像牡蛎，我们挖掘得足够深才能找到隐藏的珍珠。反思就是我们穿过普通的经验，持之以恒地寻找醒悟的时刻或者深刻的含义——这些生活的珍珠。经过这样的努力，我们在每一天都找到了新的意义。所有这些都需要你渴望去做。前提是你认为反思是重要的、值得花时间的。只要你想做，就有很多方法可以实践。

例如，如果有一天发生了一件事，与我的生活常规严重冲突，我想进行反思。我会问自己发生了什么并开始记录，以下几个简单的问题可以帮助我。

第一阶段：发生了什么？

有一段时间我咳嗽得很厉害，所以我去了家庭医生那里。医生给我量了血压，收缩压是220，几乎要创世界纪录了。接着，她问了我几个常规问题，有个问题一语中的："你抽烟吗？"我回答道："是的，我抽烟。""天哪！"她说，"那你还需要来我这里寻找咳嗽和不舒服的原因？！你得戒烟！"

第二阶段：我的感受是什么？这件事让我想起什么？

我感到羞愧、震惊、尴尬和生气——那些听到别人告诉我该怎么生活时会出现的情绪。我多么喜欢我的烟斗啊！真不敢相信有人敢跟我说我必须与它告别！我还记得这么多年以来"抽一支烟"都是我在漫长人生里的休闲时光。现在，这种舒适感要被剥夺了！

第三阶段：这件事对我生命的意义是什么？

看起来，如果我想完成我的人生使命，就必须保持健康。戒烟就是这个过程中的关键。

第四阶段：我正确的回应应该是什么？我需要做什么？

> ☆ 我会戒烟，现在，尽管毫无准备。
> ☆ 我会与妻子聊聊，与朋友们聊聊，看看谁还需要戒烟。
> ☆ 我会告诉我所有的熟人我要戒烟，这样，他们可以帮助我坚持自己的决定。

整个过程也就是 10 分钟左右，但其实很多人发现，将反思写下来要比无尽的沉思循环更加有用。按照这四个阶段写下我们的答案，可以帮助我们集中注意力，对事件如何回应做出决定。这个过程能让生命流动起来，不会卡在某个地方。

反思和分析

我们可以对发生的事情进行反思，也可以用更加理性的方法进行分析。通过这两种方式，我们都能得到一些东西，只是受益的程度不同。用理性的方法分析在某些情况下是适用的，它把事件与"大脑"联系起来。对事件完整的反思则是加入了感受的因素，把事件与"心"联系起来。只有这样才能有足够深刻的学习，只有这样才能使我们的生命产生真正的改变。

肯是一家大型公司的人力资源经理，有时他需要处理一些工作中的矛盾。过去肯经常会询问矛盾双方："你怎么看？"他在促使他们进行分析，找到理性的解决方法。但在学习了很多有关反思的知识后，肯学会了提问："对这件事，你的感受是什么？"一开始，人们不太会回答这样的问题，可能女性会更容易一些。然而现在，主管和员工都习惯于用这种反思型的问题来处理双方的想法和感受。

探索意义只是万里长征的第一步。我们知道，像灿烂的烟花一样"伟大的精神体验"是一回事，保持清醒、关注和长期的坚持是另一回事。醒来只是开始，旅程是艰辛和复杂的，充满了陷阱、障碍、流沙、警笛和食人魔。有些人开心激动地冲进这段旅程后会碰上精神危机；有些领导者以极大的热情选择成为社会企业家和社区领导者，但碰上困难后热情又会迅速消退。就像为人父母的经历，初为父母时人们难免激动和兴奋，后面却常常因为让孩子看牙医而在百般努力后陷入绝望。类似接近极限的体验还会接踵而至。

心灵顾问

有一张意识之旅的地图对我们来说会很有用，它可以作为我们每日反思的背景，所以，保持日常阅读对我们的每日反思会是一个很好的补充。我发现，阅读那些精神之旅的先锋写下的反思对我很有帮助。我自己的清单里有尼科斯·卡赞扎基斯、阿维拉·特蕾莎、赫尔曼·黑塞、泰戈尔、卡洛斯·卡斯塔尼达、基恩·休斯敦、索伽仁波切和约瑟夫·坎贝尔。这些人用不同种类的诗歌描述了反思过程中的起起伏伏。

这些人和他们的作品已经成为我的一部分，我称之为"心灵顾问"。在我的思想里，我会与他们在一间私人会议室里相见。对于任何我提出的问题，他们都会给出自己的观点和智慧。在他们的帮助下，我可以从很多角度观察我的问题。在《练习手册》中本章对应的练习4，可以让你学着创建你自己的心灵顾问、作品以及能够影响你生命反思的艺术形式。

团队反思

如果你认为只有个人可以从培养反思的习惯中获益,那你就错了。我们独自反思结出的果实在分享给同事后会更加美味。一个工作团队会经历高度需要反思的阶段。当他们在一起不仅仅讨论工作的完成,还讨论工作中的经历、学到的东西或者他们对未来方向的想法时,这个时刻就来临了。

当反思嵌入团队生活时,它就可以为个人和整个团队都带来好处。几年之前,ICA 加拿大每个月会抽出一天当作"调查日"。这让我们有机会就很多不同的议题进行对话,分享一些对于任务的具体方面的反思。通过这样的反思,我们得到了很多产出:文章、书籍、新的项目,或者对咨询工作非常有用的方法。我甚至都不记得在我们有"调查日"之前都是怎么进行管理的。

ICA 加拿大出版的《学问 ORID》(*The Art of Focused Conversation*)一书里给出了很多可以在工作团队里组织的团队对话范例,还有一些可以在闲暇时间进行的谈话,比如讨论一则新闻、谈目前的趋势、庆祝生日或者对特别事件进行反思等等。

一次关于新闻的对话可以在任何时候发生,由此而产生的新的观点对人们手里的工作也会产生影响。每年总会有两三次的群体事件显示出历史的浪潮,比如火星探测、蒙特利尔的冰暴或者当地社区的奇闻逸事。一次团队谈话可以帮助人们分享他们对于这些事件的深层反应,探寻这些事件对未来的意义。

团队关于电影的对话可以讨论大家都看过的电影。为什么不在看完电影后一起聊一聊呢?你会发现令人惊奇的效果。

领导力挑战

作为领导者,挑战之处在于主动把生命作为我们的老师。花点时间去面对我们生命中正在发生的事以及我们周围的生命。这是一种训练,这种训练可以帮助我们避免或纠正错误,看到通向未来的新的路程。我们可以去发掘反思的流程或工具,借以揭示和领悟我们的智慧,这些流程或工具既能用于我们自己,也能用于他人。

这一章研究了生活经过检视后产生的影响。这里的生活包括每天发生的事,特别是那些让我们不舒服或者出乎意料的事。我们可以让它们变成持续的精神食粮。对于我们来说,挑战之处可能在于我们需要找到时间和空间进行反思。经过我们的努力,反思可以成为一种思维习惯。

下一章我们会将这种反思带到更深的层次,用歌曲、诗歌、散文的方式来整合我们的恐惧和兴奋,让它们成为我们内在的智慧。

○ 练习 1

☆ 反思每一天 ☆

根据每日反思的四个层次,询问以下问题:

客 观

1. 今天发生的事我还记得什么?
2. 我今天做了什么?
3. 人们对我说了什么?

联 系

4. 今天最高兴的时刻是什么时候?

5. 最郁闷的时刻是什么时候?

6. 今天情绪的基调是什么?我这一天是像充满电的犀牛还是平静的河流?今天的情绪基调或者感受呈现出什么样的画面?

7. 我的困惑之处有哪些?

发 掘

8. 我从今天学到了什么?

9. 我需要记住哪些今天所引发的启发?

整 合

10. 未来在哪些情况下我可以用到今天学到的东西?

11. 我怎样给今天命名?(试着给出一个有诗意的名字)

12. 有什么今天没有完成而明天必须完成的事吗?

结 束

13. 当我回看自己的答案时,还有什么需要我记录下来吗?

○练习 2

☆ 关注令人不安的事件 ☆

回想一件最近发生在你生活中的令你不安的事,令你激动或者不舒服的都可以。用以下四个问题进行四个层次的反思。

1. 发生了什么?

2. 我的感受如何？有什么样的联系或回忆浮现在我脑海里？

3. 这件事对我的生活意义在哪里？

4. 什么是正确的回应？我需要做什么？

○ 练习 3

☆ 反思在我生命中扮演的角色 ☆

1. 哪类事情会让你停下来反思？

2. 分析和反思有什么不同？

3. 对于反思，你有哪些纠结之处？

4. 你认识的领导者在反思方面有哪些困惑？

5. 当你应用四步反思法时，哪些对你来说很有用？你学到了什么？

6. 哪些日常练习可以鼓励你进行反思？

○ 练习 4

☆ 找到你的心灵顾问 ☆

有些人从自己的经历中已经有所收获，与这样的人进行对话可以帮助我们从自己的经历中进行萃取，让他们成为我们内心的老师、建议者、指路人。这些人可以持续地与我们对话，例如，我的内部导师之一是詹姆斯·肯尼迪，我经常会听到他对我说："不要问国家能为你做什么，问问你可以为国家做什么。"

心灵顾问有可能由不同的人组成，因为任何类型的人对我们的生命都会有帮助。有时候，我们会听到一些自己不赞成的声音。它们进到了我们的内心。或许现在没有产生影响，但可能将来某一天会用到。

有时，我们身边的人可能很讨厌。记得我有一位老教师，玛丽亚·约瑟夫，她时不时地就会用尖锐的爱尔兰口音对我说："斯坦福，集中注意力！还是把 7 加 4 算成 12？别光追求速度，斯坦福先生！"而有些声音对我们来说就特别鼓舞人心，它会告诉我们去试试那些自己觉得完不成的事。无论如何，我把他们都放在了内心顾问名单里。我们内心的这些人都不会回家，他们整日整夜地待在那里。当然了，有些声音会相互矛盾；有些声音会提醒我们，如果按照他们说的做会有什么后果。这些内部建议者从来不会生气，他们只是说出他们看到的，然后让我们自己思考。

我们的挑战之处在于要主动去聆听这些声音。他们甚至不要求我们赞成他们的意见。当我们与这些人一起思考时，我们会发现他们与我们很不同。我们带着问题去咨询他们，他们与我们进行对话。

心灵顾问的成员不一定非得是人类，特别的绘画或者符号也可以出现在我们的心灵里。我知道，很多人会被这本书所引用的劳伦斯的诗所激励。天然的生物或者景物也可以出现在我们的内心议会里：几棵树、我的猫、一块石头或者是太平洋。

所以说，反思型的人的任务之一是持续组织内心的对话。我们与心灵顾问的对话很少关于道德。他们很少会问："你做这件事或那件事道德吗？"他们在乎的是辨别真伪。他们问我们的问题并非是否迟到了、喝多了或者发生婚外情了。他们的问题总是关于我们与生命的关系：我们在做哪些真正关心的事？我们怎么去培养自己的责任感？我们怎么能保持清醒？

我们的心灵顾问对我们是什么样的人或者想成为什么样的人有很大的影响。有句谚语"告诉我谁是你的朋友，我可以告诉你你是谁"，说的就是你内心真实的朋友就是你的外在。这个练习的真正价值在于它把我们的注意力引向我们的心灵顾问，这样在我们面对纠纷、问题或者决定时，我们可以倾听心灵顾问在说什么。如果我们能够了解心灵顾问的不同个性会更有帮助，因为我们会知道他们的立场。

心灵顾问通常会扮演以下角色：

- 允许我们成为自己。
- 对我们有要求并触发我们的责任感。
- 作为真诚生活的例子在我们的旅程中给予指导。
- 在我们的工作和生活中，作为同事、合作伙伴陪伴我们。

A. 头脑风暴出你的心灵顾问

1. 在一张纸上或者下一页的表格里写下 5 个可以作为你的心灵顾问的名人。

2. 找 5 个需要列入你的心灵顾问名单并且与你观点不同的同事（有可能以前你们有过激烈的争论）。

3. 列出 5 个你可以当作心灵顾问的作家（去你的书架上找找）。

4. 从小说、电影或者戏剧中找 5 个角色（比如圣女贞德、守财奴或者哈利·波特）。

5. 从自然界或者艺术创作中找到 5 个可以让你想到神秘、深邃和伟大的景象或作品（比如你后院的一棵树、大峡谷、地球图片、贝多芬的第五命运交响曲、梵高的星空、大瀑布或者北极熊）。

名人	同事	作家	小说角色	自然和艺术

B. 给心灵顾问排列优先级别

在这个练习中，你要将你写下的 25 个名字排出顺序。你可以设定一些标准来进行筛选，比如想想谁会允许你做自己、谁对你有要求、谁对你来说是个好的榜样、谁在与你并肩奋斗等等，试着从不同的类别进行思考，列出你的心灵顾问的前五名，你可以经常聆听他们的声音。

①　　　　　　② 　　　　　　③
④　　　　　　⑤

C. 加强与心灵顾问的对话

下一步是从这些心灵顾问的建议中选出一些，它们有助于我们的生命更加强健。从表格中选出3个与你生命的下一个部分有关的心灵顾问。为了让这些心灵顾问更加有影响力，我们需要一些实用的方法，例如阅读其中一个心灵顾问所写的书籍、用某个心灵顾问的艺术形式来提醒我一种特别的观察角度、做些相关的搜索和调研等等。

自己的行动计划：

①

②

③

D. 对练习的反思：

a. 你发现了哪些心灵顾问？

b. 你用了哪些标准来对你的心灵顾问进行优先排序？

c. 你怎样借助心灵顾问帮助自己的成长？

我们的心灵顾问不会一次确定就再不变动。当我们的意识在成长、挑战在改变时，我们会在生命中的不同时刻重建顾问名单。

第十一章
每日生活的意义

充 分 活 在 当 下

就好像有一天你在衣橱里发现一扇门。你走进衣橱，扭动门把手，打开了这扇门。门外是浩瀚无边的加勒比海。你无法相信。你在这里住了这么久，但从来不知道海洋就在这里，总是在这里。

——劳里·安德森（Laurie Anderson）

在去看戏的路上，我们停下来仰视星空。就像往常一样，我感受到了敬畏。然后我对敬畏本身感到了更深的敬畏，我们必须对某些事有所敬畏……我决定以后每天都设定时间来感受敬畏。

——简·瓦格纳（Jane Wagner）

我看见蓝天、白云

光明祝福的日子

神圣庄严的夜晚

我想对自己说

多么精彩的世界

——路易斯·阿姆斯特朗（Louis Armstrong），
歌曲《多么精彩的世界》

闪耀的意义

几年前，我回到了故乡澳大利亚。朋友带我去了阿德莱德附近的自然保护区。保护区被称为最著名的多样动物栖息地，甚至住了一只珍贵的鸸鹋。我们看到了那只鸸鹋。那是一种体形接近于鸵鸟的攻击性极强的鸟类。它就在围墙周围闲适地散步。看起来我可以接近它，于是我越走越近。这只鸟跟我的身高相当，所以很快我们就对视上了。我发现自己在窥视鸸鹋的眼睛，它的眼珠有七厘米多宽，眼神狂野。鸸鹋也直直地盯着我。那个时刻，我感受到了敬畏，之后很久才恢复过来。这只鸸鹋看起来像是对我说："我太了解你了！"最后我不得不移开眼睛。太诡异了！

之后，我意识到生命中充满了这种时刻，就是这种一件看似普通的事情会给我们带来敬畏感的时刻。此类事件越来越多地发生在我的生活中：在家里、在工作中、在社区以及在全世界。在经历那些事件的时刻，我们会经历比预计多得多的感受。这些感受中的沉迷和恐惧震动着我们的世界。我们回应这种敬畏的方式很大程度上影响了我们自己。

在这一章里，我们会经历对"透明"的寻求，我们会讨论敬畏体验，我们会用诗歌、音乐、歌曲和隐喻来提炼出那些故事里的意义，让它们成为我们的朋友和我们内在智慧的一部分。

想象一下，你与爱人坐在海滩上，看着美丽的落日，听着海浪温柔地拍打着海岸。火红的太阳慢慢地落到了地平线的那一端。想象一下，一只斑鸠日复一日地卧在巢穴里，直到两只毛茸茸的小脑袋探出巢穴。想象一下，你正在注视着一幅画或者一件艺术品，它把你带进了沉思。想象一下你在产房陪伴妻子的时刻。想象一下生命中的其他时刻——你传播了一些八卦消息，你泄露了一个秘密，你说出了一些冒犯和伤害他人而又覆水难收的话。所有的愉快和痛苦的经历都会在我们的意识中留下永久的印记，可能一直留在我们身边，成为我们余生的参照。

这些都是每天的经历，它们有着重大的意义，值得我们关注。它们可以唤醒我们的深度感受，从狂喜到恐惧。它们让我们常满含泪水或者坦然面对。每当这样的事情发生时，我们能做的就是不加评判，停下来，感受那个时刻。

在海边或者空气清新的森林散个步可以让我们休息一下。安静的冥想或者激烈的冰球比赛可以帮助我们看清自己。一次与朋友的对话可能会突然带给我们新的视角。用《练习手册》里本章对应的练习写下日记或者用前一章四个层次的流程做个反思，都会帮助我们看到意义。如果我们入眠时带着寻找意义的期望，醒来时暂停一下，去关注意义的收获，就可以帮助我们看清一段段经历。我们的大脑有很多能力，有一些能力在放松的时候会更好地发挥作用。

有时，口头语言很难表达我们正在经历的好奇或恐惧。我们需要用心灵语言创造歌曲、诗歌、形象、故事、符号、绘画、仪式或者庆典，来表达这些有意义的时刻。我们可以拿起画笔将颜色涂抹到画板上，或者写下一段诗，或者只是简单地点燃一根蜡烛。我们也可以随着音乐随意起舞。如果我们想写出关于这段经历的故事，我们就需要全身心地参与。

有一所帆船学校带着48个青少年、8个老师和8名船员出海航行。其中，42人是加拿大高中生或大学生，其他人来自美国、澳大利亚、新西兰、墨西哥、欧洲和西印度群岛。船只在大西洋距离巴西海岸500

公里的地方失事。在他们获救两天之后,一个叫作露丝·马克阿瑟的老师疲惫地报告道:

> 学生、老师和船员们帮助彼此上了救生船。学生们齐心协力,确保所有人都安然无恙。他们在南大西洋漂流了42个小时,冻得瑟瑟发抖,一边不停地划着救生船,一边唱着歌相互打气……

想象一下,如果他们屈从于恐惧,故事的结局会有什么不同?集体歌唱帮助他们克服了恐惧,不再恐慌。

如果可以持续跟进这些青少年幸存者的生活,去看看现在他们怎么回忆这件事,应该很有意思。也许他们写下了新的歌曲、诗歌或者创作了画作,也许他们希望经历了整件事的人会变得更加坚强。

从细微处寻找深刻的意义

当我听到"透明"这个词时,我想到的是我公寓里的那扇窗户。透过它,我可以看到公园的景象,接受太阳的照耀。而当窗帘放下时,我的空间又会发生戏剧性的变化。在我们的生活中,"透明"发生在我们拉开窗帘、透过每一天的经历看到其中意义的时刻,或者发生在找到被事件掩盖的普遍真相的时刻。透明点是可以让光线通过的点,或者是可以通过表面看向深处的点。

透明就像在一张纸下面点燃了一根火柴。先会有火苗,然后纸会慢慢变黄,直到有火苗穿过,然后,一个洞出现了,我们可以通过这个洞看到纸下面覆盖着什么。有时,我们甚至在看到之前就可以感觉到这个洞。

所爱之人逝去会是一件影响深远的事,但透明可能会发生在一周之后甚至两年之后。事情的发生可能会撼动我们,也可能会摧毁我们赖以生存的精神支柱。甚至在海滩上遇到一只死去的鸟都有可能唤醒我们对死亡的恐惧或迷恋，会让我们意识到每个人的死亡。

庆祝某个人的生日提醒我们关注他人的生命和我们的生活。我们都是独特的和不可替代的礼物，是这个世界上神秘的存在。

我们发现（或者说重新记起）一个超凡的秘密：想要发现生命的深度，不一定要爬上喜马拉雅山，跑到特别神秘或者可能有神灵的地方。人们可以从寻常生活的角度发现深刻的意义。生命可以在厨房、街角或者某个社区会议中变得透明。

我曾经在探索频道看到过一艘皮划艇在激流中前进的录像。它穿过了山间的激流，绕过巨石，在翻腾的泡沫中往下冲，冲进漩涡甚至瀑布，最后到达了平静的水域。突然，我在这艘皮划艇的河流冒险中真切地看到了我们的生命旅程。我看到某些旅客的航程很顺利，而有些人则摔倒了或者撞向了巨石。生命就是一次伟大的冒险，充满了令人惊叹的挑战，这场冒险不仅仅是我一个人的，还是所有人的。每个人都会有这样的生活经验，我感激这样的生命。就这样，那个节目吸引了我的注意力。我只是稍微对这个小小的皮划艇旅程集中了一下注意力，就开始对生命进行思考。我意识到生活中充满了这种奇特的时刻，处处带来敬畏和惊奇。生命变成一个透明的池塘。在那个时刻，我看清了生命的本质。

我们不需要信仰某个特定的宗教去拥有将经历透明化的能力。电视明星罗珊娜·巴尔（Roseanne Barr）在1990年代的绝大部分时间里主演电视剧《罗珊娜》（*Roseanne*），并于1999年有了自己的脱口秀栏目。她在《我作为一个女人的生活》（*My Life as a Woman*）一书中回忆说：

> 这是我今晚的心情，每一件事都有自己的意义，每件事都与其他事相联系，没有事情是独立发生的，包括我自己。每个绿色的东西都在呼吸。你可以听到嗡嗡的声音——就像你身处大海，嗡嗡声无处不在。洒水车刚刚开过。草和其他生命在吸收水分。你几乎可

以听到水珠滑进草丛的声音。在这样的夜晚，双腿像佛教徒那样盘起来，舒适地坐在地板上，用漂亮的水晶杯啜饮香槟。天呐，我拥有多么不可思议的生活，我是多么幸运。

罗珊娜在这里描述了一段在平常生活中发掘深刻意义的经历。一旦一个人开始有深度的感知，对他来说就可能在任何地方找到意义。

一天，我步行穿过多伦多市区的伊顿中心，周围有熙熙攘攘的人群。我刚刚结束了辛苦的一周，感觉很对不起自己，心情非常糟糕。其实当时我准备去买把雨伞，但我真的什么也不想考虑了。走到靠近中央大厅的地方时，我在一张椅子上坐了下来。我可以听到身后的水声，但懒得扭头去看，而是陷入了沉思。突然，我身边的一个人转过身来说："很漂亮，对不对？"我转身对着他，说："不好意思，你说什么？""瀑布。"他说道。我转过身去看瀑布。水在压力之下从上百个位于天花板的喷水口中喷涌而出，泻进身后的池塘里，确实很漂亮！我站起来活动了一下僵硬的脖子，注视着瀑布。接着，我产生了一种奇怪的感觉，好像瀑布流进了我的心里，我能感受到新的生命在我内心升起。我对那个人说："是的，真的很漂亮！"然后我又情不自禁地加了一句："谢谢你！"我走开了，为这个简单的事件让我感受到新的生命而震惊。生命中奇特的事情之一，就是让一个最不可能的人在正确的时间对你说了正确的话。我觉得自己好像刚刚走完一小段通向觉醒的旅程。

现在，一个问题出现了：当我看到一段可能带来生命透明时刻的经历时，我怎么知道这就是它呢？这里有一个小信号：你是否产生了敬畏感？

敬畏的感觉

敬畏是一种经历，就像有些外部的东西倒出来，灌满了我们的内在。敬畏是我们内心神秘存在的一种信号。它是一种预兆，接着透明就会以不同的形式伴随而来。

鲁道夫·奥托（Rudolf Otto）在《神圣的想法》(The Idea of the Holy)这本书中指出，敬畏总是同时混合了恐惧和迷恋。它是在搅动一些不可思议的、奇妙或雄伟的东西。这种经历会让我们不寒而栗。神秘在我们面前隐约可见，或者，敬畏就像我们内心的烟花汇演。它有着引人注目的活跃的能量。

敬畏可以定义人性。它就像香蕉一样真实存在。当一些人在经历敬畏时，他们是可以感受到的，有时他们甚至是有些害怕的。在那个时刻，时间看起来静止不动，你的生命像被按了暂停键，你只能听到自己或快或慢的心跳声。当一个人经历敬畏时，那感觉令人恐惧或者充满魅力。它有可能以一阵耳鸣或者浓烈的味道的方式来临，像玫瑰或硫黄那样。它来临的方式多种多样，伴随着从不安全感到狂喜等不同的情绪。

人类也在一同经历着不同的敬畏时刻：第一架飞机出现时的惊讶，泰坦尼克号沉没时的惊愕，广岛原子弹爆炸时的恐惧。当第一次看到地球漂浮在宇宙中的照片时，整个世界都体验过敬畏。更近的年代，我们都知道互联网带来的奇迹、9·11恐怖袭击带来的焦虑，还有智利33名矿工被困地下69天之后被解救带来的兴奋。

前面说的透明带来敬畏感，它不仅仅是一种人或事背后的心理学解释，还是一种深刻的经历。这种经历对我们的生命进行肯定并且赋予其意义。对透明的描绘一般是以诗的语言呈现的。当这些事件中的敬畏影响我们时，我们会进入"存在"（或者叫作"活在当下"）的状态。这种状态常常是用诗、歌曲和比喻的方式出现的。

存在的状态

所以，什么是这里说的"存在"？约瑟夫·马修斯将它描述为一种内心事件。这个事件会带来"大感受"（一种突出的感受、情绪或态度）、"大思考"（思想的总体或者一部分）以及"大解决"（对生命的新的回应）——这三个都缠绕在"存在"上。

在我和妻子珍妮特结婚几个月之后，她开始做离开澳大利亚的准备。她准备接受海外任务，去另一个ICA地区，而我从来没有离开过澳大利亚。离开对我来说是完全陌生而且令我恐惧的。有一天，我们冲浪后躺在悉尼的马鲁巴海滩上休息，她以直接的方式提出了这件事。她的话直接冲击着我，就像乔治·福尔曼给我太阳穴上来了一拳。我记得当时我开始发抖（并不是因为我吃辣的缘故），我马上走开，装作没听到她的问题，实际上我非常紧张。我很害怕澳大利亚以外的东西，就像哥伦布要去发现新大陆。我感觉像一旦离开岸边就会掉进深渊一样，那就是"大感受"。等我们回到家，我仍然沉浸在对事情的恐惧中，就像妻子在用一盏喷灯对着我烤。我的"大思考"是：某种神秘的力量已经在我背后点燃了一把火，而我还没有准备好——起码当我在马鲁巴海滩上晒太阳时没有准备好。"大解决"是：斯坦福尔德，你最好开始考虑从高岸潜入深渊时都需要带点什么东西。

下面让我们用一些方法来描述生命以及我们经历的恐惧和迷恋。

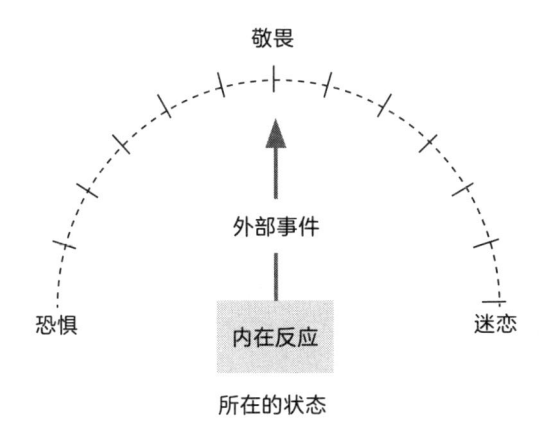

诗 歌

诗歌让我们能够感受诗人的经历,那些生命的意义存在于他们每日的生活中。那些生命意义照亮了他们的生命本身。在感受诗人经历的同时,我们也有机会看到我们的心灵深处。

杰拉·德曼丽·霍普金斯在阐述敬畏方面提供了一个很突出的例子。她在一首诗的开头描述了秋天的景象:一片林子中的树木正在落叶。作为旁观者的她叙述了悲哀的感受,这样问自己:

>玛格丽特,你感受到哀愁吗?
>是否因为金黄色树林的落叶?
>就像人世的事情,
>是你稚嫩的思绪所关注的?
>啊!当心灵渐渐老去时,
>它将会看到更寒冷的世界,
>不久,就再也不会感叹,
>即使充满枯枝败叶的世界就在那里。
>然后,你会哭着知道真相。
>现在,无论如何,孩子,
>悲伤的源泉都是一样的,
>无法用言语或者思想表达,
>只有心灵可以聆听、灵魂可以猜度。
>人们出生就是为着这衰落,
>这就是玛格丽特所哀痛的。

总结起来,这首诗的开头是在说,玛格丽特长大后会看到更加悲伤的景象，接着诗人又将事件推向了普遍的悲哀，死亡是我们所有人命运的终点。在看着落叶撒满金黄色的树林时，玛格丽特哀悼的是自己的死亡。

任何经历过工作中疲于奔命的人都会对诗歌中的"疲惫和孤独"产生共鸣。下面这首诗收录于联合国第二任秘书长达格·哈马舍尔德的《印记》(*Markings*)中。在分享了他的心痛后，他宣布：

就是现在，

现在，你不能屈服……

这首诗写的是爬山。我们会发现自己在问自己：我在爬哪座山？什么会迫使我屈服？

然后他分享了自己为什么会哭泣或者抱怨，最后，他用一个解决办法来结束：

路选择了你

你必须去感谢

什么是选择了我的"路"？在厌倦不堪时，我如何去感谢？

我们还可以用以下问题来加深我们的反思：

1. 诗歌里经历的是什么样的人性？

2. 写诗的前一天，诗人的身上有可能发生了什么？（我们可以想象，"可能他在联合国安全理事会上恳求他们介入刚果的斗争，而他看到的是石像般冷酷的面孔"。如果我们对诗人的背景了解不多，我们可以只是简单地做一个猜测。）

3. 什么令诗人在第二天有"大回应"的想法？他意识到了什么？

在我们思考式地阅读诗歌时，我们会发现自己的生活经历为我们带来了新的方向。

歌　曲

歌曲可以扮演与诗歌同样的角色。那些伟大的流行金曲可以为我们带来反思，显示出其中的意义，甚至像伯特·卡尔玛（Bert Kalmar）所写的《不管怎样》(Nevertheless)：

或许我是对的，或许我错了
但不管怎样，我就是爱你

对怀旧经典的爱情歌曲进行反思，关键因素在于把它们放进我们自己的生活状态里。也许你就是一个正在热恋的人，也许你爱着的是一个物品，是你教的班级里的孩子，或者是你正在做的一个雕塑。歌曲的意境可以照亮我们的处境，又或者是我们的处境可以照亮歌词。这些情况都可能发生，询问以下的问题可以帮助推进反思流程：

1. 哪些词语或短语让你经历透明感？
2. 当你回想时，你看到了过去自己的哪些经历？
3. 这首歌描述了你现在生活的哪个部分？
4. 写这首歌时，词作者有哪些深刻的想法？

格什温（Gershwin）、罗杰斯（Rogers）、哈默斯坦（Hammerstein）以及科尔·波特（Cole Porter）写的那些经典歌曲都适合这样的反思，包括:《夜与日》(Night and Day)，《一些令人入迷的夜晚》(Some Enchanted Evening)，《我可以整夜跳舞》(I Could Have Danced All Night)，《烟雾飘入你的眼睛》(Smoke Gets in Your Eyes)，《我会成为你》(I'll Be Seeing You)。当然，还有很多类似的歌曲。

或许你在想："你说得对，我们可以对金曲进行反思。那么摇滚歌曲呢？还有那些现代歌曲呢？它们有赋予意义的能力吗？"答案是明确的：所有伟大的歌曲都可以！就像玛雅·安吉罗的歌词"我仍然在升起"。当歌曲被洛杉矶歌手本·哈珀（Ben Harper）唱出来时，每一个对外来信息保持开放心态的人都会对生命进行有力的提问。玛雅分享了她在被歧视中不断以多种方式重新站立起来后，在结尾，她写下了这些歌词：

> 你可以用憎恶杀死我
> 但是，就像空气一样，我会升起……
> 带来我的祖先赐予我的礼物
> 我是奴隶的梦想和希望

对于任何一首歌来说，反思的问题都是：它是否说出了我的处境？我能在自己的生命里找到跟作者一样的经历吗？

每周五的早晨，CBC广播频道都会有一个栏目叫作"你世界里的摇滚"，让听众分享他们的音乐时刻。在某一时刻，音乐能让一个人的生命发生各种各样的转变。当你听到这些故事时，你会觉得非常震撼。那么，有什么样的歌曲曾经让你改变吗？

隐 喻

在《练习手册》中本章对应的练习4里，我们会研究表格"另一个世界"，它就像一张"存在"地图。你可以用它画出你自己的隐喻，帮助你把生命透明化。你会发现这是一个可以经常使用的反思模式。

这一章鼓励我们持续为每天的生活创造意义。它要求我们面对当下生活中的敬畏时刻，去期待和发掘那些时刻，并且用诗歌、歌曲和音乐来标注它们。如果我们这样做了，我们的生活将会丰富而充满质感。《练习手册》中本章对应的练习会教给我们怎样在生命的细节里经历敬畏的时刻，并且会让我们的反思成为我们内在智慧的一部分。

领导力挑战

为什么我们在每天的生活里经历敬畏很重要？

这是一本关于领导力的书，针对所有类型的领导者。我们经历着很多事情，包括失望、愤怒、欢欣、放弃、背叛、胜利、非凡的同伴关系和深深的孤独。有时，我们的经历无法描述。我们会发现自己会设想某些经历是好的，另外一些是不好的。但事实上，每一个经历都是看向生命深处的一扇潜在的窗户、一个将生命透明化的遇见。这些经历就像是一个奇怪的叫醒电话。问题是，接到这个电话后，我们是逃避还是审视自己的价值观。如果没有从发生的事情当中反思出观点，领导者就会变成只管前进不管反馈的固执的先烈。如果领导者不保持对内在精神的敏感，项目无论大小都会萎缩乃至死亡。

生活在幻想里，不去面对真实的生活，这看起来很诱人。在开始一个项目的时候，我们常常会感到磅礴的气势、高瞻远瞩的愿景和无限的能量。而当项目遇到困难时，领导者们便尝到了苦涩的滋味。我们可能会发现我们在承受他人的指责，甚至有时是自己的指责。作为领导者，我们需要看清项目本身、我们和其他人之间到底在发生什么。我们需要找到方法去接受我们的处境并继续前进。接下来，我们就可以看到改变的可能性了。

○ 练习 1

☆ 反思最近的恐惧和魅力时刻 ☆

1. 最近发生过哪些事对你产生了影响？
2. 选择其中的一个，你的"大感觉"是什么？

3. 在那个时刻，你有什么样的敬畏？更多的是恐惧还是迷恋？

4. 对于你生命中的这一刻，你领悟到什么？

5. 哪首歌或者哪首诗描述了这个时刻？如果你愿意，写下你自己的诗句或者给这个时刻命名。

○ 练习 2

☆ 反思重要的生命事件 ☆

1. 举一个你生命中感受到恐惧的例子，可以是你自己的个人经历，也可以是很多人一起经历的时刻。描述这件事以及它对你来说意味着什么。什么样的诗歌、比喻或者歌曲可以描述这件事的经历？

2. 举一个你生命中感受到魅力的例子，可以是你自己的个人经历，也可以是很多人一起经历的时刻。描述这件事以及它对你来说意味着什么。什么样的诗歌、比喻或者歌曲可以描述这件事的经历？

○ 练习 3

☆ 遇到神秘 ☆

内容：有时，当我们透过平常事情的表面深入看下去时，我们会有一种荒谬的感受。你会觉得你所有的努力和希望终将成空，你会感到空虚。这种感受不是错的，这是一种对生命神秘性的反省。

例子：在多年的勤奋工作后，一个人终于被提升为高层管理者。这是他职业生涯的顶峰。他把东西搬进了总裁套间。他发现工人们刚刚完成了对房间的装修。他看到他崭新的名牌贴在门上,下面有防滑托板。然后,他突然意识到,这一切告诉他,他只是这个职位的过客。这个想法打击了他,他对工作再也无法产生以前的热情。

花一点时间写下你对这种状态的反思。你有没有遇到过类似的事情或者其他人有过类似的状态?

1. 什么时候你遇到过一种暂时的工作状态:一个角色、一个任务或者一个项目?什么样的形象或者诗歌可以进行描述?
2. 当时是什么感受?
3. 你的反省是什么?

○ 练习4

☆ 另一个世界 ☆

这个模型来自真实经历。1970年代,在世界范围内有很多社区邀请ICA进行个人发展的引导活动。大部分社区的文化和居住环境对于ICA的工作人员来说都与以前有很大的不同。当这些家庭在准备两三年的外派工作时,恐惧和疑惑四处蔓生。在这种时刻,有必要创建一个模型来关注每一个人,它使用隐喻来帮助人们对经历进行反思。

对"存在"的隐喻

ICA的一些引导者想描述清楚一个人可能经历的所有不同的"存在",并对它们加以区分。他们得到64种存在的状态,并用一个叫做"另外一个世界"的表格进行了描述。他们用隐喻描述了日常生活中生命变得透明的时刻。例如，你正在与同事聊天，突然，对方的某一句话让你产生了敬畏的感受。我们意识到我们好像进行了一次去往"另一个世界"的短暂旅行；又比如，我们拿起报纸，看到在遥远的城市发生的车祸，我们看着死亡和受伤的照片，生命在这个时刻突然抓住了我们。

64种存在的状态创建了一个将经历透明化的地图，让我们可以谈论这些经历。很多时候，我们生命中的经历没有"门把手"，我们抓不住它们。这些表格帮助我们命名了这些时刻，而不再是耸耸肩让它们过去。表格里的隐喻和诗歌给了我们可以用于描述自己经历的诗的语言。我们可以在某个反思练习中使用这些隐喻，这样，我们就可以将表格中的语言与我们特别的经历相结合，产出我们自己的诗一般的反思。

表格分为4个部分。它们可以帮助我们更深刻地反思生命中出现的事件。我们可以根据以下分类创建自己的"另一个世界"表格。

- 生命中出现的事件，我们称为神秘的旅程
- 对旅程的感知，我们称为流动的察觉
- 对察觉的进一步反思，我们称为厚重的关怀
- 最后达到了返璞归真的宁静

第一栏　神秘的旅程——我们在生命中感到神秘的时候

这些时刻包括：

1. 令人敬畏的邂逅：我们被在世界里所看到/体验的惊奇所吸引的时刻——比如看到辉煌的日出、灿烂的烟火，走入古老的森林，或者当我们遇到困境时想到是某种不可控制的因素让我们身陷困境。这些时刻都可能让我们感到敬畏。

2. 不可逃避：我们对发生在我们身上的事情无法逃避的时刻——比如发生了自然灾害，尽管已经无家可归，但你还是只能留在那里。

3. 转型时刻：周围环境的变化改变了我们。就像突然有一天你走进了梦想

中的房子所感受到的惊喜；再比如孩子的出生、得到梦寐以求的工作或实现了梦想，都会带给你很大的改变。

4. 极端的情绪：发生的事情给我们带来极端感受的时刻——比如刚刚坠入爱河，一系列无法预料的事情带给我们的惊喜或惊吓，你犯了令人难以置信的错误时的自责。

第二栏　流动的觉察——发现自己，发现自己的创造力，发现自己可以自由地做决定和承担义务

这些觉察包括：

1. 真诚的关系：认识真正的自己——对自己真正地觉察。

2. 创造性存在：我们意识到了我们的创造性——有可能是为一个问题找到了一个新的解决方法，有可能是第一次独自生活解决了很多问题。

3. 道德：我们意识到自己的良知，可以自由地做决定——就像你发现了你的遗传密码，它开启了对你自己是谁的新认识。

4. 终极问题：当我们懂得了承担义务的是自己的选择时，我们就回答了自己来这个世界上是为了做什么。

第三栏　厚重的关怀——与世界相关的关怀或责任

1. 感激：体验我们对生命的感激——比如被生命故事所震撼，因克服生活困境而感激生命，因生命中经常显示出的神秘/未知而震惊。

2. 关注：包含了人们对周围世界正在发生的事情的同情。这是我们对家庭、社会、社区、国家、世界的各个方面的广泛关注——比如医生挑战医疗边界，持续寻找治疗艾滋病的方法，比如退休老人教孩子阅读。

3. 使命：包含了我们对世界的关注点，就好像在那一点上，世界依赖你的掌控，而你拥有打开未来的钥匙。

4. 透明：当你看到痛苦、挣扎和关注真实情况时更深层次的感知，你可能体验到拥有了前进的动力，你觉得你可以去做任何不可能做到的事。

第四栏　返璞归真的宁静——你可以在遇到困难时依然坦然面对

1. 醒悟：你在特定的时刻体验到光线穿过生命的阴影或挫折。

2. 平静：你体验到无论发生了什么你都能感受到生活的安宁。

3. 快乐：你沉浸在正在发生的事情，活在当下。

4. 无尽的生命：你体验到连死亡都威胁不到你——你时刻可以看到生命的活力。

如何创建自己的表格

"另一个世界"表格扩大了我们的直觉感受，它们就像是感受的种子，从其中可以生长出思想。

创建这个表格包括六个步骤：

1. 注意生命中的哪些经历会激起你的感受。

2. 在事情发生时，停下来，感受一下到底发生了什么。

3. 对你的感受进行反思，创建一个对这个"大感受"的隐喻。

　　a. 可能是用类似的体验来隐喻："它就像……"

　　b. 可能是一种与体验相关的情绪、感觉、态度："我觉得……"

　　c. 可能就是一个比喻"它就像是……"

　　有时候，你可能会发现以上 3 个都能用上。

4. 想一想，如果对事件进行一个总结会的话是什么。提示：

　　a. "如果让我概括，这是一个关于……的故事。"

　　b. "这件事情的意义是……"

5. 然后，考虑你对这件事的回应。提示：

　　a. 关于这个经历，你的内部直觉是什么？如果让你宣布你的决定，你会说什么？

　　b. 在你自己的内心深处，你对这段经历有什么看法？"我看清了自己是……"

6. 这件事情说明了一个什么道理？（可能别人也有类似的体会）

以下是一个例子。

有一个女人这样描述她一天的假期：

> 是的，今天我穿着柔软的睡袍，在火炉旁边待了一天。我听着我最爱的音乐，家人都去工作或者上学了。我身处乡间，周围一片安静。刚刚烤好的曲奇饼干满屋飘香。我抱着书随意地读着，只是为了享受。这是一个生活中的暂停，一个在我忙乱生活中的有意义的暂停。这就是生活。这是一种宁静，从我的关注和义务中逃开的宁静时刻。就像站在温暖的细雨中，我感觉到新的生命。

你可以看到，关键之处在于用隐喻的名字为你的经历命名。可能你需要选择一个或者几个隐喻来准确地描述你的经历。上面那个穿着柔软睡袍的女人用了"站在温暖的细雨里"作为她的隐喻。你会注意到，在她的隐喻和描述中不存在恐惧，只有对这个时刻的迷恋。这个隐喻让她记住了这个时刻。

以下是为这个例子创建的"另一个世界"表格。你可以用同样的问题来创建你的表格。

"大感觉"——主要的感受 下面三行从不同的角度解释了你在事件中体验的主要情绪、感受或者态度		
比喻 它好像是……	有哪些类似的经历？	它好像是一次远距离徒步后的红通通的脸庞
情感 一种……感觉	情绪、感受或者态度是什么？我感受到……	我有一种翩翩起舞的感觉
像是……的存在	用来描述你经历的隐喻是什么？这种经历像是……	它像是充电后充满活力的存在
"大思考"——对于总体或一部分的思考 下面两行从不同角度描述了对这件事的主要思考		
反思 给故事一个主题	你总结一下，这是一个关于……的故事	这是一个关于喜悦时刻的故事
	对事情的理解……	很幸福
"大解决"——你的回应		
主观回应	关于这个经历的内心回应是什么？	主观回应： 我是幸福的
对别人说	你会对另外一个人说什么？	我对别人说： 我非常幸福
对自己说	对于这个经历，你想从内心深处对自己说什么？	我对自己说： 我是闪闪发光的。
清晰时刻——这个事件中蕴含的普遍经验		
智慧	这件事中蕴含的智慧是什么？	欢愉时刻的创造

○练习 5

☆ 制作一个你自己的表格 ☆

1. 回忆一件对你有影响的事，可大可小。
2. 具体描述一下那件事——发生了什么？
3. 感觉像什么？那件事情中的害怕、迷人或者敬畏都有什么？
4. 为你的经历创造一个隐喻——它就像……
5. 用你自己的隐喻来回答表格上的问题。

回忆一件对你有影响的事	
"大感觉"——主要的感受 下面三行从不同的角度解释了你在事件中体验的主要情绪、感受或者态度		

比喻 它好像是……	有哪些类似的经历？	它好像是：
情感 一种……感觉	情绪、感受或者态度是什么？ 我感受到……	我感觉：
像是…的存在	用来描述你经历的隐喻是什么？ 这种经历像是……	它像是：

（续表）

"大思考"——对总体或一部分的思考 下面两行从不同角度描述了对这件事的主要思考		
反思 给故事一个主题	你总结一下，这是一个关于……的故事	这是一个关于……的故事
	对事情的理解……	这件事根本上是关于……

"大解决"——你的回应		
主观回应	关于这个经历的内心回应是什么？	我的主观宣言是……
对别人说	你会对另外一个人说什么？	我会对别人说……
对自己说	对于这个经历，你想从内心深处对自己说什么？	我会对自己说……

清晰时刻——这个事件中蕴含的普遍经验		
智慧	这件事中蕴含的智慧是什么？	

第十二章
深远的使命

做 出 改 变

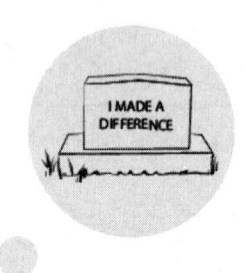

> 这是生命中真正的喜悦,被用于你认可的强大的目的……成为一种自然的力量,而不是自私的小小的牢骚和怨气,不再抱怨世界没有致力于让你快乐。
>
> ——萧纳德(George Bernard Shaw)

> 当我们做任何创造性的东西时,我们会倾注巨大的热情和能量……你会如此关注,甚至不睡、不吃、不与人交谈。这是对的。没有那种热情,你无法完成它。
>
> ——艾格尼丝·德·米勒(Agnes De Mille)

如果你想建一艘船，不要召集人们去伐木，不要给他们安排任务和工作，你要先教给他们对无尽广袤的大海产生渴望。

——安托万·德·圣-埃克苏佩里（Antoine De Saint-Exupery）

怎样才能被铭记？

几年前，我在加拿大萨斯喀彻温参加培训，住在一个很旧的旅馆里。在课程开始前一天，我在旅馆里乱逛，发现了通向地下室的楼梯。看哪，地下室居然有个做棺材的木工房。当时一个人都没有，只有一个刚完工的棺材放在架子上，棺材盖子斜斜地盖在上面。被一种奇怪的力量所驱使，我爬进了棺材，躺在那里并且把盖子盖上了。我猜我就是想感受一下被埋葬的感觉。事实上，我没体验到什么深刻的经历，在黑暗和寂静中，我睡着了。我睡啊睡，直到一个同事喊我去吃晚饭，我在棺材里回应了他。当时他被吓到的样子成了餐桌上的笑点。

想象自己在棺材里或者骨灰盒里，这是一个有趣的反思练习。我们可以想象墓穴前的墓碑，我们看着自己的名字、生日和死期刻在墓碑上。如果涉及墓志铭的话，我们想知道这块石头上有哪些词语描述和总结了我们生命的目的。有可能是"莎丽的丈夫，詹姆斯的父亲"，又或者是"他曾经一杆入洞"？可能是"他赚了一个亿"，又或者是"他用全部的生命改变了社区教育的面貌"？

使命对于我们所有人来说都是一件大事，不仅仅是那些致力于宗教生活的人或者像律师、医生、会计等专业人士。我们每个人都有一定的能量。如果环顾四周，我们会看到很多人没有找到一个聚焦点可以投入他们的能量。看起来他们对生命只有一点点感觉，甚至对于生活的目的也是这样。很多人把工作等同于使命。然而，生命目的，虽然与工作有些联系，但绝不仅仅只与我们做什么工作有关。

对大多数人来说，找到使命不是一件容易的事。我们需要整合以下三个方面：

> ☆ 世界和地球上每一处的需要
> ☆ 我们自己的内部需要、天赋和潜力
> ☆ 我们的生命目标

找到我们的使命也仅仅是个开始，因为使命让生命进入了不同的阶段。我们认识到我们的使命，开始了实践，然后到了某一点，我们会面临使命危机。最后，当我们想实现我们的使命时，我们都会面临挑战。在整个过程中，我们的使命可能会演变、会变化。

被封锁的能量

诗人大卫·怀特（David Whyte）描述了我们每个人身上等待被付出的能量：

> 这种能量总是在内部熠熠发光，
> 当它不亮时，
> 身体内浓烟弥漫。

詹姆斯·希尔曼（James Hillman）和迈克尔·文图拉（Michael Ventura）在他们的书《我们有了一百年的心理治疗，世界变得越来越糟》（*We've Had a Hundred Years of Psychotherapy and the World Is Getting Worse*）中提出了"一个封锁能量的区域"的概念。他们说，有时心理治疗夸大了自我寻找，忽视了世界想从自己身上寻求什么。治疗把健康的市民变成了"病人"，并且把他们的能量封锁在了后续的治疗上。根据这两个作者所说的，我们关注的不应该只是自我的疗愈，仅仅考虑与父母和亲戚的问题，仅仅考虑童年伤害。其实社会范围内的功能障碍也时时刻刻在影响着我们："你无法通过治疗与社会相安无事。"

第二个封锁能量的地方，至少在西方文化里，是长者。社会科学家亚历克斯·康佛特解释说，我们的社会在人们达到一定年龄时赋予了他们一种角色：

> 到了这个年龄，他们退休了，或者用朴素的词语表达，他们不再被雇佣，不再有用，某些人还陷入了贫困的状态……这是一种贬义的闲散，人们不再被要求做贡献，摆明了可以闲逛、玩耍，直到听到死亡的召唤。

在这种情况下，社会的长者基本上虚度多年，很多都只是在高尔夫课程上获得一些成就，或者就只是坐在家里，不做什么事——那是一种游离。就像艾略特在歌曲《J. 阿尔弗雷德·普鲁弗洛克的爱情歌曲》(*The Love Song of J. Alfred Prufrock*) 里面唱的：

> 我变老了……我变老了……
> 我会再穿着卷边的裤子吗？
> 我可以把头发绑在后面吗？
> 我敢吃桃子吗？

亚历克斯·康佛特把退休叫作"第二条轨道"——一种重新参与的方式。这是一种更加适合长者的方式。换句话说，长者需要为他们剩下的生命找到使命。长者的角色是伟大的角色——历史描述者、睿智女性、超然智慧的符号。长者会激励周围的人进行反思。很多长者甚至在他们七八十岁的时候仍然有梦想，梦想着建立新的生活和社会。纳尔逊·曼德拉，领导南非进入了一个多种族的新的命运；米开朗基罗，79岁时承接了罗马圣彼得教堂的伟大工程；戈尔达·梅厄（Golda Meir）70岁时在以色列扮演了领导者的角色；弗兰克·劳埃德·赖特（Frank Lloyd Wright）在91岁完成了他的杰作古根海姆博物馆。最近还有13个原住民老奶奶聚在一起为治愈地球而贡献力量。在任何年龄都有新的开始的机会，有机会为社会带来有用的新鲜事物。

使命能量也有可能被家庭的习惯所封锁。很多人的另一半会试图保护他们免于被生活的复杂性和痛苦所伤害。他们希望自己的家庭被包裹着，不用承受压力、不安全和失望。亨德里克斯这样说：

> 家庭关系治疗师学习的第一件事就是，夫妻之间用于争吵的能量本来可以用在其他事情上。事实上，争吵常常是为了耗尽能量，这样夫妻就不用采取勇敢、创造性的飞跃去创建令他们感到恐惧的未知了。争吵的作用是创造一个熟悉的区域，当你害怕有突破性的创造时就可以躲进去。争论就像一幕小情景剧，有可以预测的开始、中间和结束。绝大多数的夫妻并不是有上百次争吵，他们只是让同样的争吵发生了上百次。

我们的家也会变成财富的无底洞。我们用很多东西填满它，直到车库甩卖的时候才会明白哪些是真正需要的东西。家花费了我们所有的时间和资源，几乎没有什么留给周围的社区，除了送孩子去学校和参加几次家长会。

有很多夫妇没有共同成长、共担风险和发展亲密关系，他们分开了，因为他们觉得对方在心理上没有给予自己支持。而一个共同的生活目标可以为一个家庭共同前进提供动能。

能量和创造力还可能被我们每天的工作所封锁。我们的经济情况让我们无法为每个人提供工作，特别是年轻人。失业常常给人们带来无价值的耻辱感，失业者对自己感觉到失望。同时，那些工作的人又常常对自己的工作不满意，他们觉得找到一个适合自己兴趣和热情的工作非常困难。

生命目标

朱迪·哈维帮助很多人完成了他们的使命转换。她写道：

> 结束旧的事件往往会给人们带来困惑，带来对自己身份的认知问题。新的开始需要放开旧的生活，去面对广阔的未来，梦想新的路径和自己的形象……为了度过这段混乱期，我们需要发展技巧来帮助我们满足身体上、感觉上和社会上的需要。应对技巧包括身体训练、按摩、放松、冥想和写日记；需要社会、家庭、朋友甚至治疗师形成支持网络。使用这些技巧和支持，我们才能认识、接受和化解自身的负面感受，允许我们安全地进入那个重新定义的自己。我们不需要去想我们做什么，我们需要学习思考自己是谁以及我们怎么才能发挥出自己的才能、兴趣和价值。

有时候，进行这种内心转型其实就是转换一下我们工作思路的事。罗伯特·阿萨鸠里博士讲过一个14世纪三个建造大教堂的采石工人的故事。他们每个人都对自己的工作讲了不同的故事。第一个采石工人被问到他在做什么时，他有点苦涩地说他在采石头，一米接着一米，不断重复，一直重复到死亡来临。第二个采石工人一样是要把石头切割成同样大小，但他用有点不同的方式回答了问题。带着热情，他告诉采访者他在为他爱着的家庭赚钱。通过这个工作，他的孩子有衣穿、有食物吃,越来越强壮,他和妻子有一个充满了爱的房子。第三个采石工人用欢快的声音描述了他的工作,他宣布自己被赋予特权参与修建的这个伟大的教堂如此坚固,可以作为一个神圣的灯塔树立千年。

在路易斯·特克尔(Studs Terkel)的书《工作》(Working)里,他邀请了一些普通人谈论他们的工作。在被访者中,有一个现代版美国采石工马里奥·阿尼基尼:

> 这是一个很适合铺石头或者砖块的日子,不容易感觉到疲惫。做任何你喜欢做的事都不会感到累,即使是辛苦的工作——石头是很重的。但如果你对你做的事情感兴趣,你跟石头搏斗就是另外一种感受了。石头是我的生命。我经常做白日梦,梦里基本上都是石头……我所有的梦,看起来就像用石头建起来的……我无法想象一个工作你忙乎了一年都不知道自己做了些什么。在这个县城里,没有一栋房子不是我建的,每次路过我都会看它一眼,只要有一块石头歪了,我就会很快注意到而且不会忘记。

"生命目标"是指人们在工作之外决定献出自己生命的东西。一旦你清楚了这个基本目标,你对于有意义的工作就会有很多选择了。例如,你可能会说:"我的生命是为了推广一种健康的生活方式。现在我在卖保险,我也会开车去见朋友,向他们推荐健康的锻炼方法,这些都支持我达到'真正的'目标。另外,我还加入了一个健康俱乐部,还定期为当地的诊所做义工。"

使命的挑战

在电影《劳医师的马戏团》(The Circus of Dr. Lao)里有个寡妇叫作霍华德·T.卡桑,她从马戏团走出来,直接走进预言者的帐篷。在里面，预言者阿波罗尼警告说她可能会失望。

"不，如果你告诉我真相，"卡桑说，"我就想知道在新墨西哥那二十英亩的矿里什么时候能发现石油？"

"永远不会。"预言者说。

"但是我为那里付了一大笔钱。"卡桑急促地说。

"你浪费了你的财富，下一个问题。"

"好吧，那么，我什么时候会再结婚？"

"永远不会。"预言者说。

"好吧，下一个出现在我生命中的男人会是什么类型？"

"再也不会有男人出现在你生命中了。"预言者说。

"好吧，那我生活在这个世界上还有什么意思，如果我不会变得富有，如果我再也不会结婚，如果我再也不会认识任何男人？"

"我不知道，"预言者坦白道，"我只能看到未来，不负责评价未来。"

是的，很多人浑浑噩噩地过了一生，没有去发掘他们生命的目的。我们需要一种新的道德来鼓励人们不要把自己的创造力封锁在茧里，而是回归到社会需要我们完成的任务中——合作型领导力、重建社区、帮助年轻人和长者、重建我们的经济体系、提高生命质量、抑制无辜者的痛苦、整合当地的伙伴关系和世界性的合作去解决社会问题、推广和平解决办法、创造艺术，关心地球母亲。赫歇尔拉比（Heschel）提醒我们：

除了个人问题，世界上还存在着一种客观挑战，包括收入的不公平、不公正、无助、受苦、漠不关心和压迫。在欲望的喧嚣之上，永远存在着对我们的召唤、需求、等待和期待。无论我转向何处，都有问题跟随着我：世界对我的期望是什么？世界对我的需要是什么？

换一句话说，我的使命是什么？我生命中的基本目标是什么？我前进的方向是什么？在伟大目标的照耀下，有一些任务会变得没有用或者适得其反。一名中东的战士说他不想为廉价的石油去牺牲。越来越多的商业管理者也在说他们不想为市场份额变成工作狂。

真诚使命的三个方面

在具有真诚使命的决定中，都会有三个考虑因素：世界的需要、一个人内心的需要和一个人的生命目标。

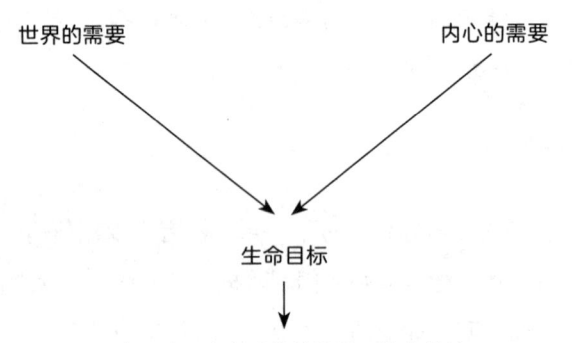

```
世界的需要              内心的需要
       ↘              ↙
         生命目标
           ↓
所有三个因素在我们的日常工作中落地
```

世界的需要

首先是世界的需要。对社会问题进行回应可以治疗社会的断裂面，把社区变成更适合居住的地方。不考虑社会的需要，使命就会变成仅仅是自我实现的另一种形式，而不去管这个星球上植物、动物和人们的需求。谁可以对下一代负责，保证他们充分而稳定地生活呢？北美的原住民说过，一个人可以代表下面七代人去生活。潘霍华牧师问过"下一代人如何可以继续生存"。

现在的这一代生活在通信技术爆发的年代，对世界的需求和苦难表现了关注。但是在我这一代，很少人了解世界其他地方的人是怎样生活的。我认识到这一点是我在1950年代开始教书的时候。有一天晚上，我和一群老师一起去悉尼市政厅聆听社会主义者道格拉斯·海德（Douglas Hyde）的演讲。他用了两个小时来告诉我们"第三世界"的情况。当时正是冷战时期，"第三世界"对于我们来说是一个完全陌生的词语。海德先生给我们全方位地描述了这个星球上绝大多数人的生活——贫穷、遭受非人的待遇、饥饿、不公平、脏乱差的生活环境、农村和贫民窟等等。我们听得呆若木鸡，就像有人把窗帘拉开，看到了我们不想看到的世界的真实景象。在这真实世界的震撼下，那些日子我们再也没有人敢说"全球化思考"了。

后来，我们这群人出去喝了一顿。我们无法进行交谈，没有说一句话，我们甚至很难注视别人的眼睛。我们中没有人去过印度或者尼加拉瓜的农村，至少那时没有。演讲毫不留情地打破了我对世界的理解，而我的使命是基于这种理解而产生的。

转换不同的环境可以帮助我们形成、发展或者巩固我们的使命。许多父母发现，旅行会让孩子们开始思考，去寻找自己的使命，就像是让他们睁开了眼睛，尤其是如果我们的旅行超越了平常的生活圈，让孩子们直接接触其他文化的人，观察其他的地区如何生活。这样就增强了使命的选择性和丰富性。这就是投身地区发展的志愿者和和平部队的经历。例如，我知道曾经有一些医学生在大学假期去参观中美洲村庄，现在，作为医生，他们每年都会回去，用他们的医术来提高那些村庄的生活水平。这变成了他们的使命。

内心的需要

詹姆斯·希尔曼（James Hillman）在他的书里描绘了另一种思考使命的要素，书的名字是《灵魂代码》(*Soul's Code*)。他说每个生命都有自己先天的才华、天赋和存在方式，他把它叫作"橡子理论"（acorn theory）。当约瑟夫·坎贝尔告诉电视观众"追随他们的幸福"有多么重要时，他指的就是使命的这个维度。

但以"橡子"作为驱动力往往会遇到社会的打击。别人经常会对你说："你不能做这个；那是不可能的；没人需要这个；你需要做的是接管你父亲的产业；你应该去赚大钱。"在这种时刻，我们被自己的力量吓坏了。我们害怕大声说出我们的梦想，或者不能充分意识到它。可能我们只敢对着镜子偷偷说出一个愿景。然后，有一天，我们会突然意识到，自己其实活得像一个侏儒。带着这种觉醒，一个巨人在心中涌动了。我们决定成为一名巨人，我们会打破所有的阻碍。

随之而来的是，我们自己创造自己的生活，没有人可以为我们做这件事。13世纪的自然爱好者圣方济各（Francis of Assisi），放弃了他富有的父亲的大房子和所有遗产的所有权，赤身裸体地站在小镇的广场中，昭示他愿意为"激进的分离"献出自己的生命。圣方济各继而建立了中世纪最激进的教会之一。

米洛斯·拉奥尼克是一名20岁的加拿大专业网球选手，他的故事也是追随梦想的一个例子。13岁时，他宣布自己的长期目标是成为世界专业网球协会（APT）的第一名。在彼得·曼斯布里奇（Peter Mansbridge）的一次采访中，他这样描述了目标：

> 目标永远不会改变。那永远会是我的目标。我可以告诉你，没有人会比我付出更多的汗水、努力去达到这个目标。我知道我想要的，所以当我必须努力时，我从来没有怀疑过。我保持心情平和，我倾听我信任的人的意见，我只管去做。我的教练和家人总是在我周围，他们一直与我保持沟通。精神方面的调整对我来说也很重要，这可以让我接受改变。当我保持冷静时，我可以保持长远的眼光。我清醒地分析我该做什么。有时我也会去玩，因为这样可以最大限度地发挥我的水平。

为什么是网球？

其实开始时很随意，但后来我就再也不能放弃了。打篮球和街头冰球对我来说都很好玩，但我没有意愿去网上搜索这些运动十年后会是什么样子。然而，我在网球方面会这样去做。我可能比那些打了十几年网球的人了解得都更多。对我来说这就是热爱，没有任何困扰。

同时，米洛斯公开说，除了他的职业发展，他还希望帮助加拿大的网球发展："参加新闻发布会和特别的活动以支持网球在加拿大的发展对我来说很重要，加拿大给了我很多。"

看到那些放弃自己使命的人，我会很替他们难过。我遇到过一位来自新斯科舍省达特茅斯市的理发师。他在为我理发时给我讲了他的生命故事。他说在他从事理发业12年之后，突然对成为西北地区的一名医护工作者产生了强烈的渴望。他参加了培训，用好几年时间参与了处理急诊和事故的工作。做理发师和做医护人员是迥然不同的。他飞到各种不可思议的地方，对受伤的人们进行现场救护。他为他们剪头发，送他们到医院。他有了很大的成长。他擅长这件事，他热爱这件事。后来他恋爱了，想要结婚。那个女人说："如果你想娶我，你必须回去继续理发师这个职业。我不能忍受你的高风险工作。"就这样，他又做回了理发师。看起来，他得到了一个妻子却丢失了使命。

生命目标

第三个维度，生命目标。这是一个人把社会需要和内心需要放在一起衡量后得出的目标。从某种程度上来说，如何同时满足这两个需要是一个秘密，或者说需要专注的思考。也许在你的反思中总结出来的使命是保护地球环境。在你为保护城市公园努力了10年后，你突然有了一个新的觉醒。你发现你对湿地生物学有着非同寻常的热情，所以你回到学校去学习生物。一件事连着另一件事，你在湿地生物学方面取得了博士学位，你走在了成为全球性湿地保护倡议者的路上。

有一个年轻的女人被旅行的冲动深深吸引着。她尝试了很多种旅行方式，包括她给富人做私人助理，寻找成为快递员的机会，加入商船船员的队伍去太平洋岛屿进行工作巡航。在路上，她一直保持着记日记的习惯。她对每个地方的神奇之处都有着特别美妙的感受。一天，她把日记给一家主流媒体的记者看了，记者说她是一个天生的旅行写作者。就这样，她开始为这家知名的报纸写旅行日记。人们被她所描述的不同地方的神奇之处深深地吸引了，这些描写栩栩如生。她鼓励她的读者摆脱常规的旅游线路，去探索更大的世界。

发现我们想要的和世界需要的结合点是一件很困难的事。一些人可能会陶醉于实现自己的能力，而并不去思考世界的需要。另外一些人决定使命时考虑更多的是世界的需要，这可能导致使命变成殉教式的行动，与他们的个人潜力毫无联系。选择一份工作，逃避使命，是更容易的一条路。难怪卡赞扎基斯把我们与使命之间的纠结描述为"一直挠头的爪子"。

这种纠结永远不会结束。即使你的使命是对人们进行身体治疗，每天你仍然不得不决定是否去诊所面对那么多人的疾病。你仍然不得不决定是给予每个病人祝福，还是进入机器人模式把病人推进推出。你不得不注意自己内心在发生着什么。是否有些事情会转变你的使命？你为你的工作带来了什么别人无法给予的特别之处？

所以，我们现在有三个舵可以将我们的生命能量驶向未来：世界的需要、内心的需要和我们的生命目标。

假设我决定成为一名老师。我知道孩子们并没有接受很好的教育，而我希望能在教育领域做出改变（世界的需要）。我喜欢孩子，我从我有限的教育经验中学到了很多东西，我确实很希望成为一名老师（内心的需要）。但除了这些，我想做的不仅仅是传授知识。我想打开孩子们的感觉，让他们感受到自己作为一个人的潜力。内心的需要创造了好奇心和能量。生命目标提供了深度的动力。而对于老师来说,教室提供了尝试的场地。

明确使命

在《世界问题的百科全书》(Encyclopedia of World Problems)里,托尼法官(Tony Judge)列出了 21 000 个全球性的问题,把这些问题全解决了,这个世界才有可能实现它的潜力。犬儒主义者看到问题堆积如山,他们说:"这是不可能有任何改变的,无论你做什么都会随风消逝。"然而,冲突社会学家埃莉斯·博尔丁(Elise Boulding)说过:"我们中的任何一个人……可以通过使用这本百科全书成为世界性问题解决流程的一部分。"除了犬儒主义者,任何一个个体都坚持在行动中改变。

明确使命会让使命成为一个生命任务——要花费整个生命来完成的任务。我们会有一种被召唤的感觉,就像马丁·路德·金的《我有一个梦想》的演讲。你会将工作看作是有意义的行动和带来改变的行动。这种行动会带来满足感,会带来"这是我做的,我生命中发生的每件事都让我为这个做好准备"的感觉。美国前总统吉米·卡特曾经这样说:

> 我只有一次生命,也只有一次机会使它有意义……我可以自由选择在什么方面有意义,我所选择的成为我的命运。我的命运需要——没有任何可选项——我能在任何地方、任何时间做任何我想做的事,无论做什么,我都试着带来改变。

2007 年,卡特在他 80 岁的时候加入了一个叫作"长者"的国际组织。这个组织的成员共同努力,为这个星球上一些陷入困境的国家带来支持性的公正与和平。

在生命结束时没有给世界带来任何改变,这是很多有识之士无法忍受的。在《可能的人类》(*The Possible Human*)一书中,基恩·休斯敦引用了一名78岁的退休老护士的话,这名老护士当时在赫尔辛基参加一次会议:

> 如此多的人正在失去他们的心,不包括我!我已经经历了四次战争,见过难以置信的痛苦和苦难。你猜怎样?我对人类仍然抱着满满的期望。我们被以前不可能的方式捆绑在一起,现在我们必须开始共同生存和成长,去成为我们能够成为的。我没有钱,芬兰以外的人也很少听说过我,但是没有关系,时机已经成熟,我知道我做的事会带来改变。

一旦我们找到了使命,我们生命中的其他因素就会自动排列在后。索伦·克尔恺郭尔用了一句话来描述对使命的忠贞:"噢,为了我所愿的美好的宁静,我愿付出我的心、我的灵魂和我的思想。"或许"我所愿"是对确认使命的最好的描述。

向着使命的旅程

还是那句话,针对使命的问题永远不会有答案。我们能想到的是,终身使命可能会以一个临时的职位体现出来,从那时开始,生命以一种宏大的画面展现开来。可能我们一开始会觉得自己的使命是教师,之后我们会发现,是的,教育是其中的一个部分,但我们的使命其实是发掘出孩子的潜力,之后是发掘出所有人的潜力。教育成为我们到达真正使命的交通工具。重要的是在持续发展的同时尽心尽力地完成我们的使命。

我们的使命给了我们一种方式,将我们创造的激情和满足世界需要融合在了一起。在琼·阿努伊（Jean Anouilh）的《安提戈涅》（*Antigone*）中，国王克里昂（Creon）说：

> 说"不"很容易，而说"是"，你就必须付出汗水，卷起袖子，将手深深探入生命中。说"不"太容易了，甚至说"不"就意味着死亡。说了"不"之后，你所能做的只是安静地坐下来等待，等待继续生存，或等待被杀死。这是懦夫的行为。"不"是人类自己创造的词。你能想象树对树叶说"不"吗？你能想象野兽对饥饿和繁殖说"不"吗？

看起来，世界上最幸福的人是那些说了"是"的人，他们响应了使命的召唤，日复一日地付出自己。

然而，追求使命的确是一场终身旅程。在约翰·艾普斯对使命旅程的分析中，他说追求使命有三个主要阶段：认识、危机和坚持。

第一阶段：认识——认识我们的使命

认识我们的使命是与选择并行的。在英雄的传奇中，那些带着改变历史使命的人通常会"被召唤"和"被委托"。那些领导者的故事，从摩西的故事到甘地的故事，到特蕾莎修女的故事，也都描述了主角们被比自己更大的力量推送到一个新的轨道上。摩西有燃烧的荆棘丛，甘地经历了在南非被赶下火车的时刻。

> 寻找使命这件事在我脑海中的形象是，当你在山崖上向上攀爬时，前方出现了一道裂缝。此刻唯一能够向上的通道是岩石上的一条极窄细缝，就像你必须钻过的一个烟囱。它越往上越宽，所以当你通过时对你来说有点棘手。这个形象第一次出现在我的意识中是我在大学高年级的时候，当时我正在努力成为一名化学研究者。那是我的职业选择，而且是早已决定了的。从八年级开始，我就去上

每一门跟科学有关的课程。我对科学有兴趣，也很擅长。我还有好几个关于成为化学研究者是多么重要的故事——我是在人造卫星上天不久后去上的大学。

然后，在我大学高年级时期，几件事情同时发生了。当时我的女朋友比我低一级，我们的关系变得紧张起来。我必须决定我毕业后做什么。我给很多研究生院发了求职申请。最后我得到一个科研工作的机会，但每天在实验室待上8个小时真是很糟糕的感受。我能看到的就是在实验室里度过今天、明天以及以后的每一天，从日出到日落。我不想这样，但我不敢告诉任何人，因为所有人都认为这就是我的职业。然后，一件很不起眼的小事发生了，有人给了我一本关于尼科斯·卡赞扎基斯的书。

这本书让我明白了我无法决定明年会做些什么。这把我从决定好的终生职业中解救了出来，也将我从预期的未来中解救了出来。任何决定都有这样的重要性，我开始领悟不做决定就是决定。你知道的，我们永远没有准备好的状态，我们总是待在一条顺水漂流的小船中，一会儿向上游划，一会儿向下游划。如果我们不划，我们就自然漂向下游。不做决定就是顺着目前的趋势向前走。我觉得这个经历就像怀孕，前后历时九个月，非常辛苦，我一直尝试做出一个能够尊重我所知道的所有情况的决定。

使命性的问题通常会被一件事情带出来，这件事往往是打破常规生活的，同时会带来新的问题。一个同事跟我讲过这样一件事：

对于我来说，这件事就是我丈夫突然过世。我们已经结婚40年了。当他去世时，我必须面对一系列的问题：我该如何度过余生？我想做些什么？我需要做些什么？我真的还想住在居住了20年的英国村庄吗？我还继续筹划乡村度假、为社交活动煮茶、与妇女机构的人聊天吗？这些事真的可以充实我的生活吗？不，不可能——这一点确定无疑！我觉得我需要做些不一样的事。我需要去另外一些地方，那里的人不再将"我"看作"我们"，而是将"我"看作"我"！但是对于一个未经训练的60岁的寡妇来说，什么能够填充她的生命呢？我陷入了深深的绝望。

从某种方式上来说，我们总是被选择的，有可能是通过陷入绝望或者通过不可避免的吸引。但无论通过吸引还是困境，选择总是艰难的。选择一种生命目标就关闭了其他选择，你会觉得那些关闭的选择里有一些还是很有价值的。这时，我们的第一反应有可能是抵抗。但即使我们抵抗，使命性的问题也永远不会消失。

无论我们有什么借口，或者不管我们看起来有多么没准备好，生命目标都会像磁铁一样吸引着我们，直到最后我们放弃其他选择确定了它，然后开始一段新的旅程——在每个角落都有些新的东西，有充分的自由和责任，有充分发挥天赋和资源的空间，最重要的是有一种深深的满足感，就像我们回到了家，找到我们的位置。看起来它就是"要多好就有多好"。

接着，正当我们安顿并开始收获我们新的生命目标时，这一切开始崩溃了。我们会经历被辜负。我们曾经确定我们走在正确的路上，但现在我们感到了没有指南针后的迷失。

第二阶段：危机——生存的背叛

没有很多清晰的分析或者预见会让我们准备好面对背叛，这些背叛对我们的事业有着极其重要的意义，小到牙疼或者一个来自主管的不太好的业绩评价，大到失去了你的工作或者发现罹患重疾。

不管这种外部事件是什么样的，它们的影响都是破坏性的。生命的意义突然没有了。我们的成就变得无关紧要，不管是我们的大学学位还是我们平常关心的大大小小的事，它们统统没有了意义。最重要的是，我们是孤独的。世界上任何曾试着完成某件事的人都有过这样的体会。那些以前对我们来说无比清晰的事情现在变得模糊了，曾经激励我们的东西现在开始坍塌了，我们再也不能做任何决定。我们的热情干枯了，我们发现自己深陷感性的泥沼，我们感到羞愧、软弱，充满怨恨和痛苦。

在这种危急时刻，我们会很轻易地放弃整个使命。我们可能会变成流浪汉或是纵情声色。看到使命旅程中存在着危急时刻很重要，因为这是一条通向未来的道路，一个让我们的生命更加深刻的新的机会。罗伯特·什罗普谢尔描述过这样的事：

> 我曾经为城市内部发展或第三世界发展项目工作过几年。我的下一个任务是去印度。当我到达孟买机场时，我遇到一家子乞丐。那家的小女孩一直在哭，她的上嘴唇因为一直哭而红肿着，而她还在不停地抽泣。她会跑到你面前跟你要一些零钱，如果你不给，她就会跪在你面前。我并非初涉人世，所以我的脸上没有任何变化。我们走出机场，驶向孟买。在路上，我注意到有很多涵洞——那些直径有5英尺的巨大的下水管道，有很多碎布挂在管道末端。我问来接我的同事："那是什么？"他说："有人住在那里，当他们没钱付租金时会被赶出来。"从管道里被赶出来？我可以想象从屋子里被赶到大街上，但不能想象从下水管道里被赶出来。那次经历后，我发现自己充满了行动的动力。我急于想做些什么，甚至想马上踢开车门开始工作，因为我想要终结这些事。然后，我开始在印度次大陆上到处旅行，去教育成年人，试着用社区转型去点燃他们。3年后，我觉得我好像燃尽了自己的生命。我接到电话被派往别的国家。在去机场的路上，我仍然看到有人住在那些下水管道里，那个长大了一点的小女孩仍在机场乞讨。我看到，印度会成百上千次地消耗掉我的精力而毫无改变。我发现世界上再也没有什么事情可以激励我了。

在那种时刻，我们会抛弃自己的使命，或者对使命有更丰富的体验：使命超越自发性，超越热情，超越我们生命中浪漫的感觉。我们意识到，做我们想做到的可能会耗尽我们毕生的精力，而我们会因此放弃。这种被耗尽的感觉会在我们所有人身上发生，这可能会是一个很好的放弃的理由。

现代词汇把这种感觉叫作"中年危机"。这种危机被心理学家刻画为需要克服的东西。从运动到饮食，再到药物治疗，医生给出了很多相应的治疗。人们可以从这些治疗中受益良多，但当一个人经历背叛时，所有的治疗看起来都没有用了。

穿越这段经历的路径包括经典的"哀伤的五个阶段"：否认、愤怒、讨价还价、消沉、接受。这条路径帮我们打破了我不可靠的幻想，自我叹息。但不要责备自己。我们都幻想自己的生活很安全或者自己很重要。没什么好责备的。只是生命持续地把真实带到我们面前。所以我们会感叹，并且更加谨慎。没有人会帮我们，来自朋友的鼓励往往只是确认了我们的痛苦。有时，只有艺术可以成为释放的媒介——音乐、绘画、文学、电影，甚至电视。这些常常是由那些对生活中"不好的一方面"分外敏感的人所表达的，因此我们可以借此宣泄。

我们怎么能战胜这种痛苦呢？当我们知道它不是一个错误时会感觉好很多。事情发生了就发生了，任何时候都是对的时刻。进一步来说，不管我们选择哪种原因或者使命来跟随，都会有一个危机阶段。生命就是不会像我们希望的那样去发生。这是关于使命很重要的一个体验。它也是那些数十年投入社会参与活动的人的共鸣，无论是在人权、社会公平方面，还是环境的可持续发展方面。在参与活动的几年后，很容易出现以下的自我对话："好吧，我已经偿还了欠这个世界的，现在是我享受一下的时候了。"或者："我在请愿书上签过字，做出过贡献，每次选举都为损害最小的选项投了票，够了吗，上帝？你还想要我的什么，我的血吗？"

总有些时候，环境把我们逼到了无法承担的地步。看看我们的来处，想想我们的去处。在这个时刻，度假是一个很好的选择。度假会给我们一个新鲜的环境，给我们充电，使我们获得一个发展我们工作的新的机会。一旦我们充满了能量，清晰了方向，就是继续投身于前线的时刻了。汽笛呼唤我们不要走远，使命的呼唤也一样。

第三阶段：坚持——继续，继续

一旦我们感到度过了真正的困难，继续前行就是正常的了。问题变成：我们是否应该把我们所拥有的所有激情、天分、创造力和热情投入这看起来毫无价值的工作中去？在宇宙万物中，这些真的太微不足道了。

当我们感觉自己什么都不是的时候，我们就再也不会被背叛摧毁了，然后我们就可以完全忘记我们知道的。这种觉醒变成我们指导自己生活的深层的秘密，然后我们可以从最现实的角度去热爱我们的工作、尊重我们的同事，谁说他们不值得尊重呢？！

是什么促使这个发生了？当我们纠结于生命中的无意义时，你会突然意识到，如果没有事情特别重要，那么每件事情都重要。这种新的理解会开始弥漫在我们生活中的每个角度，给予小事以细节的意义，让我们发现乐趣。我们开始注意到人们从我们的努力中受益，而且我们比之前更加富有成效了。

使命旅程的这三个阶段——认识、危机和坚持——在生命中会一次次地发生。这就是拥有一个使命的意义：在向不可到达的更高点努力攀登时，延展我们的能量，在过程中不断彰显我们赖以充分生活的价值。

一旦我们彻底弄明白旅程本身和我们的所在之处，我们会对我们工作的特别之处表现出热情和关心。无论我们在做什么样的事，它都同时是有意义和无意义的，都是值得做好和付出热情的。我们会开始对这个生活的悖论津津乐道。

领导力挑战

使命可能是一把火或者一种激情,它鼓励领导者坚决地走向"没有人去过的地方",就像《星际迷航》(Star Trek)里柯克、皮卡德和詹韦所做的。这些星系探索者为探险带来了他们的技能和热情,但是他们也意识到他们需要其他团队成员的能力和智慧。

使命是一个坚定的承诺:去打开看起来永远关闭的门。感觉就像是整个宇宙都把能量集中了过来,所有的事都变得可能。很显然,宇宙尊重那些知道自己去哪里的人。《星际迷航》里的船长詹韦拥有一种复杂的优雅的领导风格。她可以化敌为友,传递良好的意愿。一直向别人展示团队努力比个人努力更有力量。她带着礼物返回了地球,不仅仅是比她离开时更先进的技术,还有整个银河系其他居民传递的良好意愿。詹韦作为一名人类大使在所到之处建立联系,赢得尊重。

最后,使命为我们的继续前进增添了燃料。不管形势多么困难,我们的同事多么神经质,或者目标多么难以捉摸,我们都不会倒退!

○ 练习 1

☆ 对于使命的个人反思 ☆

1.你觉得世界有什么需要,做一些有关的调查、阅读、看相关的电视节目或者思考一下。

2.你自己在哪些方面拥有天赋、激情和技术?

3.写出三四个生命目标作为你的选项,此时此刻,在你的生活中,你的生命目标是什么?

○ 练习 2

☆ 使命工作坊 ☆

这个工作坊可以帮助我们澄清我们的使命，或者帮助我们度过一段过渡时期。选择一个不被打扰的时间和空间来完成练习。

（1）写出 3 个清单：
- 你拥有的天赋
- 你拥有的能力
- 你发展出的特别技能

天赋	能力	特别技能

（2）你能从哪十个方面运用你的天赋来为这些关切之处创造不同？在下面这个表格里，列出至少 12 件你可以深度关切的事，这些事关于世界、社会、他人、过去、现在和未来，或者任何方面。在每一列写出尽可能多的内容，第一行是例子。

世界	社会	他人	过去	现在	未来
森林砍伐	健康护理	年轻人的艾滋病	某些公共古迹	教育方面的失败	怎么关心当地社区

（3）你能从哪十个方面运用你的天赋来为这些关切之处创造不同？

1	6
2	7
3	8
4	9
5	10

> 无论是否有一个明确的领导职位,我们都可以在我们的生命和社会中成为领导者。这本书聚焦于发展我们的内在智慧,让我们成为有影响力的人。

后 记

召唤意志和勇气

终有一天,紧抱蓓蕾的风险比绽放的风险更让人痛苦!
——阿内丝·尼恩(Anais Nin)

阿内丝·尼恩还说过:

> 世界上没有对每个人都适用的生命意义。只有我们自己给自己的生命以意义。它是独立的意义、独立的规划,就像每个人为自己写的一部小说或者一本书。

我们生活在被称为"地球上的新存在"的时代。这是一个可以去寻找自己的意义、建立自己的规划的完美时代,对每个人来说都是如此。这是可以运用自己的内在智慧和发出独特声音的时代,对每个人来说都是如此。每个人都可以在这个时代中找到自己深刻的使命。

《引领的勇气》探索了个人可以发展自己的内在智慧,从而推动自己和社会的发展。书中讲述了来自世界各地的故事,你可以通过记录、对话和练习记录与讲述自己的故事。

安妮特·西蒙斯（Annette Simmons）在《讲故事的力量：激励、影响与说服的最佳工具》(*The Story Factor: Secrets of Influence from the Art of Storytelling*) 中描述了故事带来的惊人效果：

> 故事讲述的秘诀和影响力在于你从混沌中发现。人们往往在这一方面有误解。他们觉得，你无法解释清楚你所知道的就意味着你不知道。事实并非如此。实际上，智慧往往存在于你自己都不知道的地方。一旦你开始相信你的智慧，你就可以开始对别人施加影响，让他们也去发现他们的智慧……有如此多的真相等待着我们去挖掘，我们不能证明它们，但我们知道它们是真的。故事讲述让我们相信这些是真的，即使它们无法被测量和证明，看上去也不那么赏心悦目。

当我们开始信任我们的智慧时，当我们开始信任真相时，我们就有可能成为领导者，从我们自己所处的位置出发去推进社会的发展。其中包括了对我们生命经历的反思和对生命持续的肯定。这将是我们的出发点。我们的能量开始变得积极，之后这种能量会持续影响我们的生活和工作。在一个充满正能量的环境中，"不可能"的事就会发生。

○ 练习

☆ 建立你自己的风格 ☆

在你读完此书并且完成了一部分练习后，你可能会问自己以下问题：这本书给我的生命带来什么样的改变？为了发挥我的智慧、找到行动的意志和勇气，我还需要什么来建立我的领导风格？

个人风格是你与生命内在关系的外在表现。我们身边有很多种领导风格：专制型、民主型、放任型、自我型，还有华尔街那些金融大鳄型。当你环顾四周去观察周围的人都是什么类型时，你会看到每个人的表现都带出了他们的人生观和世界观的影子。那个满身刺青的人正在质问每一件事，他可能故意在挑衅，为了人们从不同的角度考虑问题。另外一些人姿势僵硬，正襟危坐，他们正在纠缠于很多细节问题。这些人应该是试图在混乱和不安中坚持秩序的人。

你自己的个人风格无法避免地深刻反映了你的生命目标和你希望在历史中呈现的形象。

一、开始练习之前：如果把风格和使命结合起来看，你会更容易理解你的风格。回顾一下第十二章的练习。请记住，你可以创造性地将风格与你的生命目标联系起来。

二、完成下面的表格。表格中包括了你的"自我形象"和"风格特质"。从过去、现在和你感知到的未来进行分析。

- 自我形象：男人或女人，出生于城市或小镇，玩世不恭，家庭主妇，智者，引导者，调解者……

- 风格特质：自信的，耐心的，好胜的，决断的……

	过去的风格	现在的风格	将来的风格
自我形象			
风格特质			

三、当你生命中的一个方面变得不重要而另一个方面浮现出来的时

候，风格的转变有可能会发生。当你生命中的一个章节结束而另一个章节开始时，风格的转变有可能会发生。

风格的转变首先会让人吃惊。我们都会遇到风格转换的人，比如我的叔叔布罗德里克，他以前总是迟到，头发乱糟糟的，衣服也不整洁，说起话来像从深山老林里来的人。有一次，我在一个婚礼上见到他，他是第一个到达教堂的人，穿着笔挺的西服。在我跟他聊天时，他显得彬彬有礼，简直是换了一个人。这就是一种风格的转换。

再比如，在工作中，曾经有个同事总是吵吵嚷嚷，粗鲁而固执己见。当时我觉得跟他合作是一件痛苦的事。后来他换到了亚洲区工作了几年。当他回来时，他变成一个说话轻声慢语、考虑周到、包容别人的人。这也是一种风格转换，你不禁会问别人："他的身上到底发生了什么？！"

风格转换反映了一个人的内部转型。总会有一些外部的线索可以让你感觉到，比如声音、发型、着装、仪态、表达或者气质。

回头看看你写的自己的形象和风格，它们是否符合你的生命目标？
（1）列出15个你需要建立的新的风格和形象的要点。
（2）画出完成这15点的时间线。
（3）反思整个练习：
- 你对个人风格的练习中印象深刻的是什么？
- 当你做练习的时候，哪些部分让你很激动？
- 当你做练习的时候，哪些部分让你有些担心？
- 这个练习对你来说有什么意义？

附 录
ICA 加拿大介绍

本书中介绍的生活态度源于 ICA **加拿大**半个世纪前的工作。ICA 是一个真正的学习型组织。它具备了发展、学习以及应对不断变化的时代需求的能力。

简单来说，ICA 的发展经历了六个阶段。

- ☆ 1950 年代：进行研究的大学社区
- ☆ 1960 年代：信仰对话、教育以及进行社区实践的学院
- ☆ 1970 年代：大家庭秩序的形成以及学院的全球拓展
- ☆ 1970 年代和 1980 年代：全球各地当地化的项目和实践推动了 ICA 在全球的发展

> ☆ 1990年代：对各种类型的组织进行引导和培训，出版书籍
> ☆ 2000年至今：推崇引导式领导力，对世界各地居民进行能力培养和合作

1950年代

21世纪呈现的新时代人的变化对每个社会组织都产生了影响。社会的重大变化显现在我们的科学认知、城市生活和社会风格上。随着这个时代的到来，社会上出现了对人们的相互联系和复兴的人文精神的深刻的全新认知。跟其他类型的机构一样，协会发现自己也需要面对一个根本不同的时代。社会上出现的大批神学著作和对神学的研究、非专业人士的参与和眼光、普世性的对话和合作，都使协会的更新成为现实。

在第二次世界大战之后，世界教会理事会第二次大会和梵蒂冈第二届大公会议都开始审视基督教教堂所面临的关键问题。在世界教会理事会1954年于埃文斯顿的会议上，伊利诺伊州通过了一个决议案，决定建立一个面向北美地区针对非专业人士的培训中心。这个举措效法了瑞士博西的普世学院。1956年，芝加哥的基督教商人建立了埃文斯顿大学研究所，邀请了德国的沃尔特·莱布雷希特（Walter Leibrecht）教授任教。

与此同时，得克萨斯州大学的一群学生和雇员也开始研究他们的命运与当代生活之间的实质联系。他们把他们的团体称为基督教信仰与生命。建立者是一位前海军牧师——杰克·刘易斯牧师（Rev. W. Jack Lewis）。从欧洲的实验性非专业人士社区——比如泰泽（Taize，建于法

国的基督教修道会）和罗纳（Lona，建于苏格兰的基督教修道会）——的运营中吸取到经验，基督教信仰与生命社群发展出一个共同的敬拜、学习和宣教的生活方式。这个社群在基督教社区形成历史中被认为是重大的试点项目。约瑟夫·马修斯博士曾在得克萨斯州达拉斯的珀金斯神学院担任社会伦理学副教授。在他的指导下，社群为学生和非专业人士设计了一门课程，课程包括了系统神学、新旧约以及基督教道德。社群开始将他们的注意力转向为当地社会民众所扮演的角色。他们为当地民众及学生创建了周末住宅研讨会和宗教研究活动。

1962年，莱布雷希特教授回到了德国。普世学院——在那时已成为大芝加哥教会联合会的培训部门——邀请了基督教信仰与生命社群的马修斯教授作为新的院长。他带了一个朋友一起上任。他们都进行过实验性的针对神灵和神职人员的神学集中训练，并形成了纪律严明的组织生活和使命，强调组织的敬拜、学习和服务的生活方式。

1960年代

这个时代是秩序的起源时期：普世性的。这些成员都是不拿工资的义工。他们继续为当地居民创建课程，同时又在不停地寻找基督教社群在当代的形式和意义。在对历史上宗教规程中的组织生活形式进行研究后，修道士们开始在家庭秩序之上建立社群模式。

普世学院就是教会复兴努力的结果，特别是在欧洲——神学经典和研究，非专业的参与和眼光，以及普世性对话和合作。修道士成员研究、访问和参与遍布欧洲的这些复兴运动中的先锋教堂的活动，包括福音派学院、法国的泰泽社群、苏格兰的罗纳社群、家庭教会运动和英国的谢菲尔德工业使命，还有罗马的梵蒂冈第二届大公会议。学院深深受惠于与所有这些教堂的复兴力量的合作。

学院培训方面的工作平衡了实践研究与示范。当时，普世学院的七个家庭搬到了芝加哥，他们知道一种全面性社区发展的实践性实验。所以，基于以社区作为社会组成的基本模块这一前提，学院开始在芝加哥西部的一个贫民社区开始工作。那就是后来人们熟知的第五城市社区。一家一家的访问和邻里会议为当地居民看清他们的问题提供了一种方法，他们开始设计有效的解决办法。

学院从1962年开始在整个芝加哥教授理论性和实践性课程。到了1967年，整个北美大约有2万人参加了学院的研讨会。在那一年，有个4人团队在亚洲和澳洲开始教授课程。同样的事情之后发生在拉丁美洲、欧洲和非洲。

学院的课程包括两个主要分支，一个分支聚焦在圣经、神学和宗教方面，另一个分支则是关于当代社会以及在家庭、社区和世界范围内改变态度的。宗教分支提供了一个机会，让人们在这个现代社会重新发现基督教所传递信息的意义和关系。文化分支提供了一种方式，人们可以理解社会基本动态、当时的难题以及各个学科领域的新的思想趋势。

七个家庭就可以制定出一个全国性的教育项目，在全国乃至全世界进行教授。这听起来很荒谬，但它确实发生了。20个全职工作的人创建出了一个社区组织，并且出现了那么多的追随者。看起来也是不可能的，却是事实。所有这些结果的出现就像千万个奇迹，从整体来看，每一个呈现的重要性都让人惊讶。很窘迫的财务状况带来了成千上万的社区庆祝活动和世界各地的教学之旅。

到了1964年，普世学院开始与一些团体展开密切的合作。这些团体发现学院的研究与他们自己的教堂和社区需求很相关。在他们的要求下，学院创建了更高阶的研究和培训项目。1965年，学院组织了第一次夏季调研。之后，这种年度调研从世界各地吸引了大约1 000人的参与。他们的调研建立和加强了实践性方法，设计出学院和很多其他类型的团体认为可以服务于当地社区的方法。

培训课程

最初的课程创建于1950年代和1960年代，目的是培训基督教的非专业人士和全球范围内的当地社区领袖。课程包括了宗教和文化方面内容。作为最基本的介绍课程，宗教初级研究聚焦于21世纪的宗教改革，并将布尔特曼（Bultmann）、提里奇（Tillich）、潘霍华和尼布尔（Niebuhr）在生活中的智慧进行了落地。另外一个介绍性的课程是意象教育，目的是用新的教育意象和新的教育方法来武装教育者。剩余的其他课程主要是为了全面地介绍这个时代的主要学科，以便为人们参与重塑社会提供背景。

课程中还包括一系列补充性的方法论课程。

知识方法论包括谈话法、图表学习法、研讨会法、演讲内容结构及方法、课程规划以及团队写作。

社会方法论包括工作坊方法、社区建设、战略规划、框架法和社区发展。

个人成长方法论包括自我反思、深度对话、另一个世界神秘表，以及延伸性的冥想、沉思和祈祷。还有对经典的精神方面的作家的研究，包括对诗人、特蕾莎修女、十字架的约翰，以及尼科斯·卡赞扎基斯、赫尔曼·黑塞和约瑟夫·坎贝尔等人的著作中人类精神旅程的不同阶段的研究。

在1970年代，个人成长方法论涉及对一些理论的系统研究，包括灵魂的黑暗之夜（the dark night of the soul）、漫长的护理（the long march of care）、卡斯塔内达（Castaneda）、苏菲斯（Sufis）、老子、庄子、孙子、宫本武藏等等。之后的研究又增加了基恩·休斯敦、威尔斯·哈曼（Wills Harman）、洞察力冥想和其他实验性方法（例如可视化和神经语言学）。

在1960年代和1970年代，通过这种课程，两个延伸的培训项目得以开发：全球研究，一个为期八周的居民项目；国际培训项目（简称ITI），为期六周。第一次ITI是在1969年于新加坡的圣三一学院举办的，有来自23个国家的102个人参加。之后，ITI又在世界范围内的几个不同的地方举办。

1970年代早期

1970年代的秩序：普世性。这是一个家庭秩序，来自23个国家的1 400个成年人和600个孩子组成了这个家庭。他们成为稳定的成员，起初是为普世学院工作，之后是为ICA工作。家庭秩序是建立在一个前提之上的，这个前提就是，鉴于我们这个时代的家庭危机，如果要想重塑社会，就需要依赖在一个团结的社区内每个有使命的家庭的示范。家庭秩序显示出人类深刻的生活方式。他们与全世界的个人、社区和组织分享了这些洞见和实践。

该秩序的基本特征之一是经济资源的配置。这个秩序运行的原则是全部自我支持。也就是说，给学院的所有捐赠全部用于完成使命，而不是用于发放成员的工资。一半的成员都有不同的职业，比如律师、医生、商人、老师、社会工作者等等。他们的税后收入放在一起，一部分用于津贴发放，一部分作为联合基金，用于健康、差旅、特别的庆祝、孩子的教育和年金。家庭津贴的数额在学院所在的大部分国家里都属于贫困线之下。

第五城市社区的实践慢慢被人所知，研讨会带来了很多的邀请，邀请学院去其他国家开展工作。1968年，学院只有100多个人，全部住在第五城市。到了1974年，员工增加到了1 400人，在20个国家的超过100个办事处工作，许多员工来自设有新办事处的国家或地区。在孟买、中国香港地区、芝加哥、布鲁塞尔和吉隆坡都建立了合作中心。

学院接受了邀请，经过对在第五城市取得成功的方法和项目进行仔细的研究和分析，在澳大利亚和马绍尔群岛开展了类似的项目。这些项目被看作实验，用来检验在中西部内城发展出来的方法对于文化完全不同的遥远的原住民地区和南太平洋岛国是否同样适用。

很多专业人士和商业人士作为义务咨询师参与了所有的三个发展项目。在这次经历后，他们请求学院为其他完全不同环境中的团队设计一个研讨会来展示相关的项目策划方法。在这种情况下，领导效能和新战略（LENS）出现了。这是一个针对战略规划的研讨方法。从那以后，它被应用在全球的社会机构、政府和私人商业组织中。

  学院越来越多地与来自其他宗教的人一起工作，特别是印度教徒、伊斯兰教徒和佛教徒，更不用说大量普通员工了。有一点很明显，普世学院已经不足以胜任这些工作了。1973 年，ICA 作为一个非营利组织成立于伊利诺伊州。1976 年 ICA 加拿大分部成立了。其他国家的办事处也纷纷效仿。1977 年，在比利时布鲁塞尔，ICA 国际成立了。

  到 1974 年，学院各个方面的工作组成了 ICA 的三个主要项目：人类发展，社区论坛，研究、培训和互相交换。

1970 年代晚期

  1975 年，ICA 决定基于第五城市模式在全球发起一个示范社区项目系统。这些项目的准则有：

- ☆ 每个时区组建一个社区，全世界建立 24 个示范社区。这样做的想法是，作为示范社区，应该是任何人在任何地方都可以看到它们。
- ☆ 社区需要距机场比较方便，这样它们可以满足示范的功能。
- ☆ 作为人类示范项目，"24 乐队"的名字被人们所了解。它需要将第五城市模式应用到全面性社区发展的先锋社区中。每个社区都要用经济、社会和文化项目来解决社区

> 遇到的问题。从某种程度上来说，包含在改变流程中的所有人都参与其中。

在同一时期，ICA问自己，如何能将本地发展这个信息传递到尽可能多的城镇和村庄。每个社区都有发展所需要的因素，因为发展并不只意味着经济发展，还有人成为可以成为的人这一发展历程。城镇会议或者社区座谈会是一个一天的会议，包括了演讲、规划和庆祝，目的是鼓励本地社区居民自我发现，对于现状他们有什么可做的。在1970年代后期，北美的每个国家都至少举行了一次社区座谈，总数达到5 400次。欧洲13个国家举行了1 000多次这样的会议。

人类发展项目是为实践性的本地乡村或城市社区项目所设计的。项目的设计基于前面说的三个项目中浮现出来的方法论。1975年之后，实验性的项目在25个国家的超过300个社区开展。每个项目都为当地和所在国家带来了有影响力的社会和经济发展。项目的起点是为期一周的为社区各个领域进行的咨询。这是包括公共领域和私人领域在内的义务咨询。ICA成员会一起为全面的本地社区发展设计一个为期4年的整体发展计划。在印度，一开始的实验性项目引发了马哈拉施特拉邦跨越233个村庄的发展。这个发展被称为新村庄运动或者叫作纳瓦·格拉姆·普拉亚斯（Nava Gram Prayas）。在肯尼亚甚至有一个更加广泛的村庄运动包含了1 000个村庄。在印度尼西亚和菲律宾，有很多规模小一些的实验也在进行。

社区座谈会在社区会议上使用了简单的工作坊方法。它帮助澄清了社区的疑虑和发展障碍。通过利用社区现有的资源和合作，它可以创建出解决当地问题的实践性方案。这种方法也被用于有不同关注点的团体，比如妇女和孩子。

ICA 成员是义务咨询员，同时也是来自世界各地的居民，他们进行了广泛的研究、培训和互相交换，最后发展出了人类发展培训学院。它被广泛应用于社区领袖、村庄义工和政府区域工作人员的培养。

1980 年代

在 1980 年代早期，区域咨询形成了一种工具。它可以将当地社区的工作融入更大的地理意义上的社会背景中。社区座谈会继续在世界各地的社区中活跃着，举办了 62 次区域咨询。同时，人类发展培训学院继续为社区发展培养了更多的当地领袖。欧洲的义工运动聚集了力量，将很多年轻人输送到海外各个村庄去工作。

1975 年，芝加哥成立了第一个培训公司，当时是为那些高中毕业找不到工作的人提供一个 13 周的培训项目。这个工作模拟培训项目给他们提供了可以快速被雇佣的技能培训，包括电脑、会计、出纳、销售、前台、文档处理和数据输入。培训项目的关注点在于改变学生的基本意象和行为。从 1980 年代起，在另外几个城市运行了同样的项目并取得了非常高的声誉，在培训的深度和学员成功找到工作的概率方面都是如此。

1982 年，国际农村发展博览会（IERD）开始引起 ICA 的关注。几个联合国机构的共同赞助使该项目备受赞誉。他们举行了工作坊，以记录成功举办的上百个项目的关键因素。

这些项目是来自 80 个国家的很多不同的组织在一起举办的。来自各个项目的代表在 1984 年聚集在印度的新德里参加中央论坛。他们分享了自己的洞见和经验，访问了印度的 40 多个项目。ICA 也开始出版书籍，出版的三本书是关于从 IERD 论坛汲取的经验以及这么多年在乡村进行的社会工作的。ICA 国际正式成为联合国咨询伙伴。

1980 年代后期，ICA 开始与其他关怀型组织建立伙伴关系以及分享经验。各个组织的代表参加夏季调研大会。其中的几个,像基恩·休斯敦,后来成为 ICA 同事。1986 年,唐娜·玛丽·韦斯特(Donna Marie West)出版了书籍《我们还能要求什么》(*What More We Ask for*),写的是她在危地马拉参加人类发展项目的经历。3 年后,劳拉·斯宾塞(Laura Spencer)出版了《参与制胜》(*Winning through Participation*),聚焦于 ICA 参与的技术 ToP 引导方法。之后,更多关于商业和文明社会、引导和基本理解的书籍出版了。

各地 ICA 自主发展

1988 年,ICA 国际在墨西哥的瓦兹特佩克举行了会议。在会议上,这个世界范围内的大社区做出了一个痛苦的决定:不再沿用家庭秩序。因为各地 ICA 组织的发展是如此多样化,已经不是一个中心可以掌控的了。这个决定将 ICA 各个办事处从依赖社区员工转换为自己成为非营利组织。突然之间,全世界不同国家的 ICA 需要考虑招聘员工、支付工资以及重新书写他们的使命和哲学,以符合国家的需要和新时代的需要。

1990 年代

到了 1990 年代,伙伴关系仍然是关键。国际引导师协会(IAF)成为以前和目前的 ICA 成员与很多其他执业顾问合作的纽带。在这样的背景下,有着专业背景的会员人数迅速增加,他们感到了自己的独特之处,并将 ICA 的理性和精神方法与许多引导师的知识和经验相结合。顾问们把规划、问题解决和个人发展技巧应用到很多商业、政府和非营利组织中。ICA 的培训和研究方法也得到了长足的发展。

IERD 从全球调研转向了国际会议。随着电子邮件的出现,组织不同成员参与大型会议变得很容易。依靠社会进程工作的全面性和许多合作伙伴的推动,1980 年代和 1990 年代的一系列大型国际会议成为希望的标志。这些会议致力于对地球的关怀和为每个人提供充实的人类生活。会议的主题包括变化的环境中我们的共同未来（1990年在中国台北）、探索我们这个世界的伟大转变（1992年在布拉格）、21世纪文明社会的复活（1996年在开罗）、深刻的社会转变的形成（2000年在丹佛）等。

今天的ICA

从2000年的丹佛大会开始，全球人类发展大会每4年一届，到2012年为止，分别在危地马拉、日本和尼泊尔举办。ICA国际于2006年在加拿大注册，2011年之前一直在蒙特利尔设立秘书处。在2010年印度浦那的ICA大会上，秘书处的功能被重新分配。不同国家的ICA平均分配了这些功能。每个ICA负责不同的功能。ICAI董事会成员作为领导团队，对大会决议的执行和国际功能进行监督。这个国际网络的目的是通过方法和价值观赋予个人、社区和组织真实而可持续的转型能力。

每个ICA办事处自我运行，同时又可以从世界各地的ICA得到支持。对于非洲艾滋病和各地文化类的人类发展项目，ICA办事处会一起努力工作。课程、方法论、新的想法和实践在ICA各地办事处之间是共享的。如果你想了解更多的细节，请访问www.ica-international.org。

几个国家建立了几个不同的组织，来与社会的很多领域分享ICA的方法论。ToP（或者叫作参与的技术）是ICA在40多年里发展起来的方法的商标和名称。这些方法已经被证明在给人、社区和组织赋能，重新规划未来和愿景方面非常有效。ToP认证项目也已经开展，方法论和课程被持续改进，同时很多书籍出版了。

新老同事都在继续关怀着社区和工作场所。他们会经常聚在一起庆祝，分享智慧和转型故事。

ICA 加拿大

通过在加拿大 40 年的工作，ICA 加拿大始终关注为所有希望带来社会积极改变的人提升领导能力。到今天，它仍然是我们的核心任务。

2000 年，作为社会企业家的角色，同时也为了在经济上支持非营利组织的持续发展，ICA 加拿大成立了一个培训咨询公司——ICA 联合公司（ICA Associates Inc，简称 ICAA）。ICAA 是一个非常独特的引导和培训公司。它为全加拿大提供有效的 ToP 参与的技术。ICAA 一直在改变方面处于领先地位。它为成百上千的组织和社区持续提供高品质的项目。想了解更多信息，请访问 www.ica-associates.ca。

在本书第一版发行时，ICA 加拿大创建了一个非传统的领导力项目，让人们懂得，领导力基于一个简单的信息：如果你真诚地面对生活、面对自己、面对社会和世界，无论你在哪里，都可以带来积极的改变。领导的勇气项目为大众和大学在多伦多的健康护理网络提供了课程，培养了强大的个人技能，提供了新的机会。

它使用了引导方法的"聆听鼓声"活动，在肯尼亚、坦桑尼亚和赞比亚帮助当地居民发展出自己的解决艾滋病问题的方式。在肯尼亚北部，南由基当地的马赛青年与当地社区领袖一起充分参与，实施了一个创新性的项目，成功地减轻了艾滋病对当地的破坏性影响。南由基创建的模式现在被肯尼亚卫生部门评为最有效阻止艾滋病影响的方法。

青年引导式领导力项目是使用 ICA 的 ToP 参与的技术来培养和带领 15–30 岁的潜在领导者的项目。经受过项目培训的人去引导青年组织，与当地社区建立伙伴关系，帮助年轻人创造出积极的改变。

原住民识字和语言倡议活动为安大略省的原住民社区揭示出语言和文化所带来的力量。项目以家庭为中心进行语言矫正。基于在卢旺达、印度和美国的原住民社区使用的方法，项目鼓励了整个社区所有年龄的居民参与进来，拥抱他们的文化和语言，同时又提升了整个文化水平。

资　源

这本书的智慧来自哪里？简单来说，以上介绍中已经进行了解释。它是 ICA 成员以及之前的普世学院的成员从他们的生活经历、研究和反思中得来的。

宗教初级研究： 在一开始的 20 年，普世学院关注于用成人教育来唤醒人们突破限制，看到生命的机遇和可能性。普世学院的主要工具是宗教初级研究课程。在那个时代，这是一个对于神学而言非宗派的普世的革命性方法。全世界上百万的人参加过课程。虽然本书与宗教没有关系，但第二、三、六、七章都是从这个课程中衍生出来的。

研究： ICA 是一个进行研究、培训和示范的组织。它研究的一个主要方法是夏季集会和会议。这些大型会议产出了很多 ICA 的基本设计、工具和社会地图。第四章的包容性模型比如社会发展三角、全面性课程，以及第十一章的另一个世界神秘表格，都来自这些大型会议。

示范： 早期，ICA 认为仅仅靠培训是不够的，还需要进行社会性示范和实践。ICA 的第一个社会示范项目——第五城市，是位于芝加哥西部的一个包括十条街道的社区。ICA 成员与社区领袖们一起为这个城市中的社区设计了一个振兴计划，包括新的房屋建设、健康护理、孩子的早期教育、一个商业中心，还有对年轻人、成年人和老人的培训项目。这个故事传遍了整个城市，并已经成为世界各地的当地社区可能性的一个标志。ICA 将这个项目的经验应用到全球示范社区中，用以提升社区的经济、健康、教育和福利。对这个经验的反思出现在第七、八、九章。

培训和引导： ICA 的课程、学院和培训学校从 1950 年代开始创建了一个全面性课程模式，在第四章有所描述。从 1988 年开始，ICA 的关注点转向了引导和培训参与的方法。ICA 成员和网络专注于在本地社区和所有类型的组织中建立一种参与的文化。这个阶段的智慧显示在第一、八、十章。

智慧资源：这么多年以来，ICA 一直在从各种人身上汲取智慧：神学家、哲学家、社会学家、心理学家、艺术家、流行歌曲作者，还有社区的普通人。细心的读者会注意到 20 世纪几个运动的来源。

☆ 20 世纪神学革命，由"德国神学家"建立，包括鲁道夫·布尔特曼、保罗·田立克、潘霍华和 H. 理查德·尼布尔（在这里，神学更多的含义是"对生命深度的研究"，而不是神学教义）。

☆ 现象学进程，由埃德蒙·胡塞尔、罗洛·梅、维克多·弗兰克尔和其他人发展出来。他们提供了一个方法，让我们可以持续地对生命中发生的事情进行深度的自我转化。这个方法出现在第二、十、十一章。

☆ 存在主义哲学家，特别是让·保罗·萨特、阿尔伯特·加缪和索伦·克尔恺郭尔。新神学与存在主义的结合使关于生命的真理用从未有过的方式立足。读者会在第二章中发现线索。

☆ 苏珊·朗格分享了她从艺术形式中发现意义的方法。劳伦斯的诗歌、毕加索的《格尔尼卡》、梵高的《星空》和很多电影在这项研究中很重要。这种艺术形式的方法分享在了第十章的自我意识反思部分。它也是 ToP 参与的技术引导课程中的焦点讨论法的核心所在。

☆ 教育改革者,特别是吉恩·皮亚吉特、杰罗姆·布鲁纳、保罗·古德曼和肯尼斯·博尔丁。他们改变了教育流程的意义和方法,对于本书强调的图像、插图、故事和经历都有间接的影响。

☆ 社会哲学和社会人类学的重要代表人物:卡尔·多伊奇,让－雅克·塞尔－施雷伯,米兰达·伊利亚德,刘易斯·芒福德,弗朗兹·法伦,凯文·林奇,约瑟夫·坎贝尔,瑞恩·埃斯勒,简·休斯敦,等等。他们为 ICA 在社会进程方面的工作、文化在社会转型中的核心作用贡献了力量。

☆ 对不同文化中的伟大思想和精神的研究:老子,孙子,武藏,八圣道,卡洛斯·卡斯塔内达,关于苏菲的故事,孔子,拉宾达纳斯·泰戈尔,奥克塔维奥·帕斯,赫尔曼·赫斯,特蕾莎修女,圣十字若望,托马斯·贝里,还有很多不同文化的思想之风吹拂过 ICA 的生活和工作。整本书里不时会引用他们的相关言论。

☆ 根本的经验：智慧、同情心和真实的领悟都来自在芝加哥的城市贫民窟或者加尔各答和世界各地乡村的生活与工作。睡在牛棚里、星空下，喝着乡村水井里的水，吃着当地人的食物，同时每天又在试图与当地人一起寻找到解决前进中的障碍的办法。这都是通过在他们的环境中屹立、观察和行动来实现的。这些，你会在整本书中看到。